*O meu co-autor e amigo Fausto Saleri faleceu
inesperadamente no dia 4 de Junho de 2007, com 41 anos.
Fausto foi um grande matemático e uma pessoa maravilhosa.
Se gostar deste livro, é ele que merece
o mais elevado reconhecimento (A.Q.)*

Índice

Alfio Quarteroni
Fausto Saleri

CÁLCULO CIENTÍFICO

com MATLAB e Octave

 Springer

ALFIO QUARTERONI
EPFL, Lausanne e
MOX, Politecnico di Milano

FAUSTO SALERI
MOX, Politecnico di Milano

As simulações numéricas reproduzidas na capa foram realizadas por
Davide Detomi e Nicola Parolini

Traduzido do italiano por:
Adélia Sequeira
Departamento de Matemática
Instituto Superior Técnico - Universidade Técnica de Lisboa

Tradução da obra italiana:
Introduzione al Calcolo Scientifico - Esercizi e problemi risolti con MATLAB
A. Quarteroni, F. Saleri
© Springer-Verlag Italia, Milano 2006

ISBN 978-88-740-0717-8 Springer Milan Berlin Heidelberg New York

Springer-Verlag Itália é membro da Springer Science+Business Media

springer.com

© Springer-Verlag Italia, Milano 2007

Versão final em camera-ready fornecida pelo tradutor
Projecto gráfico da capa: Simona Colombo (Milano)
Impresso em Itália: Signum Srl, Bollate (MI)

Springer-Verlag Italia Srl, Via Decembrio 28, 20137 Milano

Prefácio

Este livro é uma introdução ao Cálculo Científico. O seu objectivo consiste em apresentar vários métodos numéricos para resolver no computador certos problemas matemáticos que não podem ser tratados de forma mais simples. São abordadas questões clássicas como o cálculo de zeros ou de integrais de funções contínuas, a resolução de sistemas lineares, a aproximação de funções por polinómios e a resolução aproximada de equações diferenciais. No Capítulo 1, como preâmbulo, expõem-se as regras adoptadas pelos computadores quando armazenam e operam com números reais e complexos, vectores e matrizes.

A fim de tornar esta apresentação mais concreta e atraente, adoptam-se os ambientes de programação MATLAB $^{®}$ [1] e Octave. Deve-se ter em conta que Octave é uma re-implementação de uma parte de MATLAB que inclui em particular muitos dos seus recursos numéricos e é distribuído gratuitamente por GNU *General Public License*. Neste livro, são introduzidos de forma gradual os principais comandos e instruções destas linguagens de programação, o que permitirá implementar todos os algoritmos considerados e verificar na prática propriedades teóricas como a estabilidade, a precisão e a complexidade. Inclui-se ainda a resolução de diversos problemas através de exercícios e exemplos, frequentemente ligados a aplicações concretas.

Em todo o livro utiliza-se muitas vezes a expressão "comando de MATLAB": neste contexto, MATLAB deve ser entendido como uma *linguagem* que é comum aos programas de MATLAB e Octave. Fez-se um esforço particular visando assegurar a compatibilidade dos códigos nas duas linguagens de programação. Nos poucos casos em que tal não foi possível, apresenta-se uma nota explicativa no final da secção correspondente.

---

[1] MATLAB é uma marca registada de TheMathWorks Inc., 24 Prime Park Way, Natick, MA 01760, Tel: 001+508-647-7000, Fax: 001+508-647-7001

Adopta-se diversos símbolos gráficos para tornar a leitura mais agradável. O comando de MATLAB (ou Octave) é colocado na margem, ao lado da linha onde se introduz pela primeira vez. O símbolo ⚒ serve para indicar a presença de exercícios, enquanto que o símbolo 💣 é utilizado a fim de chamar a atenção do leitor para um comportamento crítico ou surpreendente de um algoritmo ou procedimento. As fórmulas matemáticas de especial relevância são postas numa caixa. Finalmente, o símbolo 📓 indica um quadro resumindo os conceitos e conclusões que se acabam de expor.

No fim de cada capítulo encontra-se uma secção específica que apresenta assuntos não abordados e as referências bibliográficas que permitem ao leitor aprofundar os conhecimentos adquiridos.

Frequentemente faz-se referência ao livro [QSS07] que desenvolve a um nível mais avançado numerosas questões aqui abordadas e onde são demonstrados resultados teóricos. Para uma descrição mais completa de MATLAB referimos [HH05]. Todos os programas incluídos neste livro podem ser extraídos do seguinte endereço na web:

mox.polimi.it/qs

O leitor não necessita de quaisquer pré-requisitos, com excepção de um curso elementar de Cálculo. Contudo, no primeiro capítulo recordam-se os principais resultados de Cálculo e Geometria que são usados extensivamente no texto. Os assuntos menos elementares, dispensáveis numa primeira leitura, assinalam-se com o símbolo 🔍 .

Queremos deixar expresso o nosso agradecimento a Francesca Bonadei da Springer-Itália pela sua colaboração amigável e eficiente ao longo deste projecto, a Paola Causin por nos ter proposto vários problemas, a Christophe Prud'homme, John W. Eaton e David Bateman por nos terem ajudado na utilização de Octave, e ao apoio financeiro do projecto Poseidon da École Polytechnique Fédérale de Lausanne. Por fim, queremos exprimir o nosso reconhecimento a Adélia Sequeira pela tradução cuidadosa e crítica deste livro, assim como pelas suas numerosas e pertinentes sugestões.

Lausanne e Milano, Junho de 2007   Alfio Quarteroni, Fausto Saleri

Programas

1
O que não se pode ignorar

Neste livro, usaremos sistematicamente noções de matemática elementar que o leitor já deverá saber, mas que poderá não recordar de imediato.

Este capítulo tem como objectivo algumas revisões e a introdução de novos conceitos no domínio da Análise Numérica. Começaremos por explorar o seu significado e utilidade com a ajuda de MATLAB (MATrix LABoratory), um ambiente integrado de programação e visualização em cálculo científico. Usaremos também GNU Octave (abreviadamente, Octave) que é na sua quase totalidade compatível com o sistema MATLAB. Nas Secções 1.6 e 1.7 faremos uma introdução ao MATLAB e ao Octave, apenas suficiente para o que se pretende neste livro. Faremos igualmente referência às principais diferenças entre os dois programas e indicaremos aos leitores interessados os manuais [HH05] e [Eat02], para uma descrição completa das linguagens MATLAB e Octave, respectivamente.

Octave é uma re-implementação da parte de MATLAB que inclui a grande maioria dos seus recursos numéricos e que é distribuído gratuitamente sob a Licença Pública Geral GNU.

Ao longo do livro, usaremos frequentemente a expressão "comando de MATLAB": neste contexto, MATLAB deverá ser entendido como a *linguagem* comum a ambos os programas MATLAB e Octave.

Procurámos assegurar a utilização dos nossos códigos e programas pelo MATLAB e Octave. Nos poucos casos em que isso não foi possível, introduzimos um breve comentário no fim da secção correspondente.

Neste capítulo, apresentamos em resumo noções típicas dos cursos de Cálculo, Álgebra Linear e Geometria, reformulando-as com vista à sua aplicação no cálculo científico.

1.1 Números reais

Enquanto que o conjunto $\mathbb{R}$ dos números reais é bem conhecido, o modo como os computadores os manipulam é talvez menos conhecido. Dado que as máquinas têm recursos limitados, só se pode representar um subconjunto $\mathbb{F}$ de dimensão finita de $\mathbb{R}$. Os números deste subconjunto designam-se por *números de vírgula flutuante*. Por outro lado, como veremos na Secção 1.1.2, as propriedades que caracterizam $\mathbb{F}$ são diferentes das de $\mathbb{R}$. Um número real x é geralmente truncado pela máquina, dando origem a um novo número (*número de vírgula flutuante*), que se designa por $fl(x)$, e que não coincide necessariamente com o número original x.

1.1.1 Como se representam

Para conhecer as diferenças entre $\mathbb{R}$ e $\mathbb{F}$, iremos fazer algumas experiências com o MATLAB que ilustram a forma como o computador (por exemplo, um PC) trata os números reais. Note-se que o uso de MAT-LAB ou Octave, em vez de outra linguagem, é apenas uma questão de conveniência. Os resultados dos nossos cálculos dependem principalmente do funcionamento interno do computador e, em menor grau, da linguagem de programação. Consideremos o número racional $x = 1/7$, cuja representação decimal é $0.\overline{142857}$. Trata-se de uma representação infinita, uma vez que tem uma infinidade de algarismos decimais. Para obter a sua representação no computador introduzimos o quociente $1/7$
» depois do *prompt* (representado pelo símbolo ») e obtemos
```
» 1/7
  ans =
      0.1429
```
que é um número apenas com quatro algarismos decimais, em que o último é diferente do quarto dígito do número original.

Se considerarmos agora $1/3$ obtemos 0.3333 e, desta vez, o quarto algarismo decimal é exacto. Este comportamento deve-se ao facto de os números reais serem *arredondados* no computador. Isto significa, em primeiro lugar, que só se obtém um número fixo de casas decimais e que, além disso, a última decimal sofre um incremento de uma unidade sempre que a primeira decimal desprezada for superior ou igual a 5.

A primeira observação consiste em colocar a questão de se poder ou não representar os números reais apenas com quatro algarismos decimais. Com efeito, a representação interna do número utiliza 16 decimais, e o que vimos foi apenas um dos vários formatos de saída de MATLAB. O mesmo número pode representar-se por diferentes expressões dependendo da escolha do formato. Por exemplo, para o número $1/7$, alguns
`format` *formatos* possíveis de saída são:

```
format long    dá 0.14285714285714,
format short e  " 1.4286e − 01,
format long e   " 1.428571428571428e − 01,
format short g  " 0.14286,
format long g   " 0.142857142857143.
```

Certos formatos são mais coerentes do que outros, com a representação interna dos números no computador. Na verdade, em geral, um computador guarda um número real da seguinte maneira

$$x = (-1)^s \cdot (0.a_1 a_2 \ldots a_t) \cdot \beta^e = (-1)^s \cdot m \cdot \beta^{e-t}, \quad a_1 \neq 0 \qquad (1.1)$$

em que s é 0 ou 1, β (um inteiro positivo maior ou igual a 2) é a *base* adoptada pelo computador específico em que estamos a trabalhar, m é um inteiro chamado *mantissa*, cujo comprimento t é o número máximo de algarismos armazenados a_i (com $0 \leq a_i \leq \beta - 1$), e e um número inteiro chamado *expoente*. O formato long e é o que mais se aproxima desta representação, e e designa o expoente; os seus dígitos, precedidos do sinal, declaram-se à direita do caracter e. Os números da forma (1.1) designam-se por números de vírgula flutuante, porque a posição da vírgula não é fixa. Os dígitos $a_1 a_2 \ldots a_p$ (com $p \leq t$) são frequentemente chamados os p primeiros algarismos significativos de x.

A condição $a_1 \neq 0$ garante que um número não pode ter múltiplas representações. Por exemplo, sem esta restrição o número $1/10$ poderia não só ser representado (no sistema decimal) por $0.1 \cdot 10^0$, mas também por $0.01 \cdot 10^1$, etc.

O conjunto $\mathbb{F}$ é assim completamente caracterizado pela base β, o número de algarismos significativos t e o intervalo (L, U) (com $L < 0$ e $U > 0$) de variação do índice e, e designa-se por $\mathbb{F}(\beta, t, L, U)$. Por exemplo, em MATLAB temos $\mathbb{F} = \mathbb{F}(2, 53, -1021, 1024)$ (com efeito, 53 algarismos significativos na base 2 correspondem aos 15 algarismos significativos de MATLAB na base 10 com o format long).

Felizmente, o *erro de arredondamento*que se gera inevitavelmente sempre que um número real $x \neq 0$ é substituído pelo seu representante $fl(x)$ em $\mathbb{F}$, é pequeno, uma vez que

$$\frac{|x - fl(x)|}{|x|} \leq \frac{1}{2}\epsilon_M \qquad (1.2)$$

onde $\epsilon_M = \beta^{1-t}$ é a distância entre 1 e o número mais próximo em vírgula flutuante maior que 1. Note-se que ϵ_M depende de β e t. Por exemplo, em MATLAB ϵ_M pode obter-se com o comando eps, e tem-se eps $\epsilon_M = 2^{-52} \simeq 2.22 \cdot 10^{-16}$. Assinale-se que em (1.2) é estimado o *erro relativo* sobre x, o que tem seguramente mais significado do que o *erro absoluto* $|x - fl(x)|$. Na verdade, este último, contrariamente ao erro relativo, não tem em conta a ordem de grandeza de x.

O número 0 não pertence a $\mathbb{F}$, uma vez que nesse caso teríamos $a_1 = 0$ em (1.1): por esta razão é tratado separadamente. Por outro lado, L e U sendo finitos, não é possível representar números cujo valor absoluto seja arbitrariamente grande ou arbitrariamente pequeno. Mais precisamente, o menor e o maior número real positivo de $\mathbb{F}$ são dados respectivamente por

$$x_{min} = \beta^{L-1}, \; x_{max} = \beta^U(1 - \beta^{-t}).$$

Em MATLAB estes valores podem-se obter através dos comandos realmin e realmax, que conduzem a

$$x_{min} = 2.225073858507201 \cdot 10^{-308},$$
$$x_{max} = 1.7976931348623158 \cdot 10^{+308}.$$

realmin
realmax

Um número positivo menor que x_{min} produz uma mensagem de erro chamada *underflow* e é tratado de um modo especial ou como se fosse nulo (ver, por exemplo, [QSS07], Capítulo 2). Um número positivo maior que x_{max} produz uma mensagem de erro chamada *overflow* e armazena-se na variável Inf (que é a representação de $+\infty$ no computador).

Inf

Os elementos de $\mathbb{F}$ são mais densos próximo de x_{min}, e menos densos quando se aproximam de x_{max}. Com efeito, o número de $\mathbb{F}$ mais próximo de x_{max} (à sua esquerda) e o mais próximo de x_{min} (à sua direita) são, respectivamente

$$x_{max}^- = 1.7976931348623157 \cdot 10^{+308},$$
$$x_{min}^+ = 2.225073858507202 \cdot 10^{-308}.$$

Tem-se então $x_{min}^+ - x_{min} \simeq 10^{-323}$, enquanto que $x_{max} - x_{max}^- \simeq 10^{292}$ (!). Apesar disso, a distância relativa é pequena em ambos os casos, como se deduz de (1.2).

1.1.2 Como calcular com os números de vírgula flutuante

Dado que $\mathbb{F}$ é um subconjunto próprio de $\mathbb{R}$, as operações algébricas elementares com números de vírgula flutuante não gozam de todas as propriedades das operações análogas em $\mathbb{R}$. Concretamente, a comutatividade verifica-se para a adição (isto é $fl(x + y) = fl(y + x)$) e para a multiplicação ($fl(xy) = fl(yx)$), mas outras propriedades tais como a associativa e a distributiva não se verificam. Além disso, o 0 já não é único. Com efeito, associemos à variável a o valor 1, e executemos as seguintes instruções:

```
» a = 1; b=1; while a+b ~= a; b=b/2; end
```

A variável b divide-se por dois em cada passo desde que a soma de a e b seja diferente (~=) de a. Se fizéssemos as mesmas operações com números reais, este programa nunca terminaria, enquanto que no nosso caso, termina após um número finito de iterações, obtendo-se o seguinte valor para b: 1.1102e-16= $\epsilon_M/2$. Portanto, existe pelo menos um número b

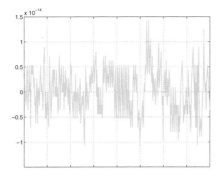

Figura 1.1. Comportamento oscilatório da função (1.3) devido a erros de cancelamento

diferente de 0 tal que a+b=a. Isto é possível porque $\mathbb{F}$ é constituído por números isolados; quando se somam dois números a e b com b<a e b inferior a ϵ_M, resulta sempre a+b igual a a. Em MATLAB, a+eps(a) é o menor número de $\mathbb{F}$ maior do que a. Assim a soma a+b dá origem a a, para todo b < eps(a).

A associatividade perde-se sempre que ocorre uma situação de *over-flow* ou de *underflow*. Consideremos, por exemplo, a=1.0e+308, b= 1.1e+308 e c=-1.001e+308, e efectuemos a soma por dois processos diferentes. Obtém-se

$$a + (b + c) = 1.0990e + 308, \quad (a + b) + c = \text{Inf}.$$

Trata-se de um exemplo particular do que ocorre quando se somam dois números com sinais opostos mas muito próximos em valor absoluto. Neste caso o resultado pode ser bastante impreciso e a situação designa-se por *perda*, ou *cancelamento, de algarismos significativos*. Por exemplo, calculemos $((1 + x) - 1)/x$ (o resultado óbvio é 1 para todo $x \neq 0$):

```
» x = 1.e-15; ((1+x)-1)/x
ans = 1.1102
```

Este resultado é bastante impreciso, com um erro relativo superior a 11%!

Outro caso de cancelamento numérico acontece quando se calcula o valor da função

$$f(x) = x^7 - 7x^6 + 21x^5 - 35x^4 + 35x^3 - 21x^2 + 7x - 1 \qquad (1.3)$$

em 401 pontos equidistantes de abcissas em $[1 - 2 \cdot 10^{-8}, 1 + 2 \cdot 10^{-8}]$. Obtemos o gráfico caótico representado na Figura 1.1 (o comportamento real é o de $(x - 1)^7$, que é essencialmente constante e próximo da função nula numa pequena vizinhança de $x = 1$). Na Secção 1.4 introduziremos os comandos de MATLAB que permitiram construir este gráfico.

Finalmente, interessa observar que em $\mathbb{F}$ não existem formas indeterminadas tais como $0/0$ ou ∞/∞. Elas produzem o que se chama um *not a number* (NaN em MATLAB ou em Octave), ao qual não se aplicam as regras usuais de cálculo.

NaN

Observação 1.1 É verdade que os erros de arredondamento são geralmente pequenos mas, quando repetidos em algoritmos longos e complexos, podem ter efeitos catastróficos. Podemos citar dois exemplos notáveis: a explosão do míssil Arianne a 4 de Junho de 1996, gerada por um erro de *overflow* no computador de bordo; o fracasso da missão do míssil americano Patriot durante a Guerra do Golfo em 1991, devido a um erro de arredondamento no cálculo da sua trajectória.

Um exemplo com consequências menos catastróficas (mas, mesmo assim, desagradáveis) é dado pela sucessão

$$z_2 = 2, \; z_{n+1} = 2^{n-1/2}\sqrt{1 - \sqrt{1 - 4^{1-n}z_n^2}}, \; n = 2, 3, \ldots \qquad (1.4)$$

que converge para π quando n tende para infinito. Quando se usa o MATLAB para calcular z_n, o erro relativo entre π e z_n diminui nas primeiras 16 iterações e em seguida aumenta, devido a erros de arredondamento (como mostra a Figura 1.2). •

Ver os Exercícios 1.1-1.2.

1.2 Números complexos

Os números complexos, cujo conjunto se designa por $\mathbb{C}$, são da forma $z = x + iy$, onde $i = \sqrt{-1}$ é a unidade imaginária (isto é $i^2 = -1$), e $x = \mathrm{Re}(z)$ e $y = \mathrm{Im}(z)$ são as partes real e imaginária de z, respectivamente. Em geral representam-se no computador como pares de números reais.

A menos que sejam redefinidas, as variáveis de MATLAB i e j designam a unidade imaginária. Para definir um número complexo com parte

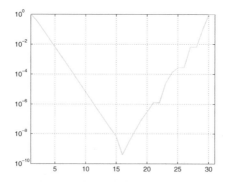

Figura 1.2. Logaritmo do erro relativo $|\pi - z_n|/\pi$ em função de n

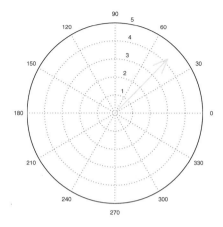

Figura 1.3. Resultado do comando `compass` de MATLAB

real x e parte imaginária y, pode-se escrever simplesmente x+i*y; em alternativa, pode usar-se o comando `complex(x,y)`. As representações exponencial (ou polar) e trigonométrica de um número complexo z, são equivalentes através da *fórmula de Euler*   `complex`

$$z = \rho e^{i\theta} = \rho(\cos\theta + i\sin\theta); \qquad (1.5)$$

em que $\rho = \sqrt{x^2 + y^2}$ é o módulo do número complexo (obtido com o comando `abs(z)`) e θ é o seu argumento, ou seja o ângulo que o vector   `abs` de componentes (x, y) no plano complexo, faz com o eixo dos x. O argumento θ é obtido com o comando `angle(z)`. A representação (1.5) é   `angle` dada por:

$$\text{abs}(z) * (\cos(\text{angle}(z)) + i * \sin(\text{angle}(z))).$$

A representação polar gráfica de um ou mais números complexos pode-se obter com o comando `compass(z)`, em que z é um só número   `compass` complexo ou um vector cujas componentes são números complexos. Por exemplo, ao digitar

```
» z = 3+i*3; compass(z);
```

obtém-se o gráfico da Figura 1.3.

Para um dado número complexo z, pode-se extrair a sua parte real   `real` usando o comando `real(z)` e a sua parte imaginária com `imag(z)`. Fi-   `imag` nalmente, o complexo conjugado $\bar{z} = x - iy$ de z, é obtido escrevendo simplesmente `conj(z)`.   `conj`

Em MATLAB efectuam-se todas as operações admitindo implicitamente que tanto os operandos como o resultado são complexos. Isto pode dar origem a alguns resultados aparentemente surpreendentes. Por

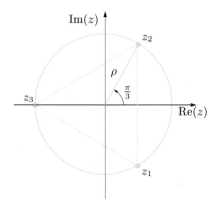

Figura 1.4. Representação no plano complexo das três raízes cúbicas do número real -5

exemplo, se calcularmos a raiz cúbica de -5 com o comando $(\text{-}5)\,\hat{}\,(1/3)$ de MATLAB, em vez de $-1.7099\ldots$ obtemos o número complexo $0.8550 + 1.4809i$ (introduz-se aqui o símbolo $\hat{}\,$ para o expoente da potência). Com efeito, os números da forma $\rho e^{i(\theta+2k\pi)}$, com k inteiro, não se podem distinguir de $z = \rho e^{i\theta}$. Calculando $\sqrt[3]{z}$ obtemos $\sqrt[3]{\rho}e^{i(\theta/3+2k\pi/3)}$, isto é, as três raízes distintas

$$z_1 = \sqrt[3]{\rho}e^{i\theta/3}, \; z_2 = \sqrt[3]{\rho}e^{i(\theta/3+2\pi/3)}, \; z_3 = \sqrt[3]{\rho}e^{i(\theta/3+4\pi/3)}.$$

MATLAB seleccionará a primeira que se encontra ao percorrer o plano complexo no sentido contrário ao dos ponteiros do relógio, partindo do eixo dos reais. Dado que a representação polar de $z = -5$ é $\rho e^{i\theta}$ com $\rho = 5$ e $\theta = -\pi$, as três raízes são (ver Figura 1.4 para a sua representação no plano de Gauss)

$$z_1 = \sqrt[3]{5}(\cos(-\pi/3) + i\sin(-\pi/3)) \simeq 0.8550 - 1.4809i,$$

$$z_2 = \sqrt[3]{5}(\cos(\pi/3) + i\sin(\pi/3)) \simeq 0.8550 + 1.4809i,$$

$$z_3 = \sqrt[3]{5}(\cos(-\pi) + i\sin(-\pi)) \simeq -1.7100.$$

A segunda raiz é a seleccionada pelo MATLAB.

Finalmente, com (1.5) obtemos

$$\cos(\theta) = \frac{1}{2}\left(e^{i\theta} + e^{-i\theta}\right), \; \sin(\theta) = \frac{1}{2i}\left(e^{i\theta} - e^{-i\theta}\right). \tag{1.6}$$

Octave 1.1 O comando **compass** não está disponível em Octave, mas pode ser obtido através da seguinte função:

```
function compass(z)
xx = [0 1 .8 1 .8].';
yy = [0 0 .08 0 -.08].';
arrow = xx + yy.*sqrt(-1);
z = arrow * z;
[th,r] = cart2pol(real(z),imag(z));
polar(th,r);
return                                        ■
```

1.3 Matrizes

Sejam n e m inteiros positivos. Uma matriz com m linhas e n colunas é um conjunto de $m \times n$ elementos a_{ij}, com $i = 1, \ldots, m$, $j = 1, \ldots, n$, representado pela seguinte tabela:

$$A = \begin{bmatrix} a_{11} & a_{12} & \ldots & a_{1n} \\ a_{21} & a_{22} & \ldots & a_{2n} \\ \vdots & \vdots & & \vdots \\ a_{m1} & a_{m2} & \ldots & a_{mn} \end{bmatrix}. \tag{1.7}$$

De forma compacta escreve-se $A = (a_{ij})$. Se os elementos de A forem números reais, escreve-se $A \in \mathbb{R}^{m \times n}$, e $A \in \mathbb{C}^{m \times n}$ se forem complexos.

As matrizes quadradas de dimensão n são aquelas em que $m = n$. Uma matriz com uma só coluna é um *vector coluna*, enquanto que uma matriz com uma só linha é um *vector linha*.

Para definir uma matriz em MATLAB tem de se escrever os seus elementos da primeira à última linha, utilizando o caracter ; para separar as diferentes linhas. Por exemplo, o comando

```
» A = [ 1 2 3; 4 5 6]
```

conduz a

```
A =
     1     2     3
     4     5     6
```

isto é, uma matriz 2×3 cujos elementos são os indicados acima. A matriz nula $m \times n$ é aquela em que todos os elementos (a_{ij}) são nulos, para $i = 1, \ldots, m, j = 1, \ldots, n$; pode-se construir em MATLAB com o comando `zeros(m,n)`. O comando `eye(m,n)` dá origem a uma matriz com todos os elementos nulos excepto os da diagonal principal a_{ii}, $i = 1, \ldots, \min(m, n)$, que são iguais a 1. A matriz identidade $n \times n$ obtém-se com o comando `eye(n)`: os seus elementos são $\delta_{ij} = 1$ se $i = j$, e 0 no caso contrário, para $i, j = 1, \ldots, n$. Finalmente, com o comando `A=[ ]` define-se uma matriz vazia.

zeros
eye

[ ]

Recordamos as seguintes operações matriciais:

1. se $A = (a_{ij})$ e $B = (b_{ij})$ são matrizes $m \times n$, a *soma* de A e B é a
   matriz $A + B = (a_{ij} + b_{ij})$;
2. o *produto* de uma matriz A por um número real ou complexo λ é a
   matriz $\lambda A = (\lambda a_{ij})$;
3. o *produto* de duas matrizes só é possível se as suas dimensões forem
   compatíveis, isto é, se o número de colunas da primeira for igual ao
   número de linhas da segunda; mais precisamente, se A é $m \times p$ e B
   é $p \times n$, para algum inteiro positivo p, então $C = AB$ é uma matriz
   $m \times n$ de elementos

$$c_{ij} = \sum_{k=1}^{p} a_{ik} b_{kj}, \text{ para } i = 1, \ldots, m, \ j = 1, \ldots, n.$$

Segue-se um exemplo de soma e de produto de duas matrizes:

```
» A=[1 2 3; 4 5 6];
» B=[7 8 9; 10 11 12];
» C=[13 14; 15 16; 17 18];
» A+B

  ans =
        8      10      12
       14      16      18

» A*C

  ans =
       94     100
      229     244
```

Note-se que o MATLAB dá uma mensagem de erro quando se tenta
executar operações com matrizes de dimensões incompatíveis. Por exemplo:

```
» A=[1 2 3; 4 5 6];
» B=[7 8 9; 10 11 12];
» C=[13 14; 15 16; 17 18];
» A+C

  ??? Error using ==> +
  Matrix dimensions must agree.

» A*B

  ??? Error using ==> *
  Inner matrix dimensions must agree.
```

Se A for uma matriz quadrada de dimensão n, a sua *inversa* (se existir) é uma matriz quadrada de dimensão n, que se designa por A^{-1}, e que
satisfaz a relação matricial $AA^{-1} = A^{-1}A = I$. A matriz A^{-1} pode-se
inv   obter com o comando inv(A). A inversa de A existe se e só se o *determinante* de A, um número que se designa por det(A), for não nulo. Esta
última condição verifica-se sse os vectores colunas de A forem linearmente independentes (ver Secção 1.3.1). O determinante de uma matriz

quadrada define-se pela seguinte fórmula recursiva (*regra de Laplace*):

$$\det(A) = \begin{cases} a_{11} & \text{if } n = 1, \\ \displaystyle\sum_{j=1}^{n} \Delta_{ij} a_{ij}, & \text{for } n > 1, \ \forall i = 1, \dots, n, \end{cases} \tag{1.8}$$

em que $\Delta_{ij} = (-1)^{i+j} \det(A_{ij})$ e A_{ij} é a matriz que se obtém por eliminação da i-ésima linha e j-ésima coluna da matriz A (o resultado é independente do índice de linha ou de coluna).

Em particular, se $A \in \mathbb{R}^{2 \times 2}$ tem-se

$$\det(A) = a_{11} a_{22} - a_{12} a_{21},$$

e se $A \in \mathbb{R}^{3 \times 3}$

$$\det(A) = a_{11} a_{22} a_{33} + a_{31} a_{12} a_{23} + a_{21} a_{13} a_{32}$$

$$-a_{11} a_{23} a_{32} - a_{21} a_{12} a_{33} - a_{31} a_{13} a_{22}.$$

Para um produto de matrizes verifica-se a seguinte propriedade: se $A = BC$, então $\det(A) = \det(B)\det(C)$.

Para inverter uma matriz 2×2 e calcular o seu determinante procede-se do seguinte modo:

```
» A=[1 2; 3 4];
» inv(A)

ans =
   -2.0000    1.0000
    1.5000   -0.5000

» det(A)

ans =
   -2
```

Se uma matriz for singular, o sistema MATLAB dará uma mensagem de erro, seguida de uma matriz cujos elementos são todos iguais a `Inf`, como se ilustra no exemplo seguinte:

```
» A=[1 2; 0 0];
» inv(A)

Warning: Matrix is singular to working precision.
ans =
    Inf    Inf
    Inf    Inf
```

Para certos tipos de matrizes quadradas, o cálculo das inversas e dos determinantes é bastante simples. Se A for uma *matriz diagonal*, isto é, uma matriz em que apenas os elementos da diagonal a_{kk}, $k = 1, \dots, n$, são não nulos, o seu determinante é dado por $\det(A) = a_{11} a_{22} \cdots a_{nn}$.

Em particular, A é não singular sse $a_{kk} \neq 0$ para todo o k. Nesse caso, a inversa de A é ainda uma matriz diagonal com elementos a_{kk}^{-1}.

diag   Seja v um vector de dimensão n. O comando diag(v) de MATLAB produz uma matriz diagonal cujos elementos são as componentes do vector v. O comando mais geral diag(v,m) dá uma matriz quadrada n+abs(m) cuja m-ésima diagonal superior (isto é, a diagonal constituída pelos elementos de índices $i, i + m$) contém as componentes de v, e com os restantes elementos nulos. Note-se que esta extensão também é válida para valores negativos de m: neste caso só são afectados os elementos das diagonais inferiores.

Por exemplo, se v = [1 2 3] então:

```
» A=diag(v,-1)

A =
        0    0    0    0
        1    0    0    0
        0    2    0    0
        0    0    3    0
```

Outras matrizes particulares importantes são as *triangulares superiores* e as *triangulares inferiores*. Uma matriz quadrada de dimensão n é *triangular inferior* (respectivamente, *superior*) se todos os elementos situados acima (respectivamente, abaixo) da diagonal principal forem nulos. O seu determinante será então simplesmente o produto dos termos diagonais.

tril   Os comandos tril(A) e triu(A), permitem extrair as partes tri-
triu   angulares inferior e superior de uma matriz A de dimensão n. As suas extensões tril(A,m) ou triu(A,m), com m compreendido entre -n e n, permitem extrair as partes triangulares aumentadas ou diminuídas das m diagonais secundárias.

Por exemplo, dada a matriz A =[3 1 2; -1 3 4; -2 -1 3], com o comando L1=tril(A) obtém-se

```
L1 =
        3    0    0
       -1    3    0
       -2   -1    3
```

enquanto que com L2=tril(A,1), se obtém

```
L2 =
        3    1    0
       -1    3    4
       -2   -1    3
```

Recordemos que se A $\in \mathbb{R}^{m \times n}$ a sua transposta A$^T \in \mathbb{R}^{n \times m}$ é a matriz que se obtém trocando as linhas com as colunas de A. Quando
A' $n = m$ e A $=$ A^T a matriz A diz-se *simétrica*. Finalmente, A' é o comando de MATLAB que designa a transposta de A se A for real, ou a sua transposta conjugada (isto é, A^H) se A for complexa. Uma matriz

quadrada complexa que coincide com a sua transposta conjugada A^H diz-se *hermitiana*.

A mesma notação, v', é utilizada para o transposto conjugado v^H do vector v. Designando por v_i as componentes de v, o vector adjunto v^H é um vector linha cujas componentes são os complexos conjugados $\bar{v}_i$ de v_i.

Octave 1.2 Octave dá também uma mensagem de erro quando se tenta efectuar operações com matrizes de dimensões incompatíveis. Retomando os exemplos anteriores de MATLAB obtém-se:

```
octave:1> A=[1 2 3; 4 5 6];
octave:2> B=[7 8 9; 10 11 12];
octave:3> C=[13 14; 15 16; 17 18];
octave:4> A+C

  error: operator +: nonconformant arguments (op1 is
  2x3, op2 is 3x2)
  error: evaluating binary operator '+' near line 2,
  column 2

octave:5> A*B

  error: operator *: nonconformant arguments (op1 is
  2x3, op2 is 2x3)
  error: evaluating binary operator '*' near line 2,
  column 2
```

Se A for singular e se pretendermos invertê-la, Octave dá uma mensagem de erro seguida da matriz a inverter, como se ilustra no exemplo seguinte:

```
octave:1> A=[1 2; 0 0];
octave:2> inv(A)

  warning: inverse: matrix singular to machine
  precision, rcond = 0
  ans =
    1   2
    0   0
```
∎

1.3.1 Vectores

Neste livro, os vectores serão indicados a negrito; mais precisamente, v designará um vector coluna cuja i-ésima componente é v_i. Quando todas as componentes forem reais escrever-se-á $v \in \mathbb{R}^n$.

Em MATLAB, os vectores são considerados como matrizes particulares. Para definir um vector coluna é preciso indicar as suas componentes entre parêntesis rectos separadas por um ponto e vírgula, enquanto que para um vector linha bastará escrever as suas componentes, separadas por espaços ou por vírgulas. Por exemplo, as instruções v = [1;2;3] e w = [1 2 3] definem o vector coluna v e o vector linha w, ambos de dimensão 3. O comando zeros(n,1) (respectivamente, zeros(1,n)) define um

vector coluna (respectivamente, linha) de dimensão **n** com elementos nu-
ones los, que se designará por **0**. Analogamente, o comando `ones(n,1)` gera o
vector coluna, que se designa por **1**, cujas componentes são todas iguais
a 1.

Um sistema de vectores $\{\mathbf{y}_1, \ldots, \mathbf{y}_m\}$ é *linearmente independente* se
a relação

$$\alpha_1 \mathbf{y}_1 + \ldots + \alpha_m \mathbf{y}_m = \mathbf{0}$$

implicar que todos os coeficientes $\alpha_1, \ldots, \alpha_m$ sejam nulos. Um sistema
$\mathcal{B} = \{\mathbf{y}_1, \ldots, \mathbf{y}_n\}$ de n vectores linearmente independentes de $\mathbb{R}^n$ (ou
$\mathbb{C}^n$) diz-se uma *base* de $\mathbb{R}^n$ (ou $\mathbb{C}^n$), isto é, qualquer vector **w** de $\mathbb{R}^n$
pode-se escrever como combinação linear dos elementos de $\mathcal{B}$,

$$\mathbf{w} = \sum_{k=1}^{n} w_k \mathbf{y}_k,$$

e os coeficientes $\{w_k\}$ são únicos. Estes últimos dizem-se as *componentes*
de **w** na base $\mathcal{B}$. Por exemplo, a base canónica de $\mathbb{R}^n$ é o conjunto de
vectores $\{\mathbf{e}_1, \ldots, \mathbf{e}_n\}$, em que $\mathbf{e}_i$ tem a sua i-ésima componente igual a
1, e todas as outras nulas. Esta é a base de $\mathbb{R}^n$ que normalmente se usa.

O *produto escalar* de dois vectores $\mathbf{v}, \mathbf{w} \in \mathbb{R}^n$ define-se por

$$(\mathbf{v}, \mathbf{w}) = \mathbf{w}^T \mathbf{v} = \sum_{k=1}^{n} v_k w_k,$$

onde $\{v_k\}$ e $\{w_k\}$ são as componentes de **v** and **w**, respectivamente. O
comando de MATLAB correspondente é `w'*v`, onde o apóstrofe designa
dot a transposição de um vector, ou ainda `dot(v,w)`. O comprimento (ou
módulo) de um vector **v** é dado pela sua norma euclidiana

$$\|\mathbf{v}\| = \sqrt{(\mathbf{v}, \mathbf{v})} = \sqrt{\sum_{k=1}^{n} v_k^2}$$

norm e pode-se calcular com o comando `norm(v)`.

O produto vectorial de dois vectores $\mathbf{v}, \mathbf{w} \in \mathbb{R}^n$, $n \geq 3$, que se designa
por $\mathbf{v} \times \mathbf{w}$ ou $\mathbf{v} \wedge \mathbf{w}$, é o vector $\mathbf{u} \in \mathbb{R}^n$ ortogonal a **v** e **w** cujo módulo é
$|\mathbf{u}| = |\mathbf{v}|\,|\mathbf{w}|\sin(\alpha)$, onde α é o ângulo formado por **v** e **w**. Pode-se obter
cross com o comando `cross(v,w)`.

Em MATLAB, pode-se visualizar um vector usando o comando
quiver `quiver` em $\mathbb{R}^2$ e `quiver3` em $\mathbb{R}^3$.
quiver3 Os comandos de MATLAB `x.*y` ou `x.^2` indicam que as operações
. são efectuadas componente a componente. Por exemplo, definindo os
*.^* vectores

```
» v = [1; 2; 3]; w = [4; 5; 6];
```

a instrução

```
» w'*v

  ans =
      32
```

dá o seu produto escalar, enquanto que

```
» w.*v

  ans =
       4
      10
      18
```

dá um vector cuja i-ésima componente é igual a $x_i y_i$.

Por fim, recordemos que um vector $\mathbf{v} \in \mathbb{C}^n$, $\mathbf{v} \neq \mathbf{0}$, é um *vector próprio* de uma matriz $A \in \mathbb{C}^{n \times n}$ associado ao número complexo λ se

$$A\mathbf{v} = \lambda\mathbf{v}.$$

O número complexo λ diz-se *valor próprio* de A. Em geral, o cálculo dos valores próprios é bastante difícil. Exceptuam-se os casos das matrizes diagonais e triangulares, cujos valores próprios são simplesmente os seus termos diagonais.

Ver os Exercícios 1.3-1.6.

1.4 Funções reais

Esta secção ocupa-se de funções reais definidas no intervalo (a, b). O comando `fplot(fun,lims)` traça o gráfico da função `fun` (definida por uma cadeia de caracteres) no intervalo (`lims(1),lims(2)`). Por exemplo, para representar $f(x) = 1/(1+x^2)$ no intervalo $(-5, 5)$, podemos escrever   `fplot`

```
» fun ='1/(1+x.^2)'; lims=[-5,5]; fplot(fun,lims);
```

ou, mais directamente,

```
» fplot('1/(1+x.^2)',[-5 5]);
```

Em MATLAB o gráfico obtém-se a partir de uma amostra da função num conjunto de pontos não equidistantes e reproduz o gráfico real de f com uma tolerância de 0.2%. Para melhorar a precisão poderíamos usar o comando

```
» fplot(fun,lims,tol,n,'LineSpec',P1,P2,...)
```

onde `tol` indica a tolerância desejada e o parâmetro `n`(≥ 1) assegura que a função será traçada com um mínimo de `n` + 1 pontos. `LineSpec` é uma cadeia de caracteres que especifica o tipo de linha ou a cor da linha usada para traçar o gráfico. Por exemplo, `LineSpec='-'` indica uma linha a tracejado, `LineSpec='r-.'` uma linha vermelha de traços e pontos, etc. Para utilizar valores por defeito para `tol`, `n` ou `LineSpec` podem introduzir-se matrizes vazias (`[ ]`).

eval   O valor de uma função `fun` num ponto `x` determina-se escrevendo `y=eval(fun)`, depois de iniciar `x`. O valor correspondente é guardado em `y`. Notar que `x`, e portanto `y`, podem ser vectores. Ao usar este comando, a restrição é que o argumento da função `fun` deverá ser `x`. Se o argumento de `fun` tiver um nome diferente (o que acontece frequentemente quando este argumento é gerado no interior de um programa) o comando `eval` deverá substituir-se por `feval` (ver Observação 1.3).

grid   Assinalemos por fim que se escrevermos `grid on` depois do comando `fplot`, podemos obter uma grelha de fundo como a da Figura 1.1.

Octave 1.3 Quando se utiliza o comando `fplot(fun,lims,n)` em Octave, o gráfico obtém-se a partir de uma amostra da função definida por `fun` (esse é o nome de uma *função* ou de uma expressão que contenha `x`) sobre um conjunto de pontos não equidistantes. O parâmetro opcional `n` (≥ 1) garante que a função será traçada com um mínimo de `n+1` pontos. Por exemplo, os comandos seguintes permitem traçar o gráfico de $f(x) = 1/(1+x^2)$:

```
» fun ='1./(1+x.^2)'; lims=[-5,5];
» fplot(fun,lims)
```

1.4.1 Os zeros

Recorde-se que se $f(\alpha) = 0$, α diz-se *zero* de f ou *raiz* da equação $f(x) = 0$. Um zero é *simples* se $f'(\alpha) \neq 0$, e *múltiplo* no caso contrário.

Podemos determinar os zeros reais de uma função a partir do seu gráfico (com uma certa tolerância). O cálculo directo de todos os zeros de uma dada função nem sempre é possível. Para as funções polinomiais de grau n com coeficientes reais, isto é, da forma

$$p_n(x) = a_0 + a_1 x + a_2 x^2 + \ldots + a_n x^n = \sum_{k=0}^{n} a_k x^k, \quad a_k \in \mathbb{R},\ a_n \neq 0,$$

podemos obter o único zero $\alpha = -a_0/a_1$, quando $n = 1$ (o gráfico de p_1 é uma linha recta) ou se existirem, os dois zeros α_+ e α_-, quando $n = 2$ (o gráfico de p_2 é uma parábola)

$$\alpha_\pm = \frac{-a_1 \pm \sqrt{a_1^2 - 4a_0 a_2}}{2a_2}.$$

Contudo, não existem fórmulas explícitas para determinar os zeros de um polinómio arbitrário p_n quando $n \geq 5$.

No que se segue iremos designar por $\mathbb{P}_n$ o espaço dos polinómios de grau menor ou igual a n,

$$p_n(x) = \sum_{k=0}^{n} a_k x^k \qquad (1.9)$$

onde a_k são coeficientes dados, reais ou complexos.

Em geral, o número de zeros de uma função não pode ser determinado *a priori*. Exceptua-se o caso particular das funções polinomiais, para as quais o número de zeros (reais ou complexos) coincide com o grau do polinómio. Além disso, se o complexo $\alpha = x + iy$ com $y \neq 0$ for um zero de um polinómio com coeficientes reais, o seu conjugado $\bar{\alpha} = x - iy$ também é um zero.

Em MATLAB podemos utilizar o comando `fzero(fun,x0)` para calcular um zero de uma função `fun`, na vizinhança de um dado valor `x0`, real ou complexo. O resultado é um valor aproximado desse zero, e também o intervalo onde se efectuou a sua pesquisa. Com o comando `fzero(fun,[x0 x1])`, procura-se um zero de `fun` no intervalo cujos extremos são `x0,x1`, desde que f mude de sinal entre `x0` e `x1`.

Consideremos, por exemplo, a função $f(x) = x^2 - 1 + e^x$. Observando o seu gráfico, verifica-se que tem dois zeros em $(-1, 1)$. Para os calcular, precisamos de executar os seguintes comandos:

```
» fun=inline('x^2 - 1 + exp(x)','x');
» fzero(fun,1)

ans =
  5.4422e-18

» fzero(fun,-1)

ans =
  -0.7146
```

Em alternativa, depois de constatar pela função `plot` que existe um zero no intervalo $[-1, -0.2]$ e outro em $[-0.2, 1]$, poderia ter-se escrito:

```
» fzero(fun,[-0.2 1])

ans =
  -5.2609e-17

» fzero(fun,[-1  -0.2])

ans =
  -0.7146
```

O resultado obtido para o primeiro zero é ligeiramente diferente do precedente, devido à diferente iniciação do algoritmo implementado em `fzero`.

No Capítulo 2, serão introduzidos e estudados vários métodos para o cálculo aproximado dos zeros de uma função arbitrária.

18   1 O que não se pode ignorar

Octave 1.4 Em Octave, `fzero` só aceita funções definidas com a palavra chave `function`. A sintaxe correspondente é a seguinte:

```
function y = fun(x)
   y = x.^2 - 1 + exp(x);
end
```

```
» fzero("fun", 1)

   ans =   2.3762e-17

» fzero("fun",-1)

   ans =   -0.71456                                    ■
```

1.4.2 Polinómios

Os polinómios são funções muito particulares tratadas em MATLAB
de forma especial por uma *toolbox*[1] polyfun. O comando polyval permite determinar o valor de um polinómio em um ou vários pontos. Os
seus argumentos de entrada são um vector p e um vector x, em que as
componentes de p são os coeficientes do polinómio guardados por ordem
decrescente, de a_n a a_0, e as componentes de x são os pontos onde o
valor do polinómio será determinado. O resultado pode ser guardado
num vector y, escrevendo

```
» y = polyval(p,x)
```

Por exemplo, os valores de $p(x) = x^7 + 3x^2 - 1$, nos pontos equidistantes
$x_k = -1 + k/4$ para $k = 0, \ldots, 8$, podem-se obter procedendo da seguinte
maneira:

```
» p = [1 0 0 0 0 3 0 -1]; x = [-1:0.25:1];
» y = polyval(p,x)

   y =
     Columns 1 through 5:

       1.00000    0.55402   -0.25781   -0.81256   -1.00000
     Columns 6 through 9:

      -0.81244   -0.24219    0.82098    3.00000
```

Em alternativa, poderá usar-se o comando `feval`. Contudo, neste
caso seria necessário fornecer a expressão analítica completa do polinómio
numa cadeia de caracteres, e não apenas os seus coeficientes.

O programa roots dá uma aproximação dos zeros de um polinómio
e requer apenas a entrada do vector p.

Por exemplo, para calcular os zeros de $p(x) = x^3 - 6x^2 + 11x - 6$,
escreve-se:

---

[1] Uma *toolbox* é uma colecção de funções de MATLAB associadas a uma
aplicação particular

```
» p = [1 -6 11 -6]; format long;
» roots(p)

ans =
    3.00000000000000
    2.00000000000000
    1.00000000000000
```

Infelizmente o resultado nem sempre é preciso. Por exemplo, no caso do polinómio $p(x) = (x+1)^7$, cujo único zero é $\alpha = -1$ com multiplicidade 7, obtemos (surpreendentemente):

```
» p = [1 7  21 35  35  21  7  1];
» roots(p)

ans =
    -1.0101
    -1.0063 + 0.0079i
    -1.0063 - 0.0079i
    -0.9977 + 0.0099i
    -0.9977 - 0.0099i
    -0.9909 + 0.0044i
    -0.9909 - 0.0044i
```

Com efeito, os métodos numéricos para o cálculo das raízes de um polinómio são particularmente sensíveis a erros de arredondamento, se as raízes forem de multiplicidade maior que 1 (ver Secção 2.5.2).

Acrescente-se que com o comando `p=conv(p1,p2)` se obtém os coeficientes do polinómio resultante do produto de dois polinómios cujos coeficientes estão contidos nos vectores **p1** e **p2**. Do mesmo modo, o comando `[q,r]=deconv(p1,p2)` dá os coeficientes do quociente **q** e do resto **r** da divisão de **p1** por **p2**, isto é, `p1 = conv(p2,q) + r`. conv deconv

Consideremos por exemplo o produto e o quociente de dois polinómios $p_1(x) = x^4 - 1$ e $p_2(x) = x^3 - 1$:

```
» p1 = [1 0 0 0 -1];
» p2 = [1 0 0 -1];
» p=conv(p1,p2)

p =
    1    0    0    -1    -1    0    0    1

» [q,r]=deconv(p1,p2)

q =
    1    0
r =
    0    0    0    1    -1
```

Encontramos assim os polinómios $p(x) = p_1(x)p_2(x) = x^7 - x^4 - x^3 + 1$, $q(x) = x$ e $r(x) = x - 1$ tais que $p_1(x) = q(x)p_2(x) + r(x)$.

Os comandos `polyint(p)` e `polyder(p)` fornecem, respectivamente, os coeficientes da primitiva (que se anula em $x = 0$) e da derivada do polinómio cujos coeficientes são dados pelas componentes do vector **p**. polyint polyder

Se x for um vector de abcissas e se p (respectivamente, p_1 e p_2) for um vector que contém os coeficientes de um polinómio p (respectivamente, p_1 e p_2), os comandos precedentes resumem-se na Tabela 1.1.

comandos	resultados
y=polyval(p,x)	y = valores de $p(x)$
z=roots(p)	z = raízes de p tais que $p(z) = 0$
p=conv(p₁,p₂)	p = coeficientes do polinómio $p_1 p_2$
[q,r]=deconv(p₁,p₂)	q = coeficientes de q, r = coeficientes de r tais que $p_1 = q p_2 + r$
y=polyder(p)	y = coeficientes de $p'(x)$
y=polyint(p)	y = coeficientes de $\displaystyle\int_0^x p(t)\, dt$

Tabela 1.1. Comandos de MATLAB para operações com polinómios

polyfit   Um outro comando, polyfit, permite calcular os $n+1$ coeficientes do polinómio p de grau n, desde que se disponha dos valores de p em $n+1$ pontos distintos (ver Secção 3.1.1).

polyderiv   Octave 1.5 Os comandos polyderiv e polyinteg têm as mesmas
polyinteg   funcionalidades que polyder e polyint, respectivamente. Notar que polyder está igualmente disponível em Octave, ver Secção 1.6.   ∎

1.4.3 Integração e derivação

Neste livro serão frequentemente invocados os seguintes resultados:

1. *teorema fundamental da integração*: se f for uma função contínua em $[a, b)$, então

$$F(x) = \int_a^x f(t)\, dt \qquad \forall x \in [a, b),$$

é uma função derivável, chamada a *primitiva* de f, que satisfaz,

$$F'(x) = f(x) \qquad \forall x \in [a, b);$$

2. *primeiro teorema do valor médio para integrais*: se f for uma função contínua em $[a, b)$ e x_1, $x_2 \in [a, b)$ com $x_1 < x_2$, então $\exists \xi \in (x_1, x_2)$ tal que

$$f(\xi) = \frac{1}{x_2 - x_1} \int_{x_1}^{x_2} f(t)\, dt.$$

Mesmo quando existe, uma primitiva pode ser difícil ou mesmo ímpossível de determinar. Por exemplo, é inútil saber que $\ln |x|$ é uma primitiva de $1/x$ se não se souber calcular os logaritmos de modo eficiente. No Capítulo 4 iremos introduzir vários métodos para calcular, com uma dada precisão, o integral de uma função contínua arbitrária, sem o conhecimento da sua primitiva.

Recordemos que uma função f definida num intervalo $[a, b]$ é derivável num ponto $\bar{x} \in (a, b)$ se existir e for finito o seguinte limite

$$f'(\bar{x}) = \lim_{h \to 0} \frac{1}{h}(f(\bar{x} + h) - f(\bar{x})). \tag{1.10}$$

O valor de $f'(\bar{x})$ dá o declive da recta tangente ao gráfico de f no ponto $\bar{x}$.

Dizemos que uma função contínua e com derivada contínua em todos os pontos de $[a, b]$ pertence ao espaço $C^1([a, b])$. Mais geralmente, uma função com derivadas contínuas até à ordem p (um inteiro positivo) diz-se que pertence a $C^p([a, b])$. Em particular, $C^0([a, b])$ designa o espaço das funções contínuas em $[a, b]$.

Um resultado que será muitas vezes usado é o *teorema do valor médio*: se $f \in C^1([a, b])$, existe $\xi \in (a, b)$ tal que

$$f'(\xi) = (f(b) - f(a))/(b - a).$$

Recordemos, finalmente, que uma função que, numa vizinhança de x_0, é contínua e admite derivadas contínuas até à ordem n, pode ser aproximada nessa vizinhaça pelo chamado *polinómio de Taylor de grau n* no ponto x_0:

$$T_n(x) = f(x_0) + (x - x_0)f'(x_0) + \ldots + \frac{1}{n!}(x - x_0)^n f^{(n)}(x_0)$$

$$= \sum_{k=0}^{n} \frac{(x - x_0)^k}{k!} f^{(k)}(x_0).$$

A *toolbox* `symbolic` de MATLAB contém os comandos `diff`, `int` e `taylor` que fornecem, respectivamente, a expressão analítica da derivada, o integral indefinido (isto é, uma primitiva) e o polinómio de Taylor, de uma dada função. Em particular, tendo definido uma função com a cadeia de caracteres `f`, a função `diff(f,n)` dá a sua derivada de ordem `n`, `int(f)` o seu integral indefinido, e `taylor(f,x,n+1)` o seu polinómio de Taylor de grau `n` numa vizinhança de $x_0 = 0$. A variável `x` deve ser declarada como *simbólica* usando o comando `syms x`. Isto permitirá a sua manipulação algébrica sem especificar o seu valor.

Para aplicar à função $f(x) = (x^2 + 2x + 2)/(x^2 - 1)$, procede-se do seguinte modo:

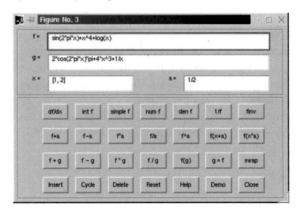

Figura 1.5. Interface gráfica do comando `funtool`

```
» f = '(x^2+2*x+2)/(x^2-1)';
» syms x
» diff(f)

(2*x+2)/(x^2-1)-2*(x^2+2*x+2)/(x^2-1)^2*x

» int(f)

x+5/2*log(x-1)-1/2*log(1+x)

» taylor(f,x,6)

-2-2*x-3*x^2-2*x^3-3*x^4-2*x^5
```

simple   Observemos que o comando simple permite reduzir as expressões gera-
           das por `diff`, `int` e `taylor` de modo a torná-las tão simples quanto pos-
funtool   sível. O comando funtool permite uma simples manipulação simbólica
           de funções arbitrárias, usando a interface gráfica ilustrada na Figura 1.5.

Octave 1.6 O cálculo simbólico ainda não está disponível em Octave,
mas o desenvolvimento desta funcionalidade é objecto de trabalhos em
curso.[2] ■

Ver os Exercícios 1.7-1.8.

1.5 Errar não é só humano

Reformulando a frase em latim *errare humanum est*, poderíamos mesmo
dizer que em cálculo numérico errar é mesmo inevitável.

---
[2] http://www.octave.org

Tal como vimos, o simples facto de usar um computador para representar números reais introduz erros. Por conseguinte, mais do que esforçar-se por eliminar erros, o que importa é procurar controlar os seus efeitos.

Em geral, é possível identificar vários níveis de erros que ocorrem na aproximação e resolução de um problema físico (ver Figura 1.6).

No nível superior, encontra-se o erro e_m que resulta de forçar a realidade física (PF designa o problema físico e x_f a sua solução) a satisfazer algum modelo matemático (MM, cuja solução é x). Tais erros limitarão a aplicabilidade do modelo matemático a certas situações e saem do domínio do Cálculo Científico.

Um modelo matemático (expresso por um integral, como no exemplo da Figura 1.6, por uma equação algébrica ou diferencial, ou por um sistema linear ou não linear) geralmente não se pode resolver de forma explícita. A sua resolução por algoritmos numéricos envolverá necessariamente pelo menos o aparecimento e propagação de erros de arredondamento. Chamemos e_a a estes erros.

Por outro lado, é muitas vezes necessário introduzir erros adicionais, uma vez que o cálculo no computador de soluções de modelos matemáticos, que envolvam um número infinito de operações aritméticas, só se efectua de modo aproximado. Por exemplo, a soma de uma série será necessariamente calculada de modo aproximado, procedendo a uma truncatura conveniente.

Torna-se por isso necessário definir um problema numérico, PN, cuja solução x_n difere de x por um erro e_t que se chama *erro de truncatura*. Estes erros não ocorrem apenas nos modelos matemáticos já definidos em dimensão finita (por exemplo, quando se resolve um sistema linear).

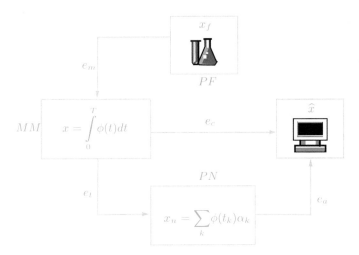

Figura 1.6. Diversos tipos de erro num processo de cálculo

A soma dos erros e_a e e_t constitui o *erro computacional* e_c, que é a quantidade que nos interessa.

O erro computacional *absoluto* é a diferença entre x, a solução exacta do modelo matemático, e $\widehat{x}$, a solução obtida no final do processo numérico,

$$e_c^{abs} = |x - \widehat{x}|,$$

enquanto que (se $x \neq 0$) o erro computacional *relativo* é

$$e_c^{rel} = |x - \widehat{x}|/|x|,$$

onde $|\cdot|$ designa o módulo, ou qualquer outra medida (valor absoluto, norma) dependendo do significado de x.

O cálculo numérico consiste geralmente em aproximar o modelo matemático fazendo intervir um parâmetro de discretização, que designaremos por h e que se supõe positivo. Se, quando h tender para 0, a solução aproximada do modelo matemático tender para a sua solução exacta, diremos que o método numérico é *convergente*. Além disso, se o erro (absoluto ou relativo) for majorado por uma função de h da seguinte maneira

$$e_c \leq Ch^p \tag{1.11}$$

em que C é um número positivo independente de h e p , diremos que o método é *convergente de ordem p*. Quando, para além de um majorante (1.11), se tem também um minorante $C'h^p \leq e_c$ (C' é uma outra constante independente de h e p) pode-se substituir o símbolo $\leq$ por $\simeq$.

Exemplo 1.1 Suponhamos que se aproxima a derivada de uma função f no ponto $\bar{x}$ pela razão incremental que aparece em (1.10). Obviamente, se f for derivável em $\bar{x}$, o erro cometido quando se substitui f' pela razão incremental tende para 0 quando $h \to 0$. Contudo, como veremos na Secção 4.1, o erro só se comporta como Ch se $f \in C^2$ numa vizinhança de $\bar{x}$.   ■

Ao estudar as propriedades de convergência de um método numérico recorre-se frequentemente a gráficos que representam o erro em função de h numa escala logarítmica isto é, com $\log(h)$ no eixo das abcissas e $\log(e_c)$ no eixo das ordenadas. O objectivo desta representação é claro: se $e_c = Ch^p$ então $\log e_c = \log C + p \log h$. Portanto, em escala logarítmica p representa o declive da linha recta $\log e_c$ e, deste modo, se pretendermos comparar dois métodos, a recta de maior declive corresponde ao método de ordem mais elevada. Os gráficos na escala logarítmica obtêm-se facilmente em MATLAB, bastando para isso digitar `loglog(x,y)`, sendo x e y os vectores que contêm as abcissas e as ordenadas dos dados a representar.

Por exemplo, na Figura 1.7 as linhas rectas representam o comportamento do erro em dois métodos diferentes. A linha contínua corresponde

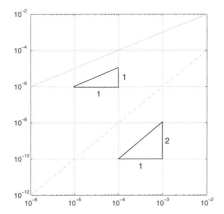

Figura 1.7. Gráfico em escala logarítmica

a uma aproximação de primeira ordem, enquanto que a linha a tracejado corresponde a uma aproximação de segunda ordem.

Há uma alternativa ao processo gráfico para determinar a ordem de um método quando se conhece os erros e_i relativos para alguns valores h_i do parâmetro de discretização, $i = 1, \ldots, N$: consiste em supor que e_i é igual a Ch_i^p, onde C não depende de i. Podemos então aproximar p pelos valores

$$p_i = \log(e_i/e_{i-1})/\log(h_i/h_{i-1}), \qquad i = 2, \ldots, N. \qquad (1.12)$$

Com efeito, o erro não se pode calcular directamente uma vez que depende da solução desconhecida. Torna-se por isso necessário introduzir valores calculáveis, as chamadas *estimativas de erro*, que permitam estimar o próprio erro. Veremos alguns exemplos nas Secções 2.2.1, 2.3 e 4.4.

1.5.1 Falando de custos

Em geral, resolve-se um problema no computador usando um algoritmo, que é uma instrução precisa em forma de texto, especificando a execução de uma sequência finita de operações elementares.

O *custo computacional* de um algoritmo é o número de operações com vírgula flutuante requeridas para a sua execução. Muitas vezes, a velocidade de um computador mede-se pelo número máximo de operações com vírgula flutuante que pode executar num segundo (*flops*). Em particular, é comum usar as seguintes notações abreviadas: Mega-flops igual a 10^6 *flops*, Giga-flops igual a 10^9 *flops*, Tera-flops igual a 10^{12} *flops*. Hoje em dia, os computadores mais rápidos atingem cerca de 40 Tera-flops.

De um modo geral, o conhecimento do número exacto de operações efectuadas por um certo algoritmo não é essencial. Bastará, em vez disso, determinar a sua ordem de grandeza em função de um parâmetro d associado à dimensão do problema. Assim, dizemos que um algoritmo tem complexidade *constante* se usar um número de operações independente de d, isto é $\mathcal{O}(d)$ operações; tem complexidade *linear* se requerer $\mathcal{O}(d)$ operações, ou, mais geralmente, complexidade *polinomial* se usar $\mathcal{O}(d^m)$ operações, em que m é um inteiro positivo. Outros algoritmos podem ter complexidade *exponencial* ($\mathcal{O}(c^d)$ operações) ou mesmo *factorial* ($\mathcal{O}(d!)$ operações). Recordemos que o símbolo $\mathcal{O}(d^m)$ significa "comporta-se, para grandes valores de d, como uma constante vezes d^m".

Exemplo 1.2 (produto matriz-vector) Seja A uma matriz quadrada de ordem n e seja **v** um vector de $\mathbb{R}^n$. A j-ésima componente do produto A**v** é dada por

$$a_{j1}v_1 + a_{j2}v_2 + \ldots + a_{jn}v_n,$$

o que requer n produtos e $n-1$ adições. Assim, é necessário efectuar $n(2n-1)$ operações para calcular todas as componentes. Deste modo, o algoritmo envolve $\mathcal{O}(n^2)$ operações, e tem por isso uma complexidade quadrática relativamente ao parâmetro n. O mesmo algoritmo necessitaria de $\mathcal{O}(n^3)$ operações para calcular o produto de duas matrizes de ordem n. Contudo, existe um algoritmo devido a Strassen, que requer "apenas" $\mathcal{O}(n^{\log_2 7})$ operações e um outro, devido a Winograd e Coppersmith, que requer a execução de $\mathcal{O}(n^{2.376})$ operações. ∎

Exemplo 1.3 (cálculo do determinante de uma matriz) Tal como foi anteriormente mencionado, o determinante de uma matriz quadrada de ordem n pode ser calculado usando a fórmula recursiva (1.8). O algoritmo correspondente tem uma complexidade factorial em n e só seria aplicável a matrizes de pequena dimensão. Por exemplo, se $n = 24$, um computador capaz de realizar 1 Peta-flops (isto é, 10^{15} operações com vírgula flutuante por segundo) necessitaria de 20 anos para executar este cálculo. Torna-se por isso necessário recorrer a algoritmos mais eficazes. Na verdade, existe um algoritmo que permite o cálculo de determinantes à custa de produtos matriz-matriz com uma complexidade de $\mathcal{O}(n^{\log_2 7})$ operações aplicando o algoritmo de Strassen mencionado (ver [BB96]). ∎

O número de operações não é o único parâmetro a ter em conta na análise de um algoritmo. Um outro factor importante é o tempo de acesso à memória do computador (que depende da maneira como o algoritmo foi programado). Um indicador do desempenho de um algoritmo é por isso o tempo CPU (CPU significa *central processing unit*), quer dizer o tempo cputime de cálculo. Em MATLAB pode ser obtido com o comando cputime. O tempo total que decorre entre as fases de *entrada* e *saída* pode-se obter etime com o comando etime.

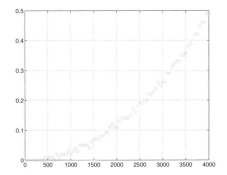

Figura 1.8. Produto matriz-vector: o tempo CPU (em segundos) em função da dimensão n da matriz (num PC a 2.53 GHz)

Exemplo 1.4 Para calcular o tempo necessário para executar um produto matriz-vector, considera-se o seguinte programa:

```
» n = 4000; step = 50; A = rand(n,n); v = rand(n); T=[];
» sizeA = [ ]; count = 1;
» for k = 50:step:n
    AA = A(1:k,1:k); vv = v(1:k)';
    t = cputime; b = AA*vv; tt = cputime - t;
    T = [T, tt]; sizeA = [sizeA,k];
end
```

A instrução `a:step:b` que aparece no ciclo `for` gera todos os números da forma `a:step:b` `a+step*k`, onde `k` é um inteiro que varia de 0 a `kmax`, sendo `kmax` o maior inteiro tal que `a+step*kmax` é menor que `b` (no caso considerado, a=50, b=4000 e step=50). O comando `rand(n,m)` define uma matriz n×m cujos elementos `rand` são aleatórios. Por fim, `T` é o vector cujas componentes contêm o tempo CPU necessário para executar cada produto matriz-vector, enquanto que `cputime` dá o tempo CPU (em segundos) utilizado pelo processo de MATLAB desde o seu início. O tempo necessário à execução de um único programa é, portanto, a diferença entre o tempo CPU efectivo e o calculado antes da execução do programa em curso, guardado na variável `t`. O gráfico da Figura 1.8, obtido com o comando `plot(sizeA,T,'o')`, mostra que o tempo CPU aumenta como o quadrado da ordem da matriz n. ∎

1.6 Os ambientes MATLAB e Octave

Os programas de MATLAB e Octave são ambientes integrados de cálculo científico e visualização. Estão escritos nas linguagens C e C++.

MATLAB é distribuído por The MathWorks (ver o endereço na web `www.mathworks.com`). O seu nome vem de *MATrix LABoratory* porque foi inicialmente desenvolvido para o cálculo matricial.

Octave, também conhecido por GNU Octave (ver o endereço na web `www.octave.org`), é um *software* que se distribui livremente. É possível redistribuí-lo e/ou modificá-lo nos termos da licença GNU *General Public License* (GPL) publicada pela *Free Software Foundation.*

Tal como mencionámos no início deste capítulo, existem diferenças entre os ambientes, as linguagens e as *toolboxes* de MATLAB e Octave. Contudo, o seu nível de compatibilidade permite executar a maior parte dos programas deste livro, tanto em MATLAB como em Octave. Quando tal não for possível, porque os comandos não têm a mesma sintaxe, ou porque funcionam de modo diferente, ou apenas porque não existem, escrever-se-á uma nota no fim de cada secção que fornece uma explicação e indica o que deverá ser feito.

Assim como MATLAB tem as suas *toolboxes*, Octave possui um vasto conjunto de funções disponíveis através do projecto chamado Octave-forge (ver o sítio na web `octave.sourceforge.net`). Este repositório de funções não cessa de se enriquecer em muitas áreas diferentes, tais como álgebra linear, matrizes esparsas, optimização, para mencionar apenas algumas. Para executar correctamente todos os programas e exemplos deste livro em Octave, é indispensável instalar Octave-forge.

»

`octave:1>`

Depois de instalar MATLAB ou Octave, podemos aceder a um ambiente de trabalho caracterizado pelo *prompt* » em MATLAB e `octave:1>` em Octave, respectivamente. Por exemplo, quando executamos o MATLAB no nosso computador pessoal vemos

```
          < M A T L A B >
   Copyright 1984-2004 The MathWorks, Inc.
       Version 7.0.0.19901 (R14)
             May 06, 2004


   To get started, select MATLAB Help or Demos from the Help menu.
```

»

Por outro lado, quando executamos Octave vemos

```
GNU Octave, version 2.1.72 (x86_64-pc-linux-gnu).
Copyright (C) 2005 John W. Eaton.
This is free software; see the source code for copying conditions.
There is ABSOLUTELY NO WARRANTY; not even for MERCHANTIBILITY or
FITNESS FOR A PARTICULAR PURPOSE.  For details, type 'warranty'.

Additional information about Octave is available at
http://www.octave.org.

Please contribute if you find this software useful.
For more information, visit
        http://www.octave.org/help-wanted.html

Report bugs to <bug@octave.org> (but first, please read
http://www.octave.org/bugs.html to learn how to write a helpful
report).

octave:1>
```

1.7 A linguagem MATLAB

Depois das observações introdutórias da secção anterior, estamos em condições de trabalhar nos ambientes MATLAB ou Octave. A partir de agora MATLAB designará um subconjunto de comandos comuns a MATLAB e Octave.

Depois de digitar *entrada* (ou *saída*), tudo o que se escrever depois do *prompt* será interpretado. [3] Mais precisamente, MATLAB verifica primeiro se o que foi escrito corresponde a variáveis já definidas ou ao nome de um dos programas ou comandos definidos em MATLAB. Se estas verificações falharem, MATLAB dá uma mensagem de erro. Caso contrário, o comando é executado e irá possivelmente visualizar-se uma *saída*. Em todos os casos, o sistema volta de novo ao *prompt* para manifestar que está pronto a receber novos comandos. Para terminar uma sessão de MATLAB devemos escrever o comando quit (ou exit) e digitar *enter*. A partir de agora deixaremos de indicar que para a execução de qualquer programa ou comando se torna necessário digitar *enter*. Além disso, utilizaremos indiferentemente os termos programa, função ou comando. Quando o nosso comando se limitar a uma das estruturas elementares de MATLAB (por exemplo, um número ou uma cadeia de caracteres entre aspas) essa estrutura obtém-se imediatamente em *saída* na variável por *defeito* ans (abreviatura do inglês *answer*). Por exemplo:

```
» 'casa'

ans =
   casa
```

Se escrevermos em seguida uma nova cadeia (ou número) de caracteres, ans tomará este novo valor.

Podemos desactivar a apresentação automática da *saída* escrevendo um ponto e vírgula depois da cadeia de caracteres. Assim, se escrevermos 'casa'; MATLAB irá simplesmente devolver o *prompt* (associando contudo o valor 'casa' à variável ans).

Mais geralmente, o comando = permite atribuir um valor (ou uma cadeia de caracteres) a uma dada variável. Por exemplo, para afectar a cadeia 'Benvindo a Lisboa' à variável a, podemos escrever

```
» a='Benvindo a Lisboa';
```

Por conseguinte, não é necessário declarar o *tipo* de uma variável, já que MATLAB o fará automática e dinamicamente. Por exemplo, se escrevermos a=5, a variável a irá agora conter um número e não uma cadeia de caracteres. Esta flexibilidade não é gratuita. Por exemplo, se fixarmos uma variável chamada quit e lhe atribuirmos o número 5, estamos a inibir o uso do comando quit de MATLAB. Evitaremos por isso

---

[3] Assim, um programa de MATLAB não tem necessidade de ser compilado, contrariamente a outras linguagens, como o Fortran ou o C.

utilizar variáveis com o nome de comandos do MATLAB. No entanto, o
comando clear seguido do nome da variável (por exemplo, quit), permite cancelar a definição e recuperar o significado original do comando
quit.

Através do comando save todas as variáveis da sessão (guardadas no
chamado *espaço de trabalho*) estão no ficheiro binário matlab.mat. Estes
dados podem ser recuperados com o comando load. Depois de save ou
load pode-se especificar o nome de um ficheiro. Para salvar variáveis
seleccionadas tais como v1, v2 e v3, num dado ficheiro chamado por
exemplo area.mat, a sintaxe é save area v1 v2 v3.

O comando help permite visualizar todos os comandos e variáveis
pré-definidos, incluindo as chamadas *toolboxes* que são conjuntos de comandos especializados. Entre eles recordemos os que definem as funções
elementares como o seno (sin(a)), o coseno (cos(a)), a raiz quadrada
(sqrt(a)), a exponencial (exp(a)).

Certos caracteres especiais não podem fazer parte do nome de uma
variável ou de um comando. É, por exemplo, o caso dos operadores al-
gébricos (+, -, * e /), dos operadores lógicos *and* (&), *or* (|), *not* (̃),
e dos operadores de comparação *maior que* (>), *maior ou igual a* (>=),
menor que (<), *menor ou igual a* (<=), *igual a* (==). Finalmente, assinalemos ainda que um nome nunca pode começar por um dígito, uma
chaveta ou qualquer sinal de pontuação.

*(margem: clear, save, load, help, sin cos, sqrt exp, + - * /, & | ̃, > >= <, <= ==)*

1.7.1 Instruções de MATLAB

Uma linguagem especial de programação, a linguagem MATLAB, permite igualmente ao utilizador escrever novos programas. Apesar de não
ser necessário dominar o MATLAB para poder utilizar os diversos programas propostos neste livro, o seu conhecimento poderá permitir ao
leitor a capacidade de modificar e escrever novos programas.

A linguagem MATLAB inclui instruções usuais tais como testes e
ciclos.

O teste *if-elseif-else* tem a seguinte forma geral:

```
if  condição(1)
     instrução(1)
elseif  condição(2)
     instrução(2)
    .
    .
    .
else
     instrução(n)
end
```

onde condição(1), condição(2), ... representam conjuntos de instruções lógicas de MATLAB, cujos valores são 0 ou 1 (falso ou verdadeiro). A primeira condição com o valor 1 implica a execução da ins-

trução correspondente. Se todas as condições forem falsas, a instrução-
(n) será executada. Se o valor da condição(k) for 0, passa-se à condição
seguinte.

Por exemplo, para calcular as raízes de um polinómio quadrático
$ax^2 + bx + c$ podemos usar as seguintes instruções (o comando disp(.)
afixa simplesmente o que está escrito entre parêntesis):

```
» if   a    ~= 0
   sq = sqrt(b*b - 4*a*c);
   x(1) = 0.5*(-b + sq)/a;
   x(2) = 0.5*(-b - sq)/a;
   elseif  b   ~= 0
   x(1) = -c/b;
   elseif  c   ~= 0
   disp(' Equação impossível');
   else
   disp(' A equação dada é uma identidade');
   end
```
$$(1.13)$$

Note-se que MATLAB não executa a construção completa antes de se
ter digitado a instrução end.

MATLAB permite dois tipos de ciclos, um ciclo *for* (comparável ao
ciclo *do* de Fortran ou ao ciclo *for* de C) e um ciclo *while*. Um ciclo *for*
repete as instruções enquanto o seu índice percorrer os valores de um
dado vector linha. Por exemplo, para calcular os primeiros seis termos
de uma sucessão de Fibonacci $f_i = f_{i-1} + f_{i-2}$, para $i \geq 3$, com $f_1 = 0$
e $f_2 = 1$, podemos usar as seguintes instruções:

```
» f(1) = 0; f(2) = 1;
» for i = [3 4 5 6]
     f(i) = f(i-1) + f(i-2);
  end
```

Note-se que se pode usar um ponto e vírgula para separar várias instruções de MATLAB que aparecem na mesma linha. Observe-se ainda
que se pode substituir a segunda instrução por » for i = 3:6, que é
equivalente. O ciclo *while* repete um bloco de instruções enquanto a
condição dada for verdadeira. Por exemplo, o seguinte conjunto de instruções pode ser usado como alternativa ao conjunto anterior:

```
» f(1) = 0; f(2) = 1; k = 3;
» while k <= 6
     f(k) = f(k-1) + f(k-2); k = k + 1;
  end
```

Existem outras instruções cujo uso é talvez menos frequente, como
switch, case, otherwise. O leitor interessado poderá aceder à sua descrição
através do comando help.

1.7.2 Programação em MATLAB

Expliquemos brevemente como escrever programas em MATLAB. Um
novo programa deve ser colocado num ficheiro cujo nome inclua a exten-

são . m, chamado *m-file*. Estes ficheiros devem ser colocados num dos directórios onde o MATLAB procura automaticamente os *m-files*; a sua lista pode-se obter com o comando path (ver help path para aprender a adicionar um directório a esta lista). O primeiro directório examinado por MATLAB é o directório do trabalho em curso.

A este nível é importante distinguir entre *scripts* e *funções*. Um *script* é simplesmente uma colecção de comandos de MATLAB num *m-file* que pode ser usada interactivamente. Por exemplo, o conjunto de instruções (1.13) pode dar origem a um *script* (a que poderemos chamar equation) copiando-o no ficheiro equation.m. Para o lançar, escreve-se simplesmente a instrução equation depois do prompt » de MATLAB. Mostramos dois exemplos:

```
» a = 1; b = 1; c = 1;
» equation

  ans =
        -0.5000 + 0.8660i   -0.5000 - 0.8660i

» a = 0; b = 1; c = 1;
» equation

  ans =
        -1
```

Como não há interface de entrada/saída, todas as variáveis utilizadas num *script* são também as variáveis da sessão de trabalho. Estas variáveis só serão apagadas depois de digitar explicitamente o comando (clear). Isto não é de todo satisfatório, quando se pretende escrever programas complexos. Com efeito, estes envolvem muitas variáveis temporárias e, comparativamente, poucas variáveis de entrada/saída, que são as únicas que podem ser efectivamente guardadas quando terminr a execução do programa. Neste sentido, as *funções* são muito mais flexíveis do que os *scripts*.

Uma *função* também se define num *m-file*, por exemplo nome.m, mas tem uma interface de entrada/saída bem definida, que se introduz com o comando function

```
function [out1,...,outn]=name(in1,...,inm)
```

onde out1,...,outn são as variáveis de saída e in1,...,inm são as variáveis de entrada.

O ficheiro seguinte, chamado det23.m, define uma nova função, det23 que, tendo em vista a fórmula dada na Secção 1.3, calcula o determinante de uma matriz de ordem 2 ou 3:

```
function det=det23(A)
%DET23 calcula o determinante de uma matriz quadrada
% de ordem 2 ou 3
[n,m]=size(A);
if n==m
  if n==2
    det = A(1,1)*A(2,2)-A(2,1)*A(1,2);
```

```
elseif n == 3
   det = A(1,1)*det23(A([2,3],[2,3]))-...
         A(1,2)*det23(A([2,3],[1,3]))+...
         A(1,3)*det23(A([2,3],[1,2])));
   else
      disp(' Apenas matrizes 2x2 ou 3x3');
   end
else
   disp(' Apenas matrizes quadradas');
end
return
```

Note-se o uso de reticências ... para indicar que a instrução continua   ...
na linha seguinte e do caracter % para iniciar comentários. A instrução   %
A([i,j],[k,l]) permite a construção de uma matriz 2×2 cujos elementos são os da matriz original A situados nas intersecções das i-ésima
e j-ésima linhas com as k-ésima e l-ésima colunas.

Quando se chama uma *função*, MATLAB cria um espaço de trabalho local (o *espaço de trabalho da função*). Os comandos no interior
da *função* não se podem referir às variáveis do espaço de trabalho global
(interactivo) a não ser que estas passem como parâmetros de entrada.
Em particular, as variáveis usadas numa função são apagadas quando
a execução termina, a menos que sejam devolvidas como parâmetros de
saída.

Observação 1.2 (variáveis globais)   Como foi dito acima, cada função de
MATLAB possui as suas próprias variáveis locais, que são disjuntas das variáveis das outras funções e das variáveis do espaço de trabalho. Contudo, se
várias funções (e eventualmente o espaço de trabalho) declararem uma mesma
variável como global, então todas elas partilham uma cópia desta variável.   global
Qualquer modificação da variável em alguma das funções repercute-se em todas
as funções que declarem essa variável como global.   •

A execução de uma função termina em geral quando se atinge o fim do
código correspondente. No entanto, a instrução return pode ser usada   return
para forçar uma interrupção prematura (quando se verificar uma certa
condição).

Por exemplo, construa-se uma função para aproximar o *número de
ouro* $\alpha = 1.6180339887\ldots$, que é o limite quando $k \to \infty$ do quociente
de dois termos consecutivos da sucessão de Fibonnacci f_k/f_{k-1}. Itera-
se até que a diferença entre dois quocientes consecutivos seja inferior a
10^{-4}, e pode-se construir a seguinte função:

```
function [golden,k]=fibonacci0
f(1) = 0; f(2) = 1; goldenold = 0;
kmax = 100; tol = 1.e-04;
for k = 3:kmax
   f(k) = f(k-1) + f(k-2);
   golden = f(k)/f(k-1);
   if abs(golden - goldenold) <= tol
      return
   end
```

```
      goldenold = golden;
end
return
```

A sua execução interrompe-se ao fim de kmax=100 iterações ou quando
o valor absoluto da diferença entre duas iteradas consecutivas for menor
do que tol=1.e-04. Podemos então escrever

```
» [alpha,niter]=fibonacci0

alpha =
    1.61805555555556
niter =
   14
```

Ao fim de 14 iterações a função deu origem a um valor aproximado em
que os primeiros 5 algarismos significativos coincidem com os de α.

O número de parâmetros de entrada e de saída de uma função de
MATLAB pode variar. Por exemplo, poderíamos modificar a *função*
Fibonacci da seguinte maneira:

```
function [golden,k]=fibonacci1(tol,kmax)
if nargin == 0
  kmax = 100; tol = 1.e-04; % valores por defeito
elseif nargin == 1
  kmax = 100; % valor por defeito apenas para kmax
end
f(1) = 0; f(2) = 1; goldenold = 0;
for k = 3:kmax
  f(k) = f(k-1) + f(k-2);
  golden = f(k)/f(k-1);
  if abs(golden - goldenold) <= tol
    return
  end
  goldenold = golden;
end
return
```

nargin   A *função* nargin dá o número de parâmetros de entrada. Na nova versão da *função* fibonacci pode-se fixar o número máximo de iterações
internas permitidas (kmax) e especificar uma tolerância tol. Se esta informação faltar, a função tomará valores por defeito (no nosso caso, kmax
= 100 e tol = 1.e-04). A título de exemplo, consideremos:

```
» [alpha,niter]=fibonacci1(1.e-6,200)

alpha =
    1.61803381340013
niter =
   19
```

Note-se que usando uma tolerância mais restritiva, obtivémos um novo
valor aproximado em que os 8 primeiros algarismos significativos coincidem com os de α.

Pode-se usar nargin no exterior da função para obter o número dos
seus parâmetros de entrada. Por exemplo:

```
» nargin('fibonacci1')

    ans =
        2
```

Observação 1.3 (funções *inline*) O comando inline, cuja sintaxe mais   inline
simples é g=inline(expr,arg1,arg2,...,argn), declara a função g que depende das cadeias arg1,arg2,...,argn. A cadeia expr contém a expressão de
g. Por exemplo, g=inline('sin(r)','r') declara a função $g(r) = \sin(r)$. O
comando abreviado g=inline(expr) supõe implicitamente que expr é uma
função da variável por defeito x. Logo que uma função *inline* tenha sido
declarada, poderemos calculá-la em qualquer conjunto de variáveis através
do comando feval. Por exemplo, para calcular g nos pontos z=[0 1] podemos
escrever

```
» feval('g',z);
```

Note-se que, contrariamente a eval, o comando feval não exige que o
nome da variável (z) coincida com o nome simbólico (r) que figura no comando
inline.   •

No seguimento desta rápida introdução, sugerimos que o leitor ex-
plore o MATLAB usando o comando *help*, e se familiarize com a implementação de vários algoritmos usando os programas descritos neste
livro. Por exemplo, digitando help for obtemos não só uma descrição
completa do comando for mas também uma indicação sobre instruções
semelhantes a for, tais como if, while, switch, break e end. Efectuando de novo um *help* para cada uma destas funções, melhora-se pro-
gressivamente o conhecimento da linguagem MATLAB.

Octave 1.7 De um modo geral, é nas aplicações gráficas que MATLAB
e Octave têm mais diferenças. Verificámos que a maior parte dos comandos gráficos que aparecem no livro podem ser usados nos dois programas,
mas possuem na realidade diferenças fundamentais. Por defeito, Octave
utiliza GNUPlot para os gráficos; os comandos de desenho são diferentes
e não funcionam como em MATLAB. No momento em que escrevemos
esta secção existem outras bibliotecas gráficas em Octave, tais como
octaviz (ver, o sítio web http://octaviz.sourceforge.net/), epstk
(http://www.epstk.de/) e octplot (http://octplot.sourceforge.
net). Esta última tenta reproduzir os comandos gráficos de MATLAB
em Octave.   ■

Ver os Exercícios 1.9-1.14.

1.7.3 Exemplos de diferenças entre as linguagens MATLAB e Octave

Tal como já referimos, o que se disse sobre a linguagem MATLAB na secção precedente aplica-se tanto nos ambientes MATLAB como Octave. Existem no entanto algumas diferenças entre estas duas linguagens. Programas escritos em Octave podem não ser executáveis em MATLAB e vice versa. Por exemplo, Octave suporta cadeias de caracteres com aspas simples e duplas

```
octave:1> a="Benvindo a Lisboa"

  a = Benvindo a Lisboa

octave:2> a='Benvindo a Lisboa'

  a = Benvindo a Lisboa
```

enquanto que MATLAB suporta apenas aspas simples (as aspas duplas dão um erro de sintaxe).

Incluímos aqui uma lista de algumas incompatibilidades entre as duas linguagens:

- MATLAB não permite um espaço antes do operador de transposição. Por exemplo, [0 1]' está correcto em MATLAB, mas [0 1] ' não está. Octave trata correctamente os dois casos;
- MATLAB precisa sempre de ..., para as linhas muito longas,

```
rand (1, ...
      2)
```

enquanto que se podem usar as notações

```
rand (1,
      2)
```

e

```
rand (1, \
      2)
```

em Octave para além de ...;
- para a potência, Octave pode usar ^ ou **; MATLAB requer ^;
- para terminar um bloco, Octave pode usar end e também endif, endfor, ...; MATLAB requer apenas end.

1.8 O que não vos foi dito

Uma apresentação sistemática dos números de vírgula flutuante pode encontrar-se em [Übe97], [Hig02] e em [QSS07].

No que se refere a problemas de complexidade, referimos por exemplo [Pan92].

Para uma introdução mais sistemática ao MATLAB o leitor interessado pode consultar o manual de MATLAB [HH05] bem como livros mais específicos, incluindo [HLR01], [Pra02], [EKM05], [Pal04] ou [MH03].

Para Octave recomendamos o manual indicado no início deste capítulo.

1.9 Exercícios

Exercício 1.1 Quantos números pertencem ao conjunto $\mathbb{F}(2, 2, -2, 2)$? Qual é o valor de ϵ_M para este conjunto?

Exercício 1.2 Mostrar que o conjunto $\mathbb{F}(\beta, t, L, U)$ contém precisamente $2(\beta - 1)\beta^{t-1}(U - L + 1)$ elementos.

Exercício 1.3 Provar que i^i é um número real, e verificar em seguida este resultado usando MATLAB ou Octave.

Exercício 1.4 Escrever as instruções de MATLAB para construir uma matriz triangular superior (respectivamente, inferior) de dimensão 10, tendo 2 na diagonal principal e -3 na diagonal superior (respectivamente, inferior).

Exercício 1.5 Escrever em MATLAB as instruções que permitem efectuar a troca entre a terceira e a sétima linhas das matrizes construídas no Exercício 1.3, e em seguida as instruções que permitem a troca entre a quarta e a oitava colunas.

Exercício 1.6 Verificar se os seguintes vectores de $\mathbb{R}^4$ são linearmente independentes:

$$\mathbf{v}_1 = [0\ 1\ 0\ 1], \quad \mathbf{v}_2 = [1\ 2\ 3\ 4], \quad \mathbf{v}_3 = [1\ 0\ 1\ 0], \quad \mathbf{v}_4 = [0\ 0\ 1\ 1].$$

Exercício 1.7 Escrever as funções seguintes e calcular as suas primeiras e segundas derivadas, bem como as suas primitivas, usando a *toolbox* `symbolic` de MATLAB:

$$f(x) = \sqrt{x^2 + 1}, \quad g(x) = \sin(x^3) + \cosh(x).$$

Exercício 1.8 Para um dado vector $\mathbf{v}$ de dimensão n, construir com o comando `c= poly(v)` os $n+1$ coeficientes do polinómio $p(x) = \sum_{k=1}^{n+1} \mathbf{c}(k)x^{n+1-k}$ que é igual a $\Pi_{k=1}^{n}(x - \mathbf{v}(k))$. Em aritmética exacta, deveria obter-se $\mathbf{v} = $ `roots(poly(c))`. No entanto, isto não acontece devido a erros de arredondamento. Verificar este resultado, usando o comando `roots(poly([1:n]))`, onde `n` varia entre 2 e 25.

Exercício 1.9 Escrever um programa para calcular a seguinte sucessão:

$$I_0 = \frac{1}{e}(e - 1),$$

$$I_{n+1} = 1 - (n + 1)I_n, \text{ for } n = 0, 1, \ldots$$

Comparar o resultado numérico com o limite exacto $I_n \to 0$ quando $n \to \infty$.

Exercício 1.10 Explicar o comportamento da sucessão (1.4) quando calculada com MATLAB.

Exercício 1.11 Considerar o seguinte algoritmo para calcular π. Gerar n pares $\{(x_k, y_k)\}$ de números aleatórios no intervalo $[0, 1]$ e calcular em seguida o número m dos que se encontram no primeiro quadrante do círculo unitário. Naturalmente, π é o limite da sucessão $\pi_n = 4m/n$. Escrever um programa em MATLAB para calcular esta sucessão e observar a evolução do erro para valores crescentes de n.

Exercício 1.12 Sendo π a soma da série

$$\pi = \sum_{m=0}^{\infty} 16^{-m} \left(\frac{4}{8m + 1} - \frac{2}{8m + 4} + \frac{1}{8m + 5} + \frac{1}{8m + 6} \right),$$

podemos calcular uma aproximação de π somando os n primeiros termos, para n suficientemente grande. Escrever uma *função* de MATLAB para calcular as somas parciais desta série. Para que valores de n é que se obtém uma aproximação de π com a mesma precisão da variável π?

Exercício 1.13 Escrever um programa para calcular os coeficientes binomiais $\binom{n}{k} = n!/(k!(n-k)!)$, onde n e k são dois números naturais com $k \leq n$.

Exercício 1.14 Escrever em MATLAB uma *função* recursiva que calcule o n-ésimo elemento f_n da sucessão de Fibonacci. Sabendo que

$$\begin{bmatrix} f_i \\ f_{i-1} \end{bmatrix} = \begin{bmatrix} 1 & 1 \\ 1 & 0 \end{bmatrix} \begin{bmatrix} f_{i-1} \\ f_{i-2} \end{bmatrix} \tag{1.14}$$

escrever uma outra *função* que calcule f_n com base nesta forma recursiva. Finalmente, calcular o tempo de CPU correspondente.

Equações não lineares

Calcular os *zeros* de uma função real f (isto é, as *raízes* da equação $f(x) = 0$) é um problema que se encontra com frequência em cálculo científico. Geralmente, esta tarefa não se pode executar com um número finito de operações. Por exemplo, vimos na Secção 1.4.1 que não existem fórmulas explícitas para as raízes de um polinómio arbitrário de grau superior a quatro. A situação ainda se torna mais complexa se f não for um polinómio.

Para resolver o problema utilizam-se métodos iterativos. Partindo de um ou de vários dados iniciais, constrói-se uma sucessão de valores $x^{(k)}$ que deverá convergir para um zero α da função f considerada.

Problema 2.1 (Fundos de investimento) No início de cada ano o cliente de um banco deposita v euros num fundo de investimento e retira, ao fim do n-ésimo ano, um capital de M euros. Queremos calcular a taxa de juro anual média r deste investimento. Dado que M está associado a r pela relação

$$M = v \sum_{k=1}^{n} (1 + r)^k = v \frac{1 + r}{r} \left[(1 + r)^n - 1 \right],$$

deduzimos que r é uma raiz da equação algébrica

$$f(r) = 0, \quad \text{onde } f(r) = M - v \frac{1 + r}{r} [(1 + r)^n - 1].$$

Este problema será resolvido no Exemplo 2.1. ∎

Problema 2.2 (Equação de estado de um gás) Queremos determinar o volume V ocupado por um gás à temperatura T e pressão p. A equação de estado (isto é, a equação que relaciona p, V e T) é dada por

$$[p + a(N/V)^2] (V - Nb) = kNT, \tag{2.1}$$

onde a e b são dois coeficientes que dependem do gás considerado, N é o número de moléculas contidas no volume V e k é a constante de Boltzmann. Precisamos por isso de resolver uma equação não linear cuja raiz é V (ver Exercício 2.2).   ■

Problema 2.3 (Sistema de barras) Consideremos o sistema mecânico representado pelas quatro barras rígidas a_i da Figura 2.1. Para qualquer valor admissível do ângulo β, determinemos o valor do ângulo correspondente α formado pelas barras a_1 e a_2. Partindo da identidade vectorial

$$a_1 - a_2 - a_3 - a_4 = 0$$

e observando que a barra a_1 está sempre alinhada com o eixo dos x, podemos obter a seguinte relação entre β e α:

$$\frac{a_1}{a_2}\cos(\beta) - \frac{a_1}{a_4}\cos(\alpha) - \cos(\beta - \alpha) = -\frac{a_1^2 + a_2^2 - a_3^2 + a_4^2}{2a_2 a_4}, \quad (2.2)$$

onde a_i é o comprimento conhecido da i-ésima barra. Esta igualdade chama-se equação de Freudenstein, e pode-se escrever do seguinte modo: $f(\alpha) = 0$, onde

$$f(x) = (a_1/a_2)\cos(\beta) - (a_1/a_4)\cos(x) - \cos(\beta - x) + \frac{a_1^2 + a_2^2 - a_3^2 + a_4^2}{2a_2 a_4}.$$

Só para valores especiais de β é que existe uma expressão explícita da solução. Refira-se ainda que não existe solução para todos os valores de β, e que ela poderá não ser única. A fim de resolver esta equação para qualquer valor de β entre 0 e π deveremos recorrer a métodos numéricos (ver Exercício 2.9).   ■

Problema 2.4 (Dinâmica de populações) No estudo de populações (por exemplo de bactérias), a equação $x^+ = \phi(x) = xR(x)$ estabelece uma relação entre o número de indivíduos numa geração x e o número de indivíduos na geração seguinte. A função $R(x)$ modela a taxa de variação da população considerada e pode ser escolhida de diferentes maneiras. Entre as mais conhecidas, podemos citar:

1. o modelo de Malthus (Thomas Malthus, 1766-1834),

$$R(x) = R_M(x) = r, \qquad r > 0;$$

2. o modelo de crescimento com recursos limitados (por Pierre François Verhulst, 1804-1849),

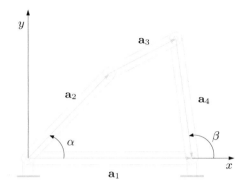

Figura 2.1. Sistema de quatro barras do Problema 2.3

$$R(x) = R_V(x) = \frac{r}{1 + xK}, \qquad r > 0, K > 0, \qquad (2.3)$$

que melhora o modelo de Malthus considerando que o crescimento da população é limitado pela disponibilidade de recursos;

3. o modelo de predador/presa com saturação,

$$R(x) = R_P = \frac{rx}{1 + (x/K)^2}, \qquad (2.4)$$

que representa a evolução do modelo de Verhulst na presença de uma população antagónica.

A dinâmica de uma população define-se então pelo método iterativo

$$x^{(k)} = \phi(x^{(k-1)}), \qquad k \geq 1, \qquad (2.5)$$

onde $x^{(k)}$ representa o número de indivíduos ainda presentes em k gerações depois da inicial $x^{(0)}$. Além disso, os estados estacionários (ou de equilíbrio) x^* da população considerada são as soluções do problema

$$x^* = \phi(x^*),$$

ou, de modo equivalente, $x^* = x^* R(x^*)$, isto é $R(x^*) = 1$. A equação (2.5) é um exemplo de método de ponto fixo (ver Secção 2.3). ■

2.1 O método da bissecção

Seja f uma função contínua em $[a, b]$ tal que $f(a)f(b) < 0$. Necessariamente, f tem pelo menos um zero em (a, b). Suponhamos para simplificar que ele é único, e designemo-lo por α (no caso de vários zeros, podemos localizar um intervalo que contenha apenas um deles, usando o comando `fplot`).

A estratégia do método da bissecção consiste em dividir o intervalo dado em duas partes iguais e escolher o subintervalo em que f muda de sinal. Mais precisamente, considerando $I^{(0)} = (a, b)$ e, mais geralmente, sendo $I^{(k)}$ o subintervalo escolhido na iteração k, designamos por $I^{(k+1)}$ o subintervalo de $I^{(k)}$ para o qual f tem sinal diferente nos dois extremos. Repetindo este procedimento, garante-se que todo o $I^{(k)}$ assim construído irá conter α. A sucessão $\{x^{(k)}\}$ dos pontos médios destes subintervalos $I^{(k)}$ irá tender inevitavelmente para α, uma vez que o comprimento dos subintervalos tende para zero, quando k tende para infinito.

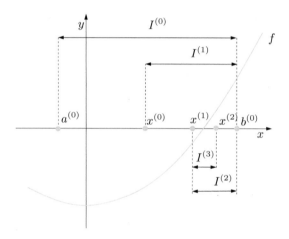

Figura 2.2. Algumas iterações do método da bissecção

Concretamente, o algoritmo inicia-se fazendo

$$a^{(0)} = a,\ b^{(0)} = b,\ I^{(0)} = (a^{(0)}, b^{(0)}),\ x^{(0)} = (a^{(0)} + b^{(0)})/2.$$

Em cada iteração $k \geq 1$ seleccionamos o subintervalo $I^{(k)} = (a^{(k)}, b^{(k)})$ do intervalo $I^{(k-1)} = (a^{(k-1)}, b^{(k-1)})$ da seguinte maneira:

dado $x^{(k-1)} = (a^{(k-1)} + b^{(k-1)})/2$, se $f(x^{(k-1)}) = 0$ então $\alpha = x^{(k-1)}$ e o algoritmo termina;

no caso contrário,

se $f(a^{(k-1)})f(x^{(k-1)}) < 0$ fazer $a^{(k)} = a^{(k-1)}$, $b^{(k)} = x^{(k-1)}$;

se $f(x^{(k-1)})f(b^{(k-1)}) < 0$ fazer $a^{(k)} = x^{(k-1)}$, $b^{(k)} = b^{(k-1)}$.

Define-se então $x^{(k)} = (a^{(k)} + b^{(k)})/2$ e passa-se de k para $k + 1$.

Por exemplo, no caso representado na Figura 2.2, que corresponde a $f(x) = x^2 - 1$, tomando $a^{(0)} = -0.25$ e $b^{(0)} = 1.25$, obtém-se

$$
\begin{aligned}
I^{(0)} &= (-0.25, 1.25), & x^{(0)} &= 0.5, \\
I^{(1)} &= (0.5, 1.25), & x^{(1)} &= 0.875, \\
I^{(2)} &= (0.875, 1.25), & x^{(2)} &= 1.0625, \\
I^{(3)} &= (0.875, 1.0625), & x^{(3)} &= 0.96875.
\end{aligned}
$$

Notar que cada subintervalo $I^{(k)}$ contém o zero α. Além disso, a sucessão $\{x^{(k)}\}$ converge necessariamente para α, uma vez que em cada iteração o comprimento $|I^{(k)}| = b^{(k)} - a^{(k)}$ de $I^{(k)}$ é dividido por dois. Como $|I^{(k)}| = (1/2)^k |I^{(0)}|$, o erro na iterada k verifica

$$
|e^{(k)}| = |x^{(k)} - \alpha| < \frac{1}{2}|I^{(k)}| = \left(\frac{1}{2}\right)^{k+1}(b - a).
$$

Para garantir que $|e^{(k)}| < \varepsilon$ para uma dada tolerância ε, basta efectuar k_{min} iterações, onde k_{min} é o menor inteiro que satisfaz a desigualdade

$$
\boxed{k_{min} > \log_2\left(\frac{b - a}{\varepsilon}\right) - 1} \tag{2.6}
$$

Obviamente, esta desigualdade é geral, e não depende da escolha específica da função f.

O método da bissecção está implementado no Programa 2.1: fun é uma *função* (ou uma função *inline*) que especifica a função f, a e b são os extremos do intervalo onde se procura o zero, tol é a tolerância ε e nmax é o número máximo de iterações permitidas. Para além do primeiro argumento que representa a variável independente, a *função* fun pode ter outros parâmetros auxiliares.

Os parâmetros de saída são zero, que contém o valor aproximado de α, o resíduo res que é o valor de f em zero e niter que é o número total de iterações efectuadas. O comando find(fx==0) procura os índices das componentes nulas do vector fx.   find

Programa 2.1. bissecção: método da bissecção

```
function [zero,res,niter]=bisection(fun,a,b,tol,...
                                     nmax,varargin)
%BISECTION Determinar zeros de funções.
% ZERO=BISECTION(FUN,A,B,TOL,NMAX) tenta encontrar um
% zero ZERO de uma função contínua FUN no intervalo
% [A,B] usando o método da bissecção. FUN aceita a
% entrada de escalares reais e devolve um escalar real.
% Se a procura falhar aparece uma mensagem de erro.
% FUN pode também ser um objecto inline.
% ZERO=BISECTION(FUN,A,B,TOL,NMAX,P1,P2,...) passa os
% parâmetros P1,P2,.. à função FUN(X,P1,P2,..).
% [ZERO,RES,NITER]=BISECTION(FUN,...) dá o valor
```

```
% aproximado do zero, o valor do resíduo no
% ZERO e o número da iteração na qual o ZERO
% foi calculado.
x = [a, (a+b)*0.5, b]; fx = feval(fun,x,varargin{:});
if fx(1)*fx(3) > 0
    error([' Os sinais da função nos ',...
        'extremos do intervalo devem ser diferentes']);
elseif fx(1) == 0
    zero = a; res = 0; niter = 0; return
elseif fx(3) == 0
    zero = b; res = 0; niter = 0; return
end
niter = 0;
I = (b - a)*0.5;
while I >= tol & niter <= nmax
 niter = niter + 1;
 if fx(1)*fx(2) <  0
    x(3) = x(2);    x(2) = x(1)+(x(3)-x(1))*0.5;
    fx = feval(fun,x,varargin{:}); I = (x(3)-x(1))*0.5;
 elseif fx(2)*fx(3) < 0
    x(1) = x(2);    x(2) = x(1)+(x(3)-x(1))*0.5;
    fx = feval(fun,x,varargin{:}); I = (x(3)-x(1))*0.5;
 else
    x(2) = x(find(fx==0)); I = 0;
 end
end
if niter > nmax
  fprintf(['a bissecção parou sem convergir',...
        'à tolerância desejada porque se ',...
        'alcançou o número máximo'...
        'de iterações \n']);
end
zero = x(2); x = x(2); res = feval(fun,x,varargin{:});
return
```

Exemplo 2.1 (Fundos de investimento) Apliquemos o método da bissecção para resolver o Problema 2.1, supondo que v é igual a 1000 euros e que depois de 5 anos M é igual a 6000 euros. O gráfico da função f pode ser obtido com as seguintes instruções:

```
» f=inline('M-v*(1+r).*((1+r).^5 - 1)./r','r','M','v');
» plot([0.01,0.3],feval(f,[0.01,0.3],6000,1000));
```

Vemos que f tem um único zero no intervalo $(0.01, 0.1)$, que é aproximadamente igual a 0.06. Se executarmos o Programa 2.1 com tol$= 10^{-12}$, a$= 0.01$ e b$= 0.1$ como segue

```
» [zero,res,niter]=bisection(f,0.01,0.1,1.e-12,1000,...
                    6000,1000);
```

ao fim de 36 iterações o método converge para o valor 0.06140241153618, em acordo perfeito com a estimativa (2.6) segundo a qual $k_{min} = 36$. Conclui-se assim que a taxa de juros r é aproximadamente igual a 6.14%. ∎

Apesar da sua simplicidade, o método da bissecção não garante uma redução monótona do erro de uma iterada para outra, mas apenas que o intervalo de procura do zero se reduz a metade em cada iteração. Por conseguinte, se o único critério de paragem for o controlo do comprimento de $I^{(k)}$, arriscamo-nos a rejeitar boas aproximações de α.

Com efeito, este método não considera de forma apropriada o comportamento real de f. É por exemplo surpreendente que o método não convirja com uma única iteração, mesmo quando f é uma função linear (a não ser que o zero α seja o ponto médio do intervalo inicial).

Ver os Exercícios 2.1-2.5.

2.2 O método de Newton

A única informação utilizada pelo método da bissecção é o sinal da função f nos extremos dos subintervalos. Se f for diferenciável, é possível construir um método mais eficiente, usando os valores de f e da sua derivada. Partindo da equação da tangente à curva $(x, f(x))$ no ponto $x^{(k)}$,

$$y(x) = f(x^{(k)}) + f'(x^{(k)})(x - x^{(k)})$$

e supondo que $x^{(k+1)}$ é tal que $y(x^{(k+1)}) = 0$, obtém-se

$$x^{(k+1)} = x^{(k)} - \frac{f(x^{(k)})}{f'(x^{(k)})}, \qquad k \geq 0 \tag{2.7}$$

desde que $f'(x^{(k)}) \neq 0$. Esta fórmula permite construir uma sucessão $x^{(k)}$ a partir de um valor inicial $x^{(0)}$. Este método é conhecido por método de Newton e corresponde ao cálculo do zero de f, substituindo localmente f pela sua tangente (ver Figura 2.3).

Com efeito, fazendo o desenvolvimento de f em série de Taylor na vizinhança de um ponto arbitrário $x^{(k)}$, obtém-se

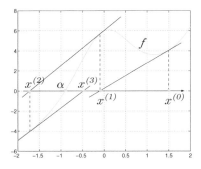

Figura 2.3. As primeiras iterações obtidas com o método de Newton para a função $f(x) = x + e^x + 10/(1 + x^2) - 5$, partindo do dado inicial $x^{(0)}$

$$f(x^{(k+1)}) = f(x^{(k)}) + \delta^{(k)} f'(x^{(k)}) + \mathcal{O}((\delta^{(k)})^2), \qquad (2.8)$$

onde $\delta^{(k)} = x^{(k+1)} - x^{(k)}$. Escrevendo que $f(x^{(k+1)})$ é igual a zero e desprezando o termo $\mathcal{O}((\delta^{(k)})^2)$, obtém-se $x^{(k+1)}$ em função de $x^{(k)}$ como definido em (2.7). Deste modo, (2.7) pode-se considerar uma aproximação de (2.8).

Obviamente, (2.7) converge só com uma iteração quando f é linear, isto é quando $f(x) = a_1 x + a_0$.

Exemplo 2.2 Resolvemos o Problema 2.1 pelo método de Newton, tomando como dado inicial $x^{(0)} = 0.3$. Ao fim de 6 iterações a diferença entre duas iteradas consecutivas é menor ou igual a 10^{-12}.   ∎

Em geral, o método de Newton não converge para valores arbitrários de $x^{(0)}$, mas apenas para os valores de $x^{(0)}$ *suficientemente próximos* de α. À primeira vista, esta condição parece não ter sentido: na verdade, para calcularmos α (que é desconhecido), deveríamos partir de um valor suficientemente próximo de α!

Na prática, podemos obter um valor inicial $x^{(0)}$ efectuando algumas iterações pelo método da bissecção ou, em alternativa, examinando o gráfico de f. Se $x^{(0)}$ for convenientemente escolhido e α for um zero simples (quer dizer, tal que $f'(\alpha) \neq 0$) então o método de Newton converge. Além disso, no caso particular em que f é duas vezes continuamente diferenciável, tem-se o seguinte resultado de convergência (ver Exercício 2.8),

$$\lim_{k \to \infty} \frac{x^{(k+1)} - \alpha}{(x^{(k)} - \alpha)^2} = \frac{f''(\alpha)}{2 f'(\alpha)} \qquad (2.9)$$

Por conseguinte, se $f'(\alpha) \neq 0$ diz-se que o método de Newton tem uma convergência *quadrática*, ou de ordem 2, uma vez que para valores de k suficientemente grandes o erro na iterada $(k + 1)$ comporta-se como o quadrado do erro na iterada k, multiplicada por uma constante que é independente de k.

Para os zeros com multiplicidade m maior do que 1, a ordem de convergência do método de Newton é apenas 1 (ver Exercício 2.15). Neste caso, podemos recuperar a ordem 2 modificando o método original (2.7) da seguinte maneira

$$x^{(k+1)} = x^{(k)} - m \frac{f(x^{(k)})}{f'(x^{(k)})}, \qquad k \geq 0 \qquad (2.10)$$

desde que $f'(x^{(k)}) \neq 0$. É claro que este *método de Newton modificado* requer o conhecimento *a priori* de m. Se tal não acontecer, podemos utilizar um *método de Newton adaptativo*, ainda de ordem 2, descrito em [QSS07, Secção 6.6.2].

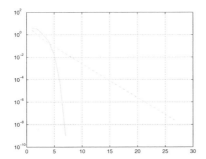

Figura 2.4. Erro em função do número de iterações para a função do Exemplo 2.3. A linha a tracejado corresponde ao método de Newton (2.7), a linha contínua ao método de Newton modificado (2.10) (com $m = 2$)

Exemplo 2.3 A função $f(x) = (x - 1)\log(x)$ tem um único zero $\alpha = 1$ com multiplicidade $m = 2$. Calculemos esse zero pelo método de Newton (2.7) e pela sua versão modificada (2.10). Na Figura 2.4 mostra-se o erro obtido usando os dois métodos, em função do número de iterações. Note-se que para o método de Newton clássico a convergência é apenas linear. ∎

2.2.1 Como terminar as iterações de Newton

Em teoria, para se obter o zero α à custa de um método de Newton convergente, é necessário executar uma infinidade de iterações. Na prática, procura-se uma aproximação de α com uma certa tolerância ε. Assim, podemos interromper o algoritmo na primeira iterada k_{min} para a qual se verifique a seguinte desigualdade

$$|e^{(k_{min})}| = |\alpha - x^{(k_{min})}| < \varepsilon.$$

Estamos perante um teste do erro. Infelizmente, como o erro é desconhecido, é preciso substituí-lo por uma *estimativa de erro* adequada, isto é, por uma quantidade que possa ser facilmente calculada e através da qual se possa estimar o verdadeiro erro. No fim da Secção 2.3, veremos que a diferença entre duas iteradas sucessivas dá uma estimativa de erro correcta para o método de Newton. Isto significa que se pode interromper as iterações em k_{min} desde que

$$\boxed{|x^{(k_{min})} - x^{(k_{min}-1)}| < \varepsilon} \tag{2.11}$$

Este é um teste sobre o incremento.

Veremos na Secção 2.3.1 que o teste sobre o incremento é satisfatório quando α é um zero simples de f. Poderia utilizar-se em alternativa um teste sobre o *resíduo* na iterada k, $r^{(k)} = f(x^{(k)})$ (notar que o resíduo é nulo se $x^{(k)}$ for um zero da função f).

Mais precisamente, poderíamos parar as iterações no primeiro k_{min} para o qual

$$|r^{(k_{min})}| = |f(x^{(k_{min})})| < \varepsilon \qquad (2.12)$$

O teste sobre o resíduo só é satisfatório quando $|f'(x)| \simeq 1$ numa vizinhança I_α do zero α (ver Figura 2.5). Caso contrário, irá sobrestimar o erro se $|f'(x)| \gg 1$ para $x \in I_\alpha$, e subestimar o erro se $|f'(x)| \ll 1$ (ver também Exercício 2.6).

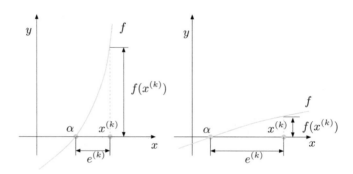

Figura 2.5. Duas situações para as quais o resíduo não conduz a uma boa estimativa do erro: $|f'(x)| \gg 1$ (*à esquerda*), $|f'(x)| \ll 1$ (*à direita*), para x pertencente a uma vizinhança de α

No Programa 2.2 implementa-se o método de Newton (2.7). A sua versão modificada obtém-se facilmente substituindo f' por f'/m. Os parâmetros de entrada **fun** e **dfun** são cadeias de caracteres que definem a função f e a sua primeira derivada, enquanto que x0 é o dado inicial. O algoritmo irá parar quando o valor absoluto da diferença entre duas iteradas sucessivas for inferior à tolerância fixada **tol**, ou quando o número de iterações atingir o valor **nmax**.

Programa 2.2. newton: método de Newton

```
function [zero,res,niter]=newton(fun,dfun,x0,tol,...
                          nmax,varargin)
%NEWTON Procura os zeros de uma função.
%  ZERO=NEWTON(FUN,DFUN,X0,TOL,NMAX) tenta encontrar o
%  zero ZERO da função contínua e derivável FUN
%  na vizinhança de X0 usando o método de Newton.
%  FUN e a sua derivada DFUN aceitam entradas de
%  escalares reais x e devolvem um valor real. Se a
%  procura falhar, é afixada uma mensagem de erro.
%  FUN e DFUN podem também ser objectos inline.
%  ZERO=NEWTON(FUN,DFUN,X0,TOL,NMAX,P1,P2,...) passa
%  os parâmetros P1,P2,... às funções: FUN(X,P1,P2,...)
%  e DFUN(X,P1,P2,...).
%  [ZERO,RES,NITER]=NEWTON(FUN,...) devolve o valor
%  aproximado do zero, o valor do resíduo em ZERO
```

2.2 O método de Newton   49

```
% e a iteração na qual o ZERO foi calculado.
x = x0;
fx = feval(fun,x,varargin{:});
dfx = feval(dfun,x,varargin{:});
niter = 0; diff = tol+1;
while diff >= tol & niter <= nmax
   niter = niter + 1;        diff = - fx/dfx;
   x = x + diff;             diff = abs(diff);
   fx = feval(fun,x,varargin{:});
   dfx = feval(dfun,x,varargin{:});
end
if niter > nmax
   fprintf(['O método de Newton parou',...
   'sem convergir com a tolerância desejada porque',...
   'o número máximo de iterações foi atingido \n']);
end
zero = x; res = fx;
return
```

2.2.2 O método de Newton para sistemas de equações não lineares

Consideremos um sistema de equações não lineares da forma

$$\begin{cases} f_1(x_1, x_2, \ldots, x_n) = 0, \\ f_2(x_1, x_2, \ldots, x_n) = 0, \\ \vdots \\ f_n(x_1, x_2, \ldots, x_n) = 0, \end{cases} \tag{2.13}$$

onde $f_1, \ldots, f_n$ são funções não lineares. Pondo $\mathbf{f} = [f_1, \ldots, f_n]^T$ e $\mathbf{x} = [x_1, \ldots, x_n]^T$, o sistema (2.13) pode-se escrever na forma compacta

$$\mathbf{f}(\mathbf{x}) = \mathbf{0}. \tag{2.14}$$

A título de exemplo considera-se o seguinte sistema não linear

$$\begin{cases} f_1(x_1, x_2) = x_1^2 + x_2^2 = 1, \\ f_2(x_1, x_2) = \sin(\pi x_1/2) + x_2^3 = 0. \end{cases} \tag{2.15}$$

Para estender o método de Newton ao caso de um sistema, substituímos a primeira derivada da função escalar f pela *matriz jacobiana* $J_\mathbf{f}$ da função vectorial $\mathbf{f}$ cujas componentes são, por definição

$$(J_\mathbf{f})_{ij} = \frac{\partial f_i}{\partial x_j}, \qquad i, j = 1, \ldots, n.$$

O símbolo $\partial f_i / \partial x_j$ representa a derivada parcial de f_i em relação a x_j (ver definição 8.3). Com esta notação, o método de Newton (2.14) escreve-se então: dado $\mathbf{x}^{(0)} \in \mathbb{R}^n$, para $k = 0, 1, \ldots$, até à convergência

$$
\boxed{
\begin{array}{ll}
\text{resolver} & \mathbf{J_f}(\mathbf{x}^{(k)})\boldsymbol{\delta}\mathbf{x}^{(k)} = -\mathbf{f}(\mathbf{x}^{(k)}) \\
\text{fazer} & \mathbf{x}^{(k+1)} = \mathbf{x}^{(k)} + \boldsymbol{\delta}\mathbf{x}^{(k)}
\end{array}
}
\tag{2.16}
$$

Assim, o método de Newton aplicado a um sistema requer em cada passo a resolução de um sistema linear de matriz $\mathbf{J_f}(\mathbf{x}^{(k)})$.

O Programa 2.3 implementa este algoritmo usando o comando de MATLAB \ (ver Secção 5.6) para resolver o sistema linear associado à matriz jacobiana. À entrada devemos definir um vector coluna x0 representando o dado inicial e duas *funções*, Ffun e Jfun, que calculam respectivamente o vector coluna F contendo os cálculos de **f** para um vector arbitrário x e a matriz jacobiana J, igualmente calculada para um vector arbitrário x. O cálculo termina quando a norma euclidiana da diferença entre duas iteradas consecutivas for inferior a tol, ou quando for atingido o número máximo de iterações nmax.

Programa 2.3. newtonsys: método de Newton para sistemas não lineares

```
function [x,F,iter] = newtonsys(Ffun,Jfun,x0,tol,...
                      nmax, varargin)
%NEWTONSYS procura o zero de um sistema não linear
% [ZERO,F,ITER]=NEWTONSYS(FFUN,JFUN,X0,TOL,NMAX)
% tenta encontrar o vector ZERO, raiz de um sistema
% não linear definido em  FFUN com matriz jacobiana
% definida na função JFUN, mais próxima do vector X0.
iter = 0; err = tol + 1; x = x0;
while err > tol & iter <= nmax
   J = feval(Jfun,x,varargin{:});
   F = feval(Ffun,x,varargin{:});
   delta = - J\F;
   x = x + delta;
   err = norm(delta);
   iter = iter + 1;
end
F = norm(feval(Ffun,x,varargin{:}));
if iter >= nmax
 fprintf(' Não converge com o número máximo',...
         'de iterações\n ');
 fprintf(' O valor devolvido tem um resíduo',...
         'relativo %e\n',F);
else
 fprintf(' O método convergiu na iteração ',...
         '%i com um resíduo %e\n',iter,F);
end
return
```

Exemplo 2.4 Consideremos o sistema não linear (2.15) que possui as duas soluções (detectáveis graficamente) $(0.4761, -0.8794)$ e $(-0.4761, 0.8794)$ (onde apenas representamos os quatro primeiros algarismos significativos). Para utilizar o Programa 2.3 definimos as seguintes *funções*:

```
function J=Jfun(x)
pi2 = 0.5*pi;
J(1,1) = 2*x(1);
```

```
J(1,2) = 2*x(2);
J(2,1) = pi2*cos(pi2*x(1));
J(2,2) = 3*x(2)^2;
return

function F=Ffun(x)
F(1,1) = x(1)^2 + x(2)^2 - 1;
F(2,1) = sin(pi*x(1)/2) + x(2)^3;
return
```

Partindo do dado inicial x0=[1;1] o método de Newton, executado com o comando:

```
» x0=[1;1]; tol=1e-5;maxiter=10;
» [x,F,iter] = newtonsys(@Ffun,@Jfun,x0,tol,maxiter);
```

converge em 8 iterações para os valores

```
   4.760958225338114e-01
  -8.793934089897496e-01
```

(O caracter especial @ indica a newtonsys que Ffun e Jfun são *funções*.)

Notar que se partirmos de x0=[-1,-1] o método converge para a outra raiz. De um modo geral, tal como no caso de funções escalares, a convergência do método de Newton irá efectivamente depender da escolha do dado inicial $\mathbf{x}^{(0)}$ e, em particular, será necessário garantir que $\det(J_f(\mathbf{x}^{(0)})) \neq 0$. ■

Em resumo

1. Os métodos para o cálculo dos zeros de uma função f são geralmente iterativos;

2. o método da bissecção permite calcular o zero de uma função f, construindo uma sucessão de intervalos cujo comprimento é dividido por dois em cada iteração. Este método é convergente desde que f seja contínua no intervalo inicial e que tenha sinais opostos nos extremos deste intervalo;

3. o método de Newton permite calcular um zero α de f tendo em conta os valores de f e da sua derivada. Uma condição necessária de convergência é que o dado inicial pertença a uma certa vizinhança (suficientemente pequena) de α;

4. a convergência do método de Newton só é quadrática se α for um zero simples de f, sendo linear no caso contrário;

5. o método de Newton pode-se estender ao caso de um sistema de equações não lineares.

Ver os Exercícios 2.6-2.14.

2.3 Iterações de ponto fixo

Brincando com uma calculadora de bolso, podemos verificar que partindo do valor real 1 e carregando sucessivamente na tecla coseno, obtemos a seguinte sucessão de números reais:

$$x^{(1)} = \cos(1) = 0.54030230586814,$$
$$x^{(2)} = \cos(x^{(1)}) = 0.85755321584639,$$
$$\vdots$$
$$x^{(10)} = \cos(x^{(9)}) = 0.74423735490056,$$
$$\vdots$$
$$x^{(20)} = \cos(x^{(19)}) = 0.73918439977149,$$

que deverá tender para o valor $\alpha = 0.73908513\ldots$. Dado que por construção se tem $x^{(k+1)} = \cos(x^{(k)})$ para $k = 0, 1, \ldots$ (com $x^{(0)} = 1$), se esta sucessão convergir, o limite α satisfaz a equação $\cos(\alpha) = \alpha$. Por esta razão, α diz-se um ponto fixo da função coseno. Podemos pensar em como explorar este procedimento a fim de calcular os zeros de uma dada função. No exemplo anterior, α não é apenas um ponto fixo do coseno, mas também um zero da função $f(x) = x - \cos(x)$, pelo que o método proposto pode-se considerar como um método para calcular os zeros de f. Por outro lado, nem todas as funções têm pontos fixos. Por exemplo, repetindo a experiência anterior com a função exponencial e $x^{(0)} = 1$ encontra-se uma situação de *overflow* apenas em 4 iterações (ver Figura 2.6).

Clarifiquemos esta ideia intuitiva, considerando o seguinte problema. Dada uma função $\phi : [a, b] \to \mathbb{R}$, determinar $\alpha \in [a, b]$ tal que

$$\alpha = \phi(\alpha).$$

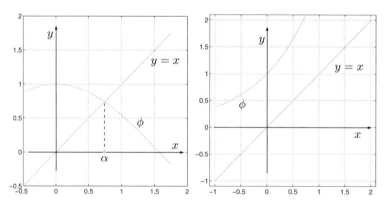

Figura 2.6. A função $\phi(x) = \cos x$ admite um e um só ponto fixo (*à esquerda*), enquanto que a função $\phi(x) = e^x$ não tem qualquer ponto fixo (*à direita*)

Se esse α existir, diz-se que é um *ponto fixo* de ϕ e poderá ser calculado pelo seguinte algoritmo

$$x^{(k+1)} = \phi(x^{(k)}), \quad k \geq 0 \qquad (2.17)$$

onde $x^{(0)}$ é um dado inicial. Este algoritmo é chamado de *iterações de ponto fixo* (ou *método de ponto fixo*) e ϕ diz-se a *função iteradora*. O exemplo dado como introdução é assim um caso de iterações de ponto fixo com $\phi(x) = \cos(x)$.

A Figura 2.7 (*à esquerda*) mostra uma representação geométrica de (2.17). Pode-se conjecturar que se ϕ for uma função contínua e o limite da sucessão $\{x^{(k)}\}$ existir, então esse limite é um ponto fixo de ϕ. Este resultado tornar-se-á mais preciso nas Proposições 2.1 e 2.2.

Exemplo 2.5 O método de Newton (2.7) pode ser encarado como um algoritmo de ponto fixo associado à função iteradora

$$\phi(x) = x - \frac{f(x)}{f'(x)}. \qquad (2.18)$$

A partir de agora designaremos esta função por ϕ_N (onde N se refere a Newton). O método da bissecção não se pode exprimir como um método de ponto fixo uma vez que a iterada $x^{(k+1)}$ depende não só de $x^{(k)}$ mas também de $x^{(k-1)}$. ∎

Como se mostra na Figura 2.7 (*à direita*), as iterações de ponto fixo podem não convergir. Na verdade, tem-se o seguinte resultado:

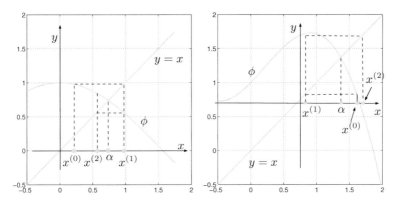

Figura 2.7. Representação de algumas iterações de ponto fixo para duas funções iteradoras. À esquerda, as iterações convergem para o ponto fixo α, enquanto que as iterações da direita dão origem a uma sucessão divergente

Proposição 2.1 *Suponhamos que a função iteradora* (2.17) *verifica as seguintes propriedades:*

1. $\phi(x) \in [a, b]$ *para todo* $x \in [a, b]$;
2. ϕ *é diferenciável em* $[a, b]$;
3. $\exists K < 1$ *tal que* $|\phi'(x)| \leq K$ *para todo* $x \in [a, b]$.

Então ϕ tem um único ponto fixo $\alpha \in [a, b]$ e a sucessão definida por (2.17) converge para α, qualquer que seja o dado inicial $x^{(0)}$ em $[a, b]$. Além disso

$$\lim_{k \to \infty} \frac{x^{(k+1)} - \alpha}{x^{(k)} - \alpha} = \phi'(\alpha) \tag{2.19}$$

De (2.19) deduz-se que as iterações de ponto fixo convergem pelo menos linearmente, isto é, para k suficientemente grande o erro na iterada $k+1$ é da ordem do erro na iterada k, multiplicado por uma constante $\phi'(\alpha)$ independente de k e estritamente menor que 1 em valor absoluto.

Exemplo 2.6 A função $\phi(x) = \cos(x)$ verifica todas as hipóteses da Proposição 2.1. Com efeito, $|\phi'(\alpha)| = |\sin(\alpha)| \simeq 0.67 < 1$, e portanto existe por continuidade uma vizinhança I_α de α tal que $|\phi'(x)| < 1$, para todo $x \in I_\alpha$. A função $\phi(x) = x^2 - 1$ tem dois pontos fixos $\alpha_\pm = (1 \pm \sqrt{5})/2$, contudo não verifica a hipótese para nenhum deles, uma vez que $|\phi'(\alpha_\pm)| = |1 \pm \sqrt{5}| > 1$. Aliás, as iterações de ponto fixo associadas não irão convergir. ∎

Exemplo 2.7 (Dinâmica de populações) Apliquemos as iterações de ponto fixo à função $\phi_V(x) = rx/(1 + xK)$ do modelo de Verhulst (2.3) e à função $\phi_P(x) = rx^2/(1 + (x/K)^2)$, do modelo de predador/presa (2.4), para $r = 3$ e $K = 1$. Partindo de $x^{(0)} = 1$, obtemos o ponto fixo $\alpha = 2$ no primeiro caso e $\alpha = 2.6180$ no segundo caso (ver Figura 2.8). O ponto fixo $\alpha = 0$, comum a ϕ_V e ϕ_P, pode-se obter utilizando iterações de ponto fixo para ϕ_P, mas não para ϕ_V. com efeito, $\phi'_P(\alpha) = 0$, enquanto que $\phi'_V(\alpha) = r > 1$. O terceiro ponto fixo de ϕ_P, $\alpha = 0.3820\ldots$, não pode ser calculado com as iterações de ponto fixo, uma vez que $\phi'_P(\alpha) > 1$. ∎

O método de Newton não é o único método iterativo com convergência quadrática. Com efeito, tem-se a seguinte propriedade geral:

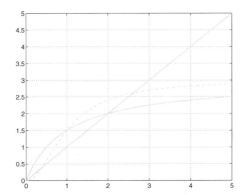

Figura 2.8. Dois pontos fixos para duas dinâmicas de populações diferentes: o modelo de Verhulst (*linha contínua*) e o modelo de predador/presa (*linha a tracejado*)

Proposição 2.2 *Suponhamos que se verificam todas as hipóteses da Proposição 2.1. Suponhamos ainda que ϕ é duas vezes diferenciável e que*

$$\phi'(\alpha) = 0, \ \phi''(\alpha) \neq 0.$$

Então as iterações de ponto fixo (2.17) convergem com ordem 2 e

$$\lim_{k \to \infty} \frac{x^{(k+1)} - \alpha}{(x^{(k)} - \alpha)^2} = \frac{1}{2}\phi''(\alpha) \qquad (2.20)$$

O Exemplo 2.5 mostra que as iterações de ponto fixo (2.17) poderiam também ser usadas para calcular os zeros da função f. É claro que, para uma dada função f, a função ϕ definida por (2.18) não é a única função iteradora possível. Por exemplo, para resolver a equação $\log(x) = \gamma$, fazendo $f(x) = \log(x) - \gamma$, a escolha (2.18) daria origem à função iteradora

$$\phi_N(x) = x(1 - \log(x) + \gamma).$$

Um outro algoritmo iterativo de ponto fixo pode obter-se somando x a ambos os membros da equação $f(x) = 0$. A função iteradora associada será então $\phi_1(x) = x + \log(x) - \gamma$. Outro método diferente obtém-se escolhendo a função iteradora $\phi_2(x) = x\log(x)/\gamma$. Nem todos estes métodos são convergentes. Por exemplo, se $\gamma = -2$, os métodos associados às funções iteradoras ϕ_N e ϕ_2 são ambos convergentes, enquanto que o associado a ϕ_1 não o é, uma vez que $|\phi_1'(x)| > 1$ numa vizinhança do ponto fixo α.

2.3.1 Como terminar as iterações de ponto fixo

Em geral, as iterações de ponto fixo interrompem-se quando o valor absoluto da diferença entre duas iteradas sucessivas for inferior a uma tolerância dada ε.

Como $\alpha = \phi(\alpha)$ e $x^{(k+1)} = \phi(x^{(k)})$, pelo teorema do valor médio (ver Secção 1.4.3) tem-se

$$\alpha - x^{(k+1)} = \phi(\alpha) - \phi(x^{(k)}) = \phi'(\xi^{(k)})\,(\alpha - x^{(k)})\ \text{with}\ \xi^{(k)} \in I_{\alpha, x^{(k)}},$$

sendo $I_{\alpha, x^{(k)}}$ o intervalo de extremos α e $x^{(k)}$. Usando a identidade

$$\alpha - x^{(k)} = (\alpha - x^{(k+1)}) + (x^{(k+1)} - x^{(k)}),$$

deduz-se que

$$\alpha - x^{(k)} = \frac{1}{1 - \phi'(\xi^{(k)})}(x^{(k+1)} - x^{(k)}). \tag{2.21}$$

Por conseguinte, se $\phi'(x) \simeq 0$ numa vizinhança α, a diferença entre duas iteradas consecutivas dá uma estimativa satisfatória do erro. É o caso dos métodos de ordem 2, incluindo o método de Newton. Esta estimativa torna-se tanto pior quanto mais ϕ' se aproximar de 1.

Exemplo 2.8 Calculemos pelo método de Newton o zero $\alpha = 1$ da função $f(x) = (x-1)^{m-1}\log(x)$ para $m = 11$ and $m = 21$, cuja multiplicidade é igual a m. Neste caso o método de Newton tem uma convergência de ordem 1; além disso, é possível provar (ver Exercício 2.15) que $\phi_N'(\alpha) = 1 - 1/m$, em que ϕ_N é a função iteradora do método, considerado como um algoritmo de iteração de ponto fixo. Quanto maior for m tanto menor será a precisão da estimativa de erro obtida a partir da diferença entre duas iteradas consecutivas. Isto é confirmado pelos resultados numéricos da Figura 2.9 onde se compara o comportamento do verdadeiro erro com o do erro estimado para $m = 11$ e $m = 21$. A diferença entre estas duas quantidades é maior para $m = 21$.   ∎

2.4 Aceleração pelo método de Aitken

Neste parágrafo descreve-se uma técnica que permite acelerar a convergência de uma sucessão construída por iterações de ponto fixo. Suponhamos que $x^{(k)} = \phi(x^{(k-1)})$, $k \geq 1$. Se a sucessão $\{x^{(k)}\}$ convergir *linearmente* para um ponto fixo α de ϕ, deduz-se de (2.19) que, para um certo k, deverá existir um valor λ (a determinar) tal que

$$\phi(x^{(k)}) - \alpha = \lambda(x^{(k)} - \alpha), \tag{2.22}$$

onde deliberadamente evitámos identificar $\phi(x^{(k)})$ com $x^{(k+1)}$. Com efeito, a ideia subjacente ao método de Aitken consiste em definir um

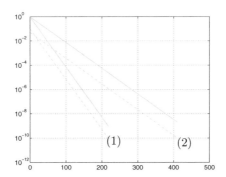

Figura 2.9. Valor absoluto do erro (*linhas contínuas*) e valor absoluto da diferença entre duas iteradas consecutivas (*linhas a tracejado*), em função do número de iterações para o caso do Exemplo 2.8. A curva (1) corresponde a $m = 11$, a curva (2) a $m = 21$

novo valor de $x^{(k+1)}$ (e portanto uma nova sucessão) que seja uma melhor aproximação de α do que a dada por $\phi(x^{(k)})$. De (2.22) deduz-se

$$\alpha = \frac{\phi(x^{(k)}) - \lambda x^{(k)}}{1 - \lambda} = \frac{\phi(x^{(k)}) - \lambda x^{(k)} + x^{(k)} - x^{(k)}}{1 - \lambda}$$

ou ainda

$$\boxed{\alpha = x^{(k)} + (\phi(x^{(k)}) - x^{(k)})/(1 - \lambda)} \tag{2.23}$$

Deve-se agora calcular λ. Para isso, introduz-se a sucessão

$$\lambda^{(k)} = \frac{\phi(\phi(x^{(k)})) - \phi(x^{(k)})}{\phi(x^{(k)}) - x^{(k)}} \tag{2.24}$$

verificando-se a seguinte propriedade:

Lema 2.1 *Se a sucessão definida por* $x^{(k+1)} = \phi(x^{(k)})$ *convergir para* α, *então* $\lim_{k \to \infty} \lambda^{(k)} = \phi'(\alpha)$.

Demonstração 2.1 Se $x^{(k+1)} = \phi(x^{(k)})$, então $x^{(k+2)} = \phi(\phi(x^{(k)}))$ e de (2.24), obtém-se $\lambda^{(k)} = (x^{(k+2)} - x^{(k+1)})/(x^{(k+1)} - x^{(k)})$ ou

$$\lambda^{(k)} = \frac{x^{(k+2)} - \alpha - (x^{(k+1)} - \alpha)}{x^{(k+1)} - \alpha - (x^{(k)} - \alpha)} = \frac{\dfrac{x^{(k+2)} - \alpha}{x^{(k+1)} - \alpha} - 1}{1 - \dfrac{x^{(k)} - \alpha}{x^{(k+1)} - \alpha}}$$

donde, calculando o limite e utilizando (2.19), se deduz

$$\lim_{k \to \infty} \lambda^{(k)} = \frac{\phi'(\alpha) - 1}{1 - 1/\phi'(\alpha)} = \phi'(\alpha).$$

A partir do Lema 2.1 concluímos que, para um dado k, $\lambda^{(k)}$ pode-se considerar como uma aproximação do valor desconhecido λ, previamente introduzido. Utiliza-se assim (2.24) em (2.23) e define-se um novo $x^{(k+1)}$ do seguinte modo

$$x^{(k+1)} = x^{(k)} - \frac{(\phi(x^{(k)}) - x^{(k)})^2}{\phi(\phi(x^{(k)})) - 2\phi(x^{(k)}) + x^{(k)}}, \quad k \geq 0 \qquad (2.25)$$

Esta expressão é conhecida como *fórmula de extrapolação de Aitken* e, graças a (2.25), pode-se considerar como uma *nova* iteração de ponto fixo associada à nova função iteradora

$$\phi_\Delta(x) = \frac{x\phi(\phi(x)) - [\phi(x)]^2}{\phi(\phi(x)) - 2\phi(x) + x}.$$

Este método designa-se por vezes por *método de Steffensen*. Claramente, a função ϕ_Δ não está definida para $x = \alpha$ uma vez que tanto o numerador como o denominador se anulam. Contudo, aplicando a regra de l'Hôpital e supondo que ϕ é diferenciável com $\phi'(\alpha) \neq 1$, obtém-se

$$\begin{aligned}
\lim_{x \to \alpha} \phi_\Delta(x) &= \frac{\phi(\phi(\alpha)) + \alpha\phi'(\phi(\alpha))\phi'(\alpha) - 2\phi(\alpha)\phi'(\alpha)}{\phi'(\phi(\alpha))\phi'(\alpha) - 2\phi'(\alpha) + 1} \\
&= \frac{\alpha + \alpha[\phi'(\alpha)]^2 - 2\alpha\phi'(\alpha)}{[\phi'(\alpha)]^2 - 2\phi'(\alpha) + 1} = \alpha.
\end{aligned}$$

Assim, $\phi_\Delta(x)$ pode prolongar-se por continuidade a $x = \alpha$ fazendo $\phi_\Delta(\alpha) = \alpha$.

Quando $\phi(x) = x - f(x)$, o caso $\phi'(\alpha) = 1$ corresponde a uma raiz de f com multiplicidade pelo menos igual a 2 (uma vez que $\phi'(\alpha) = 1 - f'(\alpha)$). Todavia neste caso, calculando o limite, pode-se mostrar mais uma vez que $\phi_\Delta(\alpha) = \alpha$. Além disso, pode-se também verificar que os pontos fixos de ϕ_Δ são todos, e exclusivamente, os pontos fixos de ϕ.

O método de Aitken pode assim ser aplicado a qualquer método de ponto fixo. Tem-se, com efeito, o seguinte teorema:

Teorema 2.1 *Consideremos as iterações de ponto fixo (2.17) com* $\phi(x) = x - f(x)$ *para aproximar as raízes de* f. *Então, se* f *for suficientemente regular temos:*

- *se as iterações de ponto fixo convergirem linearmente para uma raiz simples de* f, *então o método de Aitken converge quadraticamente para a mesma raiz;*
- *se as iterações de ponto fixo convergirem com uma ordem* $p \geq 2$ *para uma raiz simples de* f, *então o método de Aitken converge para a mesma raiz com ordem* $2p - 1$;
- *se as iterações de ponto fixo convergirem linearmente para uma raiz com multiplicidade* $m \geq 2$ *de* f, *então o método de Aitken converge para a mesma raiz com um factor assimptótico de convergência* $C = 1 - 1/m$.

Em particular, se $p = 1$ *e se a raiz de* f *for simples, o método de extrapolação de Aitken converge mesmo que as iterações de ponto fixo correspondentes divirjam.*

No Programa 2.4 apresentamos uma implementação do método de Aitken. Aqui phi é uma *função* (ou uma função *inline*) que define a expressão da função iteradora do método de ponto fixo ao qual se aplica a técnica de extrapolação de Aitken. O dado inicial é definido pela variável x0, enquanto que tol e nmax são, respectivamente, a tolerância para o critério de paragem (valor absoluto da diferença entre duas iteradas consecutivas) e o número máximo de iterações permitidas. Quando estas quantidades não estiverem definidas irão tomar os valores por *defeito* nmax=100 e tol=1.e-04.

Programa 2.4. aitken: método de Aitken

```
function [x,niter]=aitken(phi,x0,tol,nmax,varargin)
%AITKEN método de Aitken.
% [ALPHA,NITER]=AITKEN(PHI,X0) calcula uma
% aproximação de um ponto fixo ALPHA da função PHI
% partindo do dado inicial X0 à custa do método
% de extrapolação de Aitken. O algoritmo pára ao fim
% de 100 iterações ou quando o valor absoluto da
% diferença entre duas iteradas consecutivas é
% inferior a 1.e-04. PHI deve ser definida como uma
% função ou como uma função inline.
% [ALPHA,NITER]=AITKEN(PHI,X0,TOL,NMAX) permite
% definir a tolerância para o critério de paragem e
% o número máximo de iterações.
if nargin == 2
    tol = 1.e-04;    nmax = 100;
elseif nargin == 3
    nmax = 100;
end
x = x0;
```

```
diff = tol + 1;
niter = 0;
while niter <= nmax & diff >= tol
    gx = feval(phi,x,varargin{:});
    ggx = feval(phi,gx,varargin{:});
    xnew = (x*ggx-gx^2)/(ggx-2*gx+x);
    diff = abs(x-xnew);
    x = xnew;
    niter = niter + 1;
end
if niter >= nmax
    fprintf(' Não converge no máximo ',...
            'número de iterações\n ');
end
return
```

Exemplo 2.9 Para calcular a raiz simples $\alpha = 1$ da função $f(x) = e^x(x - 1)$ aplicamos o método de Aitken às seguintes funções iterativas

$$\phi_0(x) = \log(xe^x), \ \phi_1(x) = \frac{e^x + x}{e^x + 1}.$$

Usamos o Programa 2.4 com tol=1.e-10, nmax=100, x0=2 e definimos as duas funções iterativas da seguinte maneira:

```
» phi0 = inline('log(x*exp(x))','x');
» phi1 = inline('(exp(x)+x)/(exp(x)+1)','x');
```

Em seguida executamos o Programa 2.4 fazendo:

```
» [alpha,niter]=aitken(phi0,x0,tol,nmax)

  alpha =
        1.0000 + 0.0000i
  niter =
        10

» [alpha,niter]=aitken(phi1,x0,tol,nmax)

  alpha =
        1
  niter =
        4
```

Como se pode verificar, a convergência é extremamente rápida. A título comparativo, assinale-se que o método de ponto fixo com função iteradora ϕ_1 e o mesmo critério de paragem teria requerido 18 iterações, enquanto que o método de ponto fixo com ϕ_0 não teria convergido uma vez que $|\phi_0'(1)| = 2$. ∎

Em resumo

1. Um número α tal que $\phi(\alpha) = \alpha$, chama-se um ponto fixo de ϕ. Para o calcular, utilizam-se as chamadas iterações de ponto fixo ou método de ponto fixo: $x^{(k+1)} = \phi(x^{(k)})$;
2. as iterações de ponto fixo convergem impondo certas condições à função iteradora ϕ e à sua primeira derivada. A convergência é tipicamente linear, mas torna-se quadrática quando $\phi'(\alpha) = 0$;
3. as iterações de ponto fixo podem também usar-se para calcular os zeros de uma função;
4. para qualquer iteração de ponto fixo $x^{(k+1)} = \phi(x^{(k)})$ é sempre possível construir uma nova sucessão usando o método de Aitken, que em geral converge mais rapidamente.

Ver os Exercícios 2.15-2.18.

2.5 Polinómios algébricos

Nesta secção consideramos o caso em que f é um polinómio de grau $n \geq 0$ da forma (1.9). Tal como já foi referido, o espaço dos polinómios (1.9) designa-se por $\mathbb{P}_n$. Quando $n \geq 2$ e todos os coeficientes a_k são reais, se $\alpha \in \mathbb{C}$ for uma raiz complexa de $p_n \in \mathbb{P}_n$ (isto é, com $\text{Im}(\alpha) \neq 0$), então $\bar{\alpha}$ (o complexo conjugado de α) também é uma raiz de p_n.

O teorema de Abel garante que não existe uma fórmula explícita para calcular todos os zeros de um polinómio arbitrário p_n, quando $n \geq 5$. Este facto motiva a utilização de métodos numéricos para calcular as raízes de p_n.

Vimos anteriormente que a escolha apropriada do dado inicial $x^{(0)}$ ou de um intervalo $[a, b]$ de procura da raiz, são particularmente importantes para o comportamento do método numérico. No caso dos polinómios, isto é possível com base nos seguintes resultados:

Teorema 2.2 (regra dos sinais de Descartes) *Seja ν o número de mudanças de sinal dos coeficientes $\{a_j\}$ e k o número de raízes reais positivas de p_n, em que cada uma é contada tantas vezes quanto a sua multiplicidade. Então $k \leq \nu$ e $\nu - k$ é par.*

Exemplo 2.10 O polinómio $p_6(x) = x^6 - 2x^5 + 5x^4 - 6x^3 + 2x^2 + 8x - 8$ tem os zeros $\{\pm 1, \pm 2i, 1 \pm i\}$ e portanto tem uma raiz real positiva $(k = 1)$. Com efeito, o número de mudanças de sinal ν dos seus coeficientes é 5 e, por conseguinte, $k \leq \nu$ e $\nu - k = 4$ é par. ∎

> **Teorema 2.3 (Cauchy)** *Todos os zeros de p_n estão incluídos no círculo Γ do plano complexo*
>
> $$\Gamma = \{z \in \mathbb{C} : \ |z| \leq 1 + \eta\}, \ onde \ \eta = \max_{0 \leq k \leq n-1} |a_k/a_n|. \quad (2.26)$$

Esta propriedade é raramente útil quando $\eta \gg 1$ (para o polinómio p_6 do Exemplo 2.10 temos $\eta = 8$, enquanto que todas as raízes estão em círculos de raios visivelmente menores).

2.5.1 Algoritmo de Hörner

Neste parágrafo, descreve-se um método para o cálculo eficiente de um polinómio (e da sua derivada) num dado ponto z. Este algoritmo permite gerar um procedimento automático, designado por *método da deflação*, para a aproximação sucessiva de *todas* as raízes de um polinómio.

Do ponto de vista algébrico, (1.9) pode-se escrever de maneira equivalente

$$p_n(x) = a_0 + x(a_1 + x(a_2 + \ldots + x(a_{n-1} + a_n x) \ldots)). \quad (2.27)$$

Contudo, enquanto que (1.9) necessita de n somas e de $2n - 1$ produtos para calcular $p_n(x)$ (para um dado x), (2.27) apenas requer n somas e n produtos. A expressão (2.27), também designada por algoritmo dos produtos imbricados, é a base do algoritmo de Hörner. Este método permite calcular efectivamente o polinómio p_n num ponto z, recorrendo ao seguinte *algoritmo de divisão sintética*

$$\boxed{\begin{aligned} &b_n = a_n, \\ &b_k = a_k + b_{k+1}z, \ k = n - 1, n - 2, \ldots, 0 \end{aligned}} \quad (2.28)$$

Em (2.28) todos os coeficientes b_k com $k \leq n - 1$ dependem de z e verifica-se que $b_0 = p_n(z)$. O polinómio

$$q_{n-1}(x; z) = b_1 + b_2 x + \ldots + b_n x^{n-1} = \sum_{k=1}^{n} b_k x^{k-1}, \quad (2.29)$$

de grau $n - 1$ em x, depende do parâmetro z (através dos coeficientes b_k) e chama-se o *polinómio associado* a p_n. O algoritmo (2.28) está implementado no Programa 2.5. Os coeficientes a_j do polinómio a calcular são guardados no vector a, de a_n a a_0.

Programa 2.5. horner: algoritmo de divisão sintética

```
function [y,b] = horner(a,z)
%HORNER Algoritmo de Horner
%   Y=HORNER(A,Z) calcula
%   Y = A(1)*Z^N + A(2)*Z^(N-1) + ... + A(N)*Z + A(N+1)
%   usando o algoritmo de divisão sintética de Horner.
n = length(a)-1;
b = zeros(n+1,1);
b(1) = a(1);
for j=2:n+1
   b(j) = a(j)+b(j-1)*z;
end
y = b(n+1);
b = b(1:end-1);
return
```

Introduzimos agora um algoritmo eficiente tal que, conhecendo a raiz de um polinómio (ou uma aproximação), seja capaz de a eliminar e permita o cálculo das raízes seguintes até que todas sejam determinadas.

Para isso, comecemos por recordar a seguinte propriedade da *divisão polinomial*:

Proposição 2.3 *Dados dois polinómios* $h_n \in \mathbb{P}_n$ *e* $g_m \in \mathbb{P}_m$ *com* $m \leq n$, *existe um único polinómio* $\delta \in \mathbb{P}_{n-m}$ *e um único polinómio* $\rho \in \mathbb{P}_{m-1}$ *tais que*

$$h_n(x) = g_m(x)\delta(x) + \rho(x). \qquad (2.30)$$

Deste modo, dividindo $p_n \in \mathbb{P}_n$ por $x - z$, obtém-se de (2.30) que

$$p_n(x) = b_0 + (x - z)q_{n-1}(x; z),$$

onde q_{n-1} designa o quociente e b_0 o resto da divisão. Se z for uma raiz de p_n, tem-se $b_0 = p_n(z) = 0$ e, por conseguinte, $p_n(x) = (x - z)q_{n-1}(x; z)$. Neste caso, resolvendo a equação algébrica $q_{n-1}(x; z) = 0$ obtém-se as restantes $n - 1$ raízes de $p_n(x)$. Esta observação sugere que se adopte o seguinte *critério de deflação* para calcular *todas* as raízes de p_n.

Para $m = n, n - 1, \ldots, 1$:

1. determinar uma raiz r_m de p_m usando um método de aproximação conveniente;
2. calcular $q_{m-1}(x; r_m)$ usando (2.28)-(2.29) (com $z = r_m$);
3. fazer $p_{m-1} = q_{m-1}$.

No parágrafo seguinte apresentamos o mais utilizado dos métodos deste tipo, que se baseia no método de Newton para a aproximação de raízes.

2.5.2 O método de Newton-Hörner

Como o seu nome sugere, o *método de Newton-Hörner* implementa o procedimento de deflação, usando o método de Newton para calcular as raízes r_m. A vantagem reside no facto do método de Newton ser implementado de modo a explorar ao máximo o algoritmo de Hörner (2.28).

Com efeito, sendo q_{n-1} o polinómio associado a p_n definido em (2.29), dado que

$$p_n'(x) = q_{n-1}(x; z) + (x - z)q_{n-1}'(x; z),$$

tem-se

$$p_n'(z) = q_{n-1}(z; z).$$

Graças a esta identidade, o método de Newton-Hörner para a aproximação de uma raiz (real ou complexa) r_j de p_n $(j = 1, \ldots, n)$ escreve-se na forma:

dada uma estimativa inicial $r_j^{(0)}$ da raiz, calcular para cada $k \geq 0$ até à convergência

$$r_j^{(k+1)} = r_j^{(k)} - \frac{p_n(r_j^{(k)})}{p_n'(r_j^{(k)})} = r_j^{(k)} - \frac{p_n(r_j^{(k)})}{q_{n-1}(r_j^{(k)}; r_j^{(k)})} \qquad (2.31)$$

Usamos agora a técnica de deflação, explorando o facto de que $p_n(x) = (x - r_j)p_{n-1}(x)$. Em seguida, passamos à aproximação de um zero de p_{n-1}, e assim sucessivamente até que todas as raízes de p_n tenham sido calculadas.

Note-se que quando $r_j \in \mathbb{C}$, é necessário efectuar o cálculo em aritmética complexa, tomando $r_j^{(0)}$ com parte imaginária não nula. Caso contrário, o método de Newton-Hörner gera uma sucessão $\{r_j^{(k)}\}$ de números reais.

O método de Newton-Hörner está implementado no Programa 2.6. Os coeficientes a_j do polinómio para o qual tentamos calcular as raízes, armazenam-se no vector a de a_n a a_0. Os outros parâmetros de entrada, tol e nmax são, respectivamente, a tolerância do critério de paragem (valor absoluto da diferença entre duas iteradas consecutivas) e o número máximo de iterações permitidas. Se estas quantidades não estiverem definidas, tomam-se os valores *por defeito* nmax=100 e tol=1.e-04. À saída, o programa devolve nos vectores roots e iter, as raízes calculadas e o número de iterações efectuadas para cada uma delas, respectivamente.

Programa 2.6. newtonhorner: método de Newton-Hörner

```
function [roots,iter]=newtonhorner(a,x0,tol,nmax)
%NEWTONHORNER método de Newton-Horner
% [roots,ITER]=NEWTONHORNER(A,X0) calcula as raízes do
% polinómio
% P(X) = A(1)*X^N + A(2)*X^(N-1) + ... + A(N)*X + A(N+1)
% usando o método de Newton-Horner começando no
% dado inicial X0. Para cada raiz o algoritmo pára
% ao fim de 100 iterações ou quando o valor absoluto
% da diferença entre duas iteradas consecutivas for
% menor que 1.e-04.
% [roots,ITER]=NEWTONHORNER(A,X0,TOL,NMAX) permite
% definir a tolerância sobre o critério de paragem e
% o número máximo de iterações.
if nargin == 2
    tol = 1.e-04; nmax = 100;
elseif nargin == 3
    nmax = 100;
end
n=length(a)-1; roots = zeros(n,1); iter = zeros(n,1);
for k = 1:n
    % iterações de Newton
    niter = 0; x = x0; diff = tol + 1;
    while niter <= nmax & diff >= tol
        [pz,b] = horner(a,x);   [dpz,b] = horner(b,x);
        xnew = x - pz/dpz;       diff = abs(xnew-x);
        niter = niter + 1;       x = xnew;
    end
    if niter >= nmax
        fprintf('Não converge no número ',...
                'máximo de iterações\n ');
    end
    % Deflation
    [pz,a] = horner(a,x); roots(k) = x; iter(k) = niter;
end
return
```

Observação 2.1 Para minimizar a propagação dos erros de arredondamento durante o processo de deflação, convém começar por aproximar a raiz r_1 com menor valor absoluto e, em seguida, passar ao cálculo das raízes seguintes $r_2, r_3, \ldots$, até obter a de maior valor absoluto (para mais detalhes, ver por exemplo [QSS07]). •

Exemplo 2.11 Para calcular as raízes $\{1, 2, 3\}$ do polinómio $p_3(x) = x^3 - 6x^2 + 11x - 6$ recorremos ao Programa 2.6:

```
» a=[1 -6 11 -6]; [x,niter]=newtonhorner(a,0,1.e-15,100)
```

```
x =
   1
   2
   3
niter =
   8
   8
   2
```

O método calcula as três raízes com precisão e em poucas iterações. Contudo, tal como foi assinalado na Observação 2.1, o método nem sempre é tão eficiente. Por exemplo, para calcular as raízes do polinómio $p_4(x) = x^4 - 7x^3 + 15x^2 - 13x + 4$ (que admite a raiz 1 com multiplicidade 3 e a raiz simples 4) obtemos os seguintes resultados:

```
» a=[1 -7 15 -13 4]; format long;
» [x,niter]=newtonhorner(a,0,1.e-15,100)
```

```
  x =
    1.00000693533737
    0.99998524147571
    1.00000782324144
    3.99999999994548
  niter =
    61
    101
    6
    2
```

A perda de precisão é bastante evidente no cálculo da raiz múltipla, e agrava-se ainda mais quando a multiplicidade aumenta (ver [QSS07]). ∎

2.6 O que não vos foi dito

fzero   Os métodos mais sofisticados para o cálculo dos zeros de uma função combinam diferentes algoritmos. Em particular, a função fzero de MATLAB (ver Secção 1.4.1) adopta o chamado método de Dekker-Brent (ver [QSS07], Secção 6.2.3). Na sua versão de base, a instrução fzero(fun,x0) calcula o zero da função fun, onde fun pode ser uma cadeia de caracteres que define uma função de x, o nome de uma função *inline*, ou de um *m-file*.

Por exemplo, é possível resolver o problema do Exemplo 2.1 à custa de fzero, utilizando o valor inicial x0=0.3 (tal como no método de Newton) através das seguintes instruções:

```
function y=Rfunc(r)
y=6000 - 1000*(1+r)/r*((1+r)^5 - 1);
end
```

```
» x0=0.3;
» [alpha,res,flag]=fzero('Rfunc',x0);
```

Obtém-se alpha=0.06140241153653 com um resíduo res=9.0949e-13 em iter=29 iterações. Um flag negativo significa que fzero não consegue determinar o zero. O método de Newton converge em 6 iterações para o valor 0.06140241153652, com um resíduo igual a 2.3646e-11.

A fim de calcular os zeros de um polinómio podemos citar, para além do método de Newton-Hörner, os métodos que se baseiam nas sucessões de Sturm, o método de Müller, (ver [Atk89] ou [QSS07]) e o método de Bairstow ([RR85], página 371 e seguinte). Um outro método consiste em caracterizar os zeros de uma função como os valores próprios de uma matriz particular (chamada a *matriz companheira*) e em usar técnicas apropriadas para o seu cálculo. Este método é adoptado pela função roots de MATLAB que foi introduzida na Secção 1.4.2.

Vimos na Secção 2.2.2 como aplicar o método de Newton a um sistema não linear, como (2.13). Mais geralmente, qualquer iteração de ponto fixo pode facilmente estender-se ao cálculo de raízes de sistemas não lineares. Citemos igualmente outros métodos, tais como os de Broyden e de quasi-Newton, que podem ser encarados como generalizações do método de Newton (ver [DS83], [Deu04], [SM03] e [QSS07, Capítulo 7]).

A instrução de MATLAB

```
» zero=fsolve('fun',x0)
```

permite calcular um zero de um sistema não linear definido pela função fun, começando com o vector x0 como dado inicial. A função fun devolve os n valores $f_i(\bar{x}_1,\dots,\bar{x}_n)$, $i = 1,\dots,n$, para qualquer vector dado $[\bar{x}_1,\dots,\bar{x}_n]^T$.

Por exemplo, para resolver o sistema não linear (2.15) utilizando fsolve, define-se a seguinte função de MATLAB:

```
function fx=systemnl(x)
fx(1) = x(1)^2+x(2)^2-1;
fx(2) = sin(pi*0.5*x(1))+x(2)^3;
```

Por conseguinte, as instruções de MATLAB para resolver este sistema são:

```
» x0 = [1 1];
» alpha=fsolve('systemnl',x0)

  alpha =
        0.4761    -0.8794
```

Usando este procedimento encontrámos só uma das duas raízes. A outra pode ser calculada a partir do dado inicial -x0.

Octave 2.1 Os comandos fzero e fsolve têm exactamente o mesmo objectivo em MATLAB e Octave, embora os seus argumentos opcionais possam diferir ligeiramente consoante o programa. Para mais detalhes encorajamos o leitor a estudar a documentação help de ambos os comandos em cada um dos ambientes de programação. ■

2.7 Exercícios

Exercício 2.1 Dada a função $f(x) = \cosh x + \cos x - \gamma$, para $\gamma = 1, 2, 3$ determinar um intervalo que contenha o zero de f. Em seguida calcular esse zero pelo método da bissecção, com uma tolerância de 10^{-10}.

Exercício 2.2 (Equação de estado de um gás) Para o dióxido de carbono (CO_2) os coeficientes a e b em (2.1) tomam os seguintes valores: $a = 0.401$Pa m^6, $b = 42.7 \cdot 10^{-6}$m^3 (Pa significa Pascal). Determinar o volume ocupado por 1000 moléculas de CO_2 à temperatura $T = 300$K e pressão $p = 3.5 \cdot 10^7$ Pa, pelo método da bissecção, com uma tolerância de 10^{-12} (a constante de Boltzmann é $k = 1.3806503 \cdot 10^{-23}$ Joule K^{-1}).

Exercício 2.3 Considerar um plano cujo declive varia com uma taxa constante ω, e um objecto pontual que está em repouso no instante inicial $t = 0$. No tempo $t > 0$ a sua posição é dada por

$$s(t, \omega) = \frac{g}{2\omega^2}[\sinh(\omega t) - \sin(\omega t)],$$

onde $g = 9.8$ m/s^2 designa a aceleração da gravidade. Supondo que este objecto se moveu 1 metro em 1 segundo, calcular o valor correspondente de ω com uma tolerância de 10^{-5}.

Exercício 2.4 Mostrar a desigualdade (2.6).

Exercício 2.5 Explicar porque é que no Programa 2.1 se usou a fórmula `x(2) = x(1)+(x(3)-x(1))*0.5` em vez da fórmula mais natural `x(2)=(x(1)+x(3))*0.5`, para calcular o ponto médio.

Exercício 2.6 Aplicar o método de Newton para resolver o Exercício 2.1. Porque é que este método não tem boa precisão quando $\gamma = 2$?

Exercício 2.7 Aplicar o método de Newton ao cálculo da raiz quadrada de um número positivo a. Proceder de maneira análoga para calcular a raiz cúbica de a.

Exercício 2.8 Supondo que o método de Newton converge, mostrar que a fórmula (2.9) é verdadeira, se α for uma raiz simples de $f(x) = 0$ e se f for duas vezes continuamente diferenciável numa vizinhança de α.

Exercício 2.9 (Sistema de barras) Aplicar o método de Newton para resolver o Problema 2.3, com $\beta \in [0, 2\pi/3]$ e com uma tolerância de 10^{-5}. Supor que os comprimentos das barras são $a_1 = 10$ cm, $a_2 = 13$ cm, $a_3 = 8$ cm e $a_4 = 10$ cm. Para cada valor de β considerar dois possíveis dados iniciais, $x^{(0)} = -0.1$ e $x^{(0)} = 2\pi/3$.

Exercício 2.10 Notar que a função $f(x) = e^x - 2x^2$ tem 3 zeros, $\alpha_1 < 0$, α_2 e α_3 positivos. Para que valor de $x^{(0)}$ é que o método de Newton converge para α_1?

Exercício 2.11 Utilizar o método de Newton para calcular o zero de $f(x) = x^3 - 3x^2 2^{-x} + 3x4^{-x} - 8^{-x}$ em $[0, 1]$ e explicar porque é que a convergência não é quadrática.

Exercício 2.12 Um projéctil é lançado com uma velocidade v_0 e um ângulo α num túnel de altura h e atinge o seu máximo quando α for tal que $\sin(\alpha) = \sqrt{2gh/v_0^2}$, onde $g = 9.8$ m/s^2 é a aceleração da gravidade. Calcular α utilizando o método de Newton, supondo que $v_0 = 10$ m/s e $h = 1$ m.

Exercício 2.13 (Fundo de investimento) Resolver o Problema 2.1 pelo método de Newton com uma tolerância de 10^{-12}, supondo que $M = 6000$ euros, $v = 1000$ euros e $n = 5$. Tomar para dado inicial o resultado obtido depois de 5 iterações do método da bissecção no intervalo $(0.01, 0.1)$.

Exercício 2.14 Um corredor tem a forma indicada na Figura 2.10. O comprimento máximo L de uma barra que pode passar de uma extremidade a outra deslizando no solo, é dado por

$$L = l_2/(\sin(\pi - \gamma - \alpha)) + l_1/\sin(\alpha),$$

onde α é a solução da equação não linear

$$l_2 \frac{\cos(\pi - \gamma - \alpha)}{\sin^2(\pi - \gamma - \alpha)} - l_1 \frac{\cos(\alpha)}{\sin^2(\alpha)} = 0. \qquad (2.32)$$

Calcular α pelo método de Newton, para $l_2 = 10$, $l_1 = 8$ e $\gamma = 3\pi/5$.

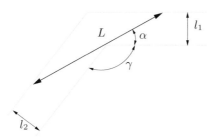

Figura 2.10. Problema de uma barra deslizando num corredor

Exercício 2.15 Seja ϕ_N a função iteradora do método de Newton considerado como uma iteração de ponto fixo. Mostrar que $\phi_N'(\alpha) = 1 - 1/m$ onde α é um zero de f com multiplicidade m. Deduzir que o método de Newton converge quadraticamente se α for uma raiz simples de $f(x) = 0$, e linearmente no caso contrário.

Exercício 2.16 Deduzir a partir do gráfico de $f(x) = x^3 + 4x^2 - 10$ que esta função tem um único zero real α. Para calcular α utilizar as seguintes iterações de ponto fixo: dado $x^{(0)}$, definir $x^{(k+1)}$ tal que

$$x^{(k+1)} = \frac{2(x^{(k)})^3 + 4(x^{(k)})^2 + 10}{3(x^{(k)})^2 + 8x^{(k)}}, \qquad k \geq 0$$

e analisar a sua convergência para α.

Exercício 2.17 Analisar a convergência das iterações de ponto fixo

$$x^{(k+1)} = \frac{x^{(k)}[(x^{(k)})^2 + 3a]}{3(x^{(k)})^2 + a}, \quad k \geq 0,$$

para o cálculo da raiz quadrada de um número positivo a.

Exercício 2.18 Repetir os cálculos do Exercício 2.11 recorrendo agora ao critério de paragem baseado no resíduo. Qual dos resultados é o mais preciso?

3

Aproximação de funções e de dados

Aproximar uma função f consiste em substituí-la por outra função $\tilde{f}$, de forma mais simples, que poderá ser usada no seu lugar. Veremos no próximo capítulo que esta estratégia é adoptada frequentemente em integração numérica onde, em vez de calcular $\int_a^b f(x)dx$, calcula-se de modo exacto $\int_a^b \tilde{f}(x)dx$, em que $\tilde{f}$ é uma função que se integra facilmente (por exemplo, um polinómio). Em outros contextos a função f poderá ser apenas conhecida pelos seus valores nalguns pontos seleccionados. Nestes casos, procura-se construir uma função contínua $\tilde{f}$ que poderá representar a lei empírica subjacente ao conjunto finito de dados. Damos em seguida exemplos que ilustram técnicas deste tipo.

Problema 3.1 (Climatologia) A temperatura do ar próximo do solo depende da concentração K em ácido carbónico (H_2CO_3). A Tabela 3.1 representa a variação $\delta_K = \theta_K - \theta_{\bar{K}}$ da temperatura média relativamente a uma temperatura média de referência $\bar{K}$, para diferentes latitudes e para quatro valores de K. Aqui $\bar{K}$ refere-se ao valor medido em 1896 e normalizado a um. Neste caso, podemos construir uma função que, com base nos dados disponíveis, permite aproximar a temperatura média em qualquer latitude e para outros valores de K (ver Exemplo 3.1). ∎

Problema 3.2 (Finanças) A Figura 3.1 representa os preços de uma acção na bolsa de Zurique durante dois anos. A curva foi obtida unindo por uma linha recta as cotações no fim de cada dia. Esta simples representação supõe implicitamente que os preços variam linearmente no decurso do dia (esta aproximação será designada por interpolação linear composta). Pergunta-se, a partir deste gráfico, se será possível prever o preço da acção num curto intervalo de tempo contado a partir da data da última cotação. Veremos na Secção 3.4 que este tipo de previsão poderá efectuar-se à custa de uma técnica especial conhecida pelo

Latitude	δ_K			
	$K = 0.67$	$K = 1.5$	$K = 2.0$	$K = 3.0$
65	-3.1	3.52	6.05	9.3
55	-3.22	3.62	6.02	9.3
45	-3.3	3.65	5.92	9.17
35	-3.32	3.52	5.7	8.82
25	-3.17	3.47	5.3	8.1
15	-3.07	3.25	5.02	7.52
5	-3.02	3.15	4.95	7.3
-5	-3.02	3.15	4.97	7.35
-15	-3.12	3.2	5.07	7.62
-25	-3.2	3.27	5.35	8.22
-35	-3.35	3.52	5.62	8.8
-45	-3.37	3.7	5.95	9.25
-55	-3.25	3.7	6.1	9.5

Tabela 3.1. Variação da temperatura média anual da Terra para quatro valores diferentes da concentração K de ácido carbónico a diferentes latitudes (obtido de *Philosophical Magazine* 41, 237 (1896))

nome de aproximação dos dados no sentido dos *mínimos quadrados* (ver Exemplo 3.9). ■

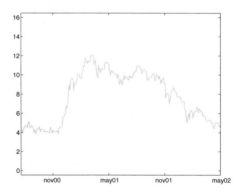

Figura 3.1. Variação do preço de uma acção ao longo de dois anos

Problema 3.3 (Biomecânica) Considera-se um teste mecânico para estabelecer a relação entre tensões (MPa= $100 \, \text{N}/\text{cm}^2$) e deformações relativas a uma amostra de tecido biológico (um disco intervertebral, ver Figura 3.2). Partindo dos dados da Tabela 3.2 pretende-se estimar as deformações correspondentes a uma tensão $\sigma = 0.9$ MPa (ver Exemplo 3.10). ■

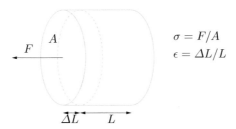

$$\sigma = F/A$$
$$\epsilon = \Delta L/L$$

Figura 3.2. Representação esquemática de um disco intervertebral

teste	tensão σ	deformação ϵ	teste	tensão σ	deformação ϵ
1	0.00	0.00	5	0.31	0.23
2	0.06	0.08	6	0.47	0.25
3	0.14	0.14	7	0.60	0.28
4	0.25	0.20	8	0.70	0.29

Tabela 3.2. Valores da deformação para diferentes valores da tensão aplicada num disco intervertebral (obtido de P.Komarek, Cap. 2 de *Biomechanics of Clinical Aspects of Biomedicine*, 1993, J.Valenta ed., Elsevier)

Problema 3.4 (Robótica) Pretende-se aproximar a trajectória plana de um robot (idealizado como um ponto material) durante um ciclo de trabalho numa indústria. O robot deverá satisfazer algumas restrições: estar parado no ponto do plano $(0, 0)$ no instante inicial (digamos, $t = 0$), deslocar-se até ao ponto $(1, 2)$ em $t = 1$, atingir o ponto $(4, 4)$ em $t = 2$, parar e iniciar de novo o movimento para atingir o ponto $(3, 1)$ em $t = 3$, voltar à sua posição inicial em $t = 5$, parar e recomeçar um novo ciclo de trabalho. No Exemplo 3.7 resolveremos este problema com funções *spline*. ∎

Uma função f pode ser substituída num dado intervalo pelo seu polinómio de Taylor, introduzido na Secção 1.4.3. Esta técnica torna-se computacionalmente dispendiosa por requerer o conhecimento de f e das suas derivadas até à ordem n (o grau do polinómio) num dado ponto x_0. Além disso, pode acontecer que o polinómio de Taylor não represente com precisão a função f, suficientemente longe do ponto x_0. Por exemplo, na Figura 3.3 compara-se o comportamento de $f(x) = 1/x$ com o do seu polinómio de Taylor de grau 10 construído em torno do ponto $x_0 = 1$. Esta imagem mostra também a interface gráfica da função `taylortool` de MATLAB que permite o cálculo de um polinómio de Taylor de grau arbitrário para qualquer função f. A concordância entre a função e o seu polinómio de Taylor é muito boa numa pequena vizinhança de $x_0 = 1$, degradando-se quando $x - x_0$ aumenta. Felizmente, o mesmo não acontece com outras funções tais como a função exponencial, que é bastante bem aproximada para todo $x \in \mathbb{R}$ pelo seu polinómio de Taylor em $x_0 = 0$, desde que o grau n seja suficientemente grande.

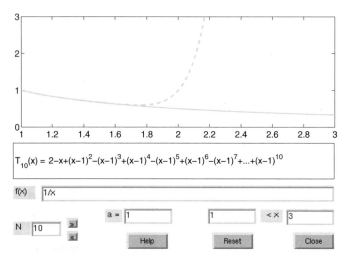

Figura 3.3. Comparação entre a função $f(x) = 1/x$ (*linha contínua*) e o seu polinómio de Taylor de grau 10, no ponto $x_0 = 1$ (*linha a tracejado*). Vê-se ainda a forma explícita do polinómio de Taylor

Neste capítulo, iremos introduzir métodos de aproximação baseados em técnicas alternativas.

3.1 Interpolação

Como vimos nos Problemas 3.1, 3.2 e 3.3, pode acontecer em várias aplicações que uma função seja apenas conhecida através dos seus valores em certos pontos. Estamos por isso no caso (geral) em que são dados $n+1$ pares $\{x_i, y_i\}$, $i = 0, \ldots, n$; os pontos x_i são todos distintos e designam-se por *nós*.

Por exemplo, no caso da Tabela 3.1, n é igual a 12, os nós x_i são os valores da latitude indicados na primeira coluna, e os y_i são os valores correspondentes (da temperatura) nas restantes colunas.

Nesta situação parece natural exigir que a função aproximada $\tilde{f}$ satisfaça as relações

$$\tilde{f}(x_i) = y_i, \, i = 0, 1, \ldots, n \qquad (3.1)$$

Esta função $\tilde{f}$ designa-se por *função de interpolação* do conjunto de dados $\{y_i\}$ e as equações (3.1) são as condições de interpolação.

Podemos considerar vários tipos de funções de interpolação, tais como:

- *interpolação polinomial*:

$$\tilde{f}(x) = a_0 + a_1 x + a_2 x^2 + \ldots + a_n x^n;$$

- *interpolação trigonométrica*:

$$\tilde{f}(x) = a_{-M} e^{-iMx} + \ldots + a_0 + \ldots + a_M e^{iMx}$$

onde M é um inteiro igual a $n/2$ se n for par, $(n-1)/2$ se n for ímpar, e i é a unidade imaginária;
- *interpolação racional*:

$$\tilde{f}(x) = \frac{a_0 + a_1 x + \ldots + a_k x^k}{a_{k+1} + a_{k+2} x + \ldots + a_{k+n+1} x^n}.$$

Para simplificar apenas consideramos as funções de interpolação que dependem linearmente dos coeficientes desconhecidos a_i. As interpolações polinomial e trigonométrica entram nesta categoria, mas o mesmo não acontece com a interpolação racional.

3.1.1 Interpolação polinomial de Lagrange

Concentremo-nos na interpolação polinomial. Verifica-se o seguinte resultado:

Proposição 3.1 *Para qualquer conjunto de pares* $\{x_i, y_i\}$, $i = 0, \ldots, n$, *com nós distintos* x_i, *existe um único polinómio de grau menor ou igual a* n, *que se designa por* Π_n *e se chama polinómio de interpolação (ou polinómio interpolador) dos valores* y_i *nos nós* x_i, *tal que*

$$\boxed{\Pi_n(x_i) = y_i, \, i = 0, \ldots, n} \qquad (3.2)$$

No caso em que os $\{y_i, i = 0, \ldots, n\}$ *representam os valores de uma função contínua* f, Π_n *chama-se polinómio de interpolação de* f *(abreviadamente, interpolador de* f) *e será designado por* $\Pi_n f$.

Para verificar a unicidade procedemos por redução ao absurdo. Suponhamos que existem dois polinómios distintos de grau n, Π_n e Π_n^*, ambos verificando a relação nodal (3.2). A sua diferença, $\Pi_n - \Pi_n^*$, será um polinómio de grau n que se anula em $n+1$ pontos distintos. Devido a um teorema bem conhecido da Álgebra, sabemos que este polinómio é identicamente nulo, e portanto Π_n^* deverá coincidir com Π_n.

Para estabelecer a expressão de Π_n, começamos por considerar o caso muito especial em que y_i se anula para todo o i, excepto para $i = k$ (com

k fixo) para o qual $y_k = 1$. Fazendo $\varphi_k(x) = \Pi_n(x)$, devemos ter (ver Figura 3.4)

$$\varphi_k \in \mathbb{P}_n, \ \varphi_k(x_j) = \delta_{jk} = \begin{cases} 1 & \text{se } j = k, \\ 0 & \text{no caso contrário,} \end{cases}$$

onde δ_{jk} é o símbolo de Kronecker.

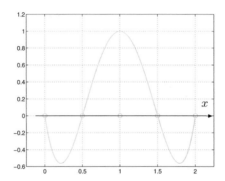

Figura 3.4. O polinómio $\varphi_2 \in \mathbb{P}_4$ associado a um conjunto de 5 nós equidistantes

As funções φ_k têm a seguinte expressão

$$\varphi_k(x) = \prod_{\substack{j=0 \\ j \neq k}}^{n} \frac{x - x_j}{x_k - x_j}, \qquad k = 0, \ldots, n. \tag{3.3}$$

Consideramos agora o caso geral em que $\{y_i, i = 0, \ldots, n\}$ é um conjunto de valores arbitrários. Usando um princípio de sobreposição evidente podemos obter a seguinte expressão para Π_n

$$\Pi_n(x) = \sum_{k=0}^{n} y_k \varphi_k(x) \tag{3.4}$$

Com efeito, este polinómio satisfaz as condições de interpolação (3.2), uma vez que

$$\Pi_n(x_i) = \sum_{k=0}^{n} y_k \varphi_k(x_i) = \sum_{k=0}^{n} y_k \delta_{ik} = y_i, \quad i = 0, \ldots, n.$$

Devido à sua importância, as funções φ_k chamam-se *polinómios característicos de Lagrange*, e (3.4) é a *forma de Lagrange* do polinómio de interpolação. Em MATLAB podemos guardar os n+1 pares $\{(x_i, y_i)\}$

nos vectores x e y, e a instrução `c=polyfit(x,y,n)` irá fornecer os   `polyfit`
coeficientes do polinómio interpolador. Mais precisamente, c(1) contém
o coeficiente de x^n, c(2) o de x^{n-1}, ... e c(n+1) o valor de $\Pi_n(0)$.
(Encontraremos mais detalhes sobre este comando na Secção 3.4). Como
foi indicado no Capítulo 1, podemos utilizar a instrução p=polyval(c,z)
para calcular os valores p(j) tomados pelo polinómio interpolador em m
pontos arbitrários z(j), j=1,...,m.

Quando se conhece explicitamente a função f, pode-se recorrer à
instrução y=eval(f) para calcular o vector y dos valores de f em alguns
nós específicos (guardados, por exemplo, num vector x).

Exemplo 3.1 (Climatologia) **Para obter o polinómio interpolador dos da-**
dos do Problema 3.1 correspondentes a $K = 0.67$ (primeira coluna da Tabela
3.1), utilizando apenas os valores da temperatura para as latitudes 65, 35, 5,
-25, -55, podemos usar as seguintes instruções de MATLAB:

```
» x=[-55 -25 5 35 65]; y=[-3.25 -3.2 -3.02 -3.32 -3.1];
» format short e; c=polyfit(x,y,4)
  c =
      8.2819e-08  -4.5267e-07  -3.4684e-04  3.7757e-04
      -3.0132e+00
```

O gráfico do polinómio interpolador pode-se obter da seguinte maneira:

```
» z=linspace(x(1),x(end),100);
» p=polyval(c,z);
» plot(z,p);hold on; plot(x,y,'o');grid on; hold off;
```

Para conseguir uma curva regular calculámos o nosso polinómio em 101 pontos
igualmente espaçados no intervalo $[-55, 65]$ (de facto, os gráficos de MATLAB
são sempre construídos por interpolação seccionalmente linear entre os pontos vizinhos). Note-se que a instrução x(end) fornece directamente a última
componente do vector x, sem ter de especificar o comprimento do vector. Na
Figura 3.5 os círculos a cheio correspondem aos valores utilizados para construir o polinómio interpolador, enquanto que os círculos vazios indicam os
valores não utilizados. Podemos apreciar a boa concordância qualitativa entre
a curva e a distribuição dos dados. ∎

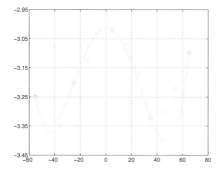

Figura 3.5. Polinómio de interpolação de grau 4 introduzido no Exemplo 3.1

O resultado seguinte permite avaliar o erro obtido ao substituir f pelo seu polinómio interpolador $\Pi_n f$:

Proposição 3.2 *Seja I um intervalo limitado, e consideremos $n+1$ nós de interpolação distintos $\{x_i, i = 0, \ldots, n\}$ em I. Seja f uma função continuamente diferenciável até à ordem $n + 1$ em I. Então $\forall x \in I \ \exists \xi \in I$ tal que*

$$E_n f(x) = f(x) - \Pi_n f(x) = \frac{f^{(n+1)}(\xi)}{(n+1)!} \prod_{i=0}^{n} (x - x_i) \qquad (3.5)$$

Obviamente, $E_n f(x_i) = 0$, $i = 0, \ldots, n$.

O resultado (3.5) pode especificar-se melhor no caso de uma distribuição uniforme de nós, quer dizer quando $x_i = x_{i-1} + h$ com $i = 1, \ldots, n$, dados $h > 0$ e x_0. No Exercício 3.1 estabelecemos que $\forall x \in (x_0, x_n)$ se tem

$$\left| \prod_{i=0}^{n} (x - x_i) \right| \leq n! \frac{h^{n+1}}{4}, \qquad (3.6)$$

e portanto

$$\max_{x \in I} |E_n f(x)| \leq \frac{\max\limits_{x \in I} |f^{(n+1)}(x)|}{4(n+1)} h^{n+1}. \qquad (3.7)$$

Infelizmente, não podemos deduzir de (3.7) que o erro tende para 0 quando $n \to \infty$, apesar de $h^{n+1}/[4(n+1)]$ tender para 0. Com efeito, como se observa no Exemplo 3.2, existem funções f para as quais o limite pode ser infinito, isto é

$$\lim_{n \to \infty} \max_{x \in I} |E_n f(x)| = \infty.$$

Este resultado surpreendente indica que, aumentando o grau n do polinómio de interpolação, não se obtém necessariamente uma melhor reconstrução de f. Por exemplo, se utilizarmos todos os dados da segunda coluna da Tabela 3.1, iremos obter o polinómio interpolador $\Pi_{12} f$, representado na Figura 3.6. Vê-se que o comportamento deste polinómio na vizinhança do extremo esquerda do intervalo é bem menos satisfatório que o obtido na Figura 3.5 usando muito menos nós. No exemplo seguinte mostra-se que ainda é possível obter resultados piores para uma certa classe de funções.

Exemplo 3.2 (Runge) Se a função $f(x) = 1/(1 + x^2)$ for interpolada em dois nós equidistantes no intervalo $I = (-5, 5)$, o erro $\max_{x \in I} |E_n f(x)|$ tende para infinito quando $n \to \infty$. Isto está ligado ao facto que se $n \to \infty$ a ordem de grandeza de $\max_{x \in I} |f^{(n+1)}(x)|$ pesa mais do que a ordem infinitesimal de $h^{n+1}/[4(n+1)]$, isto é $\max_{x \in I} |f^{(n+1)}(x)|$ tende mais rapidamente para infinito do que $h^{n+1}/[4(n+1)]$ tende para zero. Esta conclusão pode-se verificar calculando o máximo de f e das suas derivadas até à ordem 21 com as seguintes instruções de MATLAB:

```
» syms x; n=20; f=1/(1+x^2); df=diff(f,1);
» cdf = char(df);
» for i = 1:n+1, df = diff(df,1); cdfn = char(df);
   x=fzero(cdfn,0); M(i)=abs(eval(cdf)); cdf=cdfn;
  end
```

Os máximos dos valores absolutos das funções $f^{(n)}$, $n = 1, \ldots, 21$, guardam-se no vector M. Notar que o comando **char** converte a expressão simbólica **df** numa cadeia que pode ser calculada pela função **fzero**. Em particular, os máximos dos valores absolutos de $f^{(n)}$ para $n = 3$, 9, 15, 21 são:

```
» M([3,9,15,21]) =
  ans =
      4.6686e+00    3.2426e+05    1.2160e+12    4.8421e+19
```

enquanto que os valores correspondentes do máximo de $\displaystyle\prod_{i=0}^{n}(x - x_i)/(n + 1)!$

são:

```
» z = linspace(-5,5,10000);
» for n=0:20; h=10/(n+1); x=[-5:h:5];
    c=poly(x);
    r(n+1)=max(polyval(c,z));
    r(n+1)=r(n+1)/prod([1:n+2]);
  end
» r([3,9,15,21])

  ans =
      2.8935e+00    5.1813e-03    8.5854e-07    2.1461e-11
```

onde c=poly(x) é um vector cujas componentes são os coeficientes do polinómio   poly
que tem como raízes as componentes do vector x. Segue-se que $\max_{x \in I} |E_n f(x)|$
atinge os seguintes valores:

```
» format short e;
      1.3509e+01    1.6801e+03    1.0442e+06    1.0399e+09
```

para $n = 3$, 9, 15, 21, respectivamente.

A falta de convergência é igualmente posta em evidência pela presença de fortes oscilações no gráfico do polinómio de interpolador, quando comparado com o gráfico de f, particularmente na vizinhança dos extremos do intervalo (ver Figura 3.6, à *direita*). Este comportamento é conhecido pelo nome de *fenómeno de Runge*. ∎

Além de (3.7), pode-se também provar a seguinte desigualdade

$$\max_{x \in I}|f'(x) - (\Pi_n f)'(x)| \le Ch^n \max_{x \in I}|f^{(n+1)}(x)|,$$

onde C é uma constante independente de h. Por conseguinte, se aproximarmos a primeira derivada de f pela primeira derivada de $\Pi_n f$, perdemos uma ordem de convergência em h.

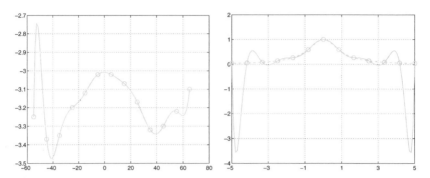

Figura 3.6. Dois exemplos do fenómeno de Runge: *à esquerda*, Π_{12} calculado com os dados da Tabela 3.1, coluna $K = 0.67$; *à direita*, $\Pi_{12}f$ (*linha contínua*) calculado em 13 nós equidistantes para a função $f(x) = 1/(1 + x^2)$ (*linha a tracejado*)

polyder   Em MATLAB, $(\Pi_n f)'$ pode-se calcular utilizando a instrução [d]= polyder(c), onde c é o vector de entrada contendo os coeficientes do polinómio interpolador, e d é o vector de saída contendo os coeficientes da sua primeira derivada (ver Secção 1.4.2).

polyderiv   Octave 3.1 O comando análogo em Octave é d=polyderiv(c).   ∎

Ver os Exercícios 3.1-3.4.

3.1.2 Interpolação de Chebyshev

O fenómeno de Runge pode ser evitado usando uma distribuição apropriada dos nós. Em particular, num intervalo arbitrário $[a, b]$, podemos considerar os chamados *nós de Chebyshev* (ver Figura 3.7, *à direita*)

$$x_i = \frac{a + b}{2} + \frac{b - a}{2}\widehat{x}_i, \text{ onde } \widehat{x}_i = -\cos(\pi i/n), \, i = 0, \ldots, n \quad (3.8)$$

Obviamente, $x_i = \widehat{x}_i$, $i = 0, \ldots, n$, quando $[a, b] = [-1, 1]$. Com efeito, para esta distribuição especial dos nós é possível mostrar que, se f for uma função contínua e diferenciável em $[a, b]$, $\Pi_n f$ converge para f quando $n \to \infty$, para todo $x \in [a, b]$.

Os nós de Chebyshev, que são as abcissas dos nós equidistantes sobre a semi-circunferência unitária, estão no interior de $[a, b]$ e acumulam-se próximo dos extremos deste intervalo (ver Figura 3.7).

Uma outra distribuição não uniforme dos nós no intervalo (a, b), com as mesmas propriedades de convergência dos nós de Chebyshev, é dada por

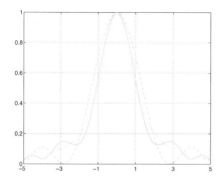
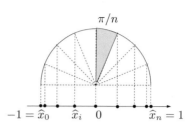

Figura 3.7. A imagem da esquerda mostra uma comparação entre a função $f(x) = 1/(1 + x^2)$ (*linha contínua fina*) e os seus polinómios de interpolação de Chebyshev de grau 8 (*linha a tracejado*) e 12 (*linha contínua*). Notar que a amplitude das oscilações parasitas diminui quando o grau aumenta. A imagem da direita mostra a distribuição dos nós de Chebyshev no intervalo $[-1, 1]$

$$x_i = \frac{a+b}{2} - \frac{b-a}{2} \cos\left(\frac{2i+1}{n+1}\frac{\pi}{2}\right), \quad i = 0, \ldots, n \qquad (3.9)$$

Exemplo 3.3 Considerando de novo a função f do exemplo de Runge, calculemos o seu polinómio de interpolação nos nós de Chebyshev. Estes últimos podem-se obter através das seguintes instruções de MATLAB:

```
» xc = -cos(pi*[0:n]/n); x = (a+b)*0.5+(b-a)*xc*0.5;
```

onde n+1 é o número de nós, e a e b são os extremos do intervalo de interpolação (no que segue escolhemos a=-5 e b=5). Calculamos então o polinómio interpolador com as seguintes instruções:

```
» f= '1./(1+x.^2)'; y = eval(f); c = polyfit(x,y,n);
```

Calculemos agora os valores absolutos das diferenças entre f e o seu interpolado de Chebyshev em 1001 pontos equidistantes no intervalo $[-5, 5]$ e tomemos o seu máximo:

```
» x = linspace(-5,5,1000); p=polyval(c,x);
» fx = eval(f); err = max(abs(p-fx));
```

Como vemos na Tabela 3.3, o máximo do erro diminui quando n aumenta. ∎

n	5	10	20	40
E_n	0.6386	0.1322	0.0177	0.0003

Tabela 3.3. Erro da interpolação de Chebyshev para a função de Runge $f(x) = 1/(1 + x^2)$

3.1.3 Interpolação trigonométrica e FFT

Pretende-se aproximar uma função periódica $f : [0, 2\pi] \to \mathbb{C}$, quer dizer, satisfazendo $f(0) = f(2\pi)$, por um polinómio trigonométrico $\tilde{f}$ que interpola f nos $n+1$ nós $x_j = 2\pi j/(n+1)$, $j = 0, \ldots, n$, ou seja

$$\tilde{f}(x_j) = f(x_j), \text{ para } j = 0, \ldots, n. \tag{3.10}$$

A *função de interpolação trigonométrica* $\tilde{f}$ é uma combinação linear de senos e cosenos.

Em particular, quando n é par, $\tilde{f}$ tem a forma

$$\tilde{f}(x) = \frac{a_0}{2} + \sum_{k=1}^{M} [a_k \cos(kx) + b_k \sin(kx)], \tag{3.11}$$

onde $M = n/2$ enquanto que, se n for ímpar,

$$\tilde{f}(x) = \frac{a_0}{2} + \sum_{k=1}^{M} [a_k \cos(kx) + b_k \sin(kx)] + a_{M+1} \cos((M+1)x), \tag{3.12}$$

onde $M = (n-1)/2$. Pode-se rescrever (3.11) na forma

$$\tilde{f}(x) = \sum_{k=-M}^{M} c_k e^{ikx}, \tag{3.13}$$

onde i é a unidade imaginária. Os coeficientes complexos c_k estão relacionados com os coeficientes a_k e b_k (também complexos) do seguinte modo:

$$a_k = c_k + c_{-k}, \quad b_k = i(c_k - c_{-k}), \quad k = 0, \ldots, M. \tag{3.14}$$

Com efeito, de (1.5) resulta $e^{ikx} = \cos(kx) + i\sin(kx)$ e

$$\sum_{k=-M}^{M} c_k e^{ikx} = \sum_{k=-M}^{M} c_k (\cos(kx) + i\sin(kx))$$

$$= \sum_{k=1}^{M} [c_k(\cos(kx) + i\sin(kx)) + c_{-k}(\cos(kx) - i\sin(kx))] + c_0.$$

Assim, deduzimos (3.11), tendo em conta as relações (3.14).

Analogamente, quando n é ímpar, (3.12) escreve-se

$$\tilde{f}(x) = \sum_{k=-(M+1)}^{M+1} c_k e^{ikx}, \tag{3.15}$$

onde os coeficientes c_k, para $k = 0, \ldots, M$, são os mesmos que anteriormente, enquanto que $c_{M+1} = c_{-(M+1)} = a_{M+1}/2$. Nos dois casos, podemos escrever

$$\tilde{f}(x) = \sum_{k=-(M+\mu)}^{M+\mu} c_k e^{ikx}, \qquad (3.16)$$

com $\mu = 0$, para n par e $\mu = 1$, para n ímpar. Se f tiver valores reais, os seus coeficientes c_k irão verificar $c_{-k} = \bar{c}_k$; de (3.14) deduz-se que os coeficientes a_k e b_k são todos reais.

Devido à sua analogia com as séries de Fourier, $\tilde{f}$ chama-se *série de Fourier discreta*. Impondo a condição de interpolação nos nós $x_j = jh$, com $h = 2\pi/(n+1)$, obtém-se

$$\sum_{k=-(M+\mu)}^{M+\mu} c_k e^{ikjh} = f(x_j), \qquad j = 0, \ldots, n. \qquad (3.17)$$

Para calcular os coeficientes $\{c_k\}$ multiplicam-se as equações (3.17) por $e^{-imx_j} = e^{-imjh}$, onde m é um inteiro entre 0 e n, e efectua-se a sua soma em j:

$$\sum_{j=0}^{n} \sum_{k=-(M+\mu)}^{M+\mu} c_k e^{ikjh} e^{-imjh} = \sum_{j=0}^{n} f(x_j) e^{-imjh}. \qquad (3.18)$$

Usamos agora a identidade:

$$\sum_{j=0}^{n} e^{ijh(k-m)} = (n+1)\delta_{km}.$$

Esta igualdade é evidentemente verdadeira se $k = m$. Quando $k \neq m$, temos

$$\sum_{j=0}^{n} e^{ijh(k-m)} = \frac{1 - (e^{i(k-m)h})^{n+1}}{1 - e^{i(k-m)h}}.$$

O numerador do membro da direita é nulo, uma vez que

$$1 - e^{i(k-m)h(n+1)} = 1 - e^{i(k-m)2\pi}$$

$$= 1 - \cos((k-m)2\pi) - i\sin((k-m)2\pi).$$

Por conseguinte, de (3.18) deduz-se a seguinte forma explícita para os coeficientes de $\tilde{f}$

$$c_k = \frac{1}{n+1} \sum_{j=0}^{n} f(x_j) e^{-ikjh}, \qquad k = -(M+\mu), \ldots, M+\mu \qquad (3.19)$$

O cálculo de todos os coeficientes $\{c_k\}$ pode-se efectuar com um número de operações da ordem de $n \log_2 n$ usando a *transformação rápida de Fourier* (FFT de *Fast Fourier Transform*), que está implementada no programa fft de MATLAB (ver Exemplo 3.4). Conclusões semelhantes verificam-se para a transformação de Fourier inversa, pela qual os valores $\{f(x_j)\}$ se obtêm a partir dos coeficientes $\{c_k\}$, e que possui características análogas. A transformação rápida de Fourier inversa está implementada no programa ifft de MATLAB

fft

ifft

Exemplo 3.4 Consideremos a função $f(x) = x(x - 2\pi)e^{-x}$, para $x \in [0, 2\pi]$. Para usar o programa fft de MATLAB calcula-se primeiro os valores de f nos nós $x_j = j\pi/5$ para $j = 0, \ldots, 9$, mediante as seguintes instruções (recorde-se que .* designa o produto de dois vectores componente a componente):

```
» x=pi/5*[0:9]; y=x.*(x-2*pi).*exp(-x);
```

Usando agora o comando fft de MATLAB calculamos o vector dos coeficientes de Fourier, Y= $(n + 1)[c_0, \ldots, c_{M+\mu}, c_{-M}, \ldots, c_{-1}]$, com as seguintes instruções:

```
» Y=fft(y);

Y =
  Columns 1 and 2:
   -6.52032 + 0.00000i   -0.46728 + 4.20012i
  Columns 3 and 4:
    1.26805 + 1.62110i    1.09849 + 0.60080i
  Columns 5 and 6:
    0.92585 + 0.21398i    0.87010 + 0.00000i
  Columns 7 and 8:
    0.92585 - 0.21398i    1.09849 - 0.60080i
  Columns 9 and 10:
    1.26805 - 1.62110i   -0.46728 - 4.20012i
```

Notar que o programa ifft terá a máxima eficiência quando n for uma potência de 2, apesar de funcionar para qualquer valor de n. ∎

interpft

O comando interpft permite obter a interpolação trigonométrica de um conjunto de dados. Requer como entrada um inteiro m e um vector cujas componentes representam os valores tomados por uma função (periódica de período p) nos pontos $x_j = jp/(n+1)$, $j = 0, \ldots, n$. interpft dá os m valores da função de interpolação trigonométrica, obtida pela transformada de Fourier, nos nós $t_i = ip/m$, $i = 0, \ldots, m - 1$. Por exemplo, consideremos de novo a função do Exemplo 3.4 em $[0, 2\pi]$ e os seus valores em 10 nós equidistantes $x_j = j\pi/5$, $j = 0, \ldots, 9$. Os valores da função de interpolação trigonométrica nos 100 nós equidistantes $t_i = i\pi/100$, $i = 0, \ldots, 99$ podem-se calcular do seguinte modo (ver Figura 3.8):

```
» x=pi/5*[0:9]; y=x.*(x-2*pi).*exp(-x);
» z=interpft(y,100);
```

Em certos casos, a precisão da interpolação trigonométrica pode degradar-se muito, como se observa no exemplo seguinte.

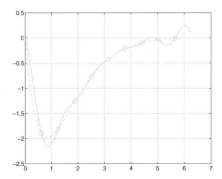

Figura 3.8. A função $f(x) = x(x - 2\pi)e^{-x}$ (*linha a tracejado*) e a correspondente interpolação trigonométrica (*linha contínua*) em 10 nós equidistantes

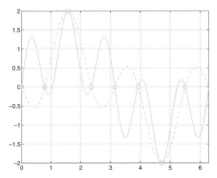

Figura 3.9. Os efeitos de *aliasing*: comparação entre a função $f(x) = \sin(x) + \sin(5x)$ (*linha contínua*) e a sua interpolada trigonométrica (3.11) com $M = 3$ (*linha a tracejado*)

Exemplo 3.5 Aproximemos a função $f(x) = f_1(x) + f_2(x)$, com $f_1(x) = \sin(x)$ e $f_2(x) = \sin(5x)$, usando nove nós equidistantes no intervalo $[0, 2\pi]$. A Figura 3.9 mostra o resultado. Notar que em alguns intervalos a aproximação trigonométrica apresenta mesmo inversões de fase relativamente à função f. ■

Esta falta de precisão pode-se explicar do seguinte modo. Nos nós considerados, a função f_2 coincide com $f_3(x) = -\sin(3x)$, que tem uma frequência mais fraca (ver Figura 3.10). A função efectivamente aproximada é, por conseguinte, $F(x) = f_1(x) + f_3(x)$ e não $f(x)$ (de facto, a linha a tracejado da Figura 3.9 coincide com F).

Este fenómeno é conhecido pelo nome de *aliasing* e pode ocorrer quando a função a aproximar for a soma de várias componentes com frequências distintas. Se o número de nós não for suficiente para resolver as frequências mais altas, estas podem interferir com as baixas frequências, o que dará origem a interpolações imprecisas. Para obter uma melhor aproximação para funções com frequências mais altas, é preciso aumentar o número de nós de interpolação.

Um exemplo da vida real em que se verifica um fenómeno de *aliasing* é a inversão aparente do sentido de rotação dos raios de uma roda. Quando se atinge uma velocidade crítica, o cérebro humano deixa de ser capaz de produzir uma amostragem correcta dos movimentos, produzindo assim imagens distorcidas.

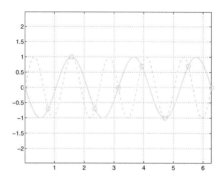

Figura 3.10. O fenómeno de *aliasing*: as funções sin(5x) (*linha a tracejado*) e − sin(3x) (*linha a ponteado*) tomam os mesmos valores nos nós de interpolação. Isto explica a grande perda de precisão observada na Figura 3.9

 Em resumo

1. Aproximar um conjunto de dados ou uma função f em $[a, b]$ consiste em determinar uma função apropriada $\tilde{f}$ que os represente com precisão suficiente;
2. a técnica de interpolação consiste em determinar uma função $\tilde{f}$ tal que $\tilde{f}(x_i) = y_i$, onde os $\{x_i\}$ são os nós dados e os $\{y_i\}$ são os valores $\{f(x_i)\}$ ou um conjunto de valores fixados;
3. se os $n + 1$ nós $\{x_i\}$ forem distintos, existirá um único polinómio de grau menor ou igual a n que interpola os valores dados $\{y_i\}$ nos nós $\{x_i\}$;
4. para uma distribuição equidistante de nós em $[a, b]$ o erro de interpolação num ponto qualquer de $[a, b]$ não tende necessariamente para 0 quando n tende para infinito. No entanto, existem distribuições especiais de nós, por exemplo os nós de Chebyshev, para os quais esta propriedade de convergência se verifica para todas as funções contínuas;
5. a interpolação trigonométrica está bem adaptada à aproximação de funções periódicas, e baseia-se na escolha de $\tilde{f}$ como combinação

linear de senos e cosenos. A FFT é um algoritmo muito eficiente que permite o cálculo dos coeficientes de Fourier de uma função de interpolação trigonométrica a partir dos seus valores nodais e admite uma inversa, igualmente rápida, a IFFT.

3.2 Interpolação seccionalmente linear

A interpolação de Chebyshev permite uma aproximação precisa de funções regulares f cuja expressão é conhecida. Se f não for regular ou se f só for conhecida pelos seus valores num dado conjunto de pontos (que não coincidem com os nós de Chebyshev), pode-se recorrer a outro método de interpolação, que se chama interpolação linear composta.

Concretamente, dada uma distribuição (não necessariamente uniforme) de nós $x_0 < x_1 < \ldots < x_n$, designa-se por I_i o intervalo $[x_i, x_{i+1}]$. Aproxima-se f por uma função contínua que, em cada intervalo, está definida pelo segmento que une os dois pontos $(x_i, f(x_i))$ e $(x_{i+1}, f(x_{i+1}))$ (ver Figura 3.11). Esta função, representada por $\Pi_1^H f$, chama-se *polinómio de interpolação seccionalmente linear* de f e tem a expressão

$$\Pi_1^H f(x) = f(x_i) + \frac{f(x_{i+1}) - f(x_i)}{x_{i+1} - x_i}(x - x_i) \qquad \text{for } x \in I_i.$$

O expoente H designa o comprimento do maior intervalo I_i.

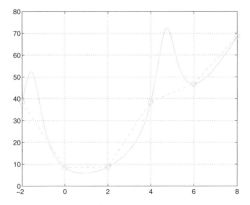

Figura 3.11. A função $f(x) = x^2 + 10/(\sin(x) + 1.2)$ (*linha contínua*) e a sua interpolação polinomial seccionalmente linear $\Pi_1^H f$ (*linha a tracejado*)

O resultado seguinte deduz-se de (3.7) para $n = 1$ e $h = H$:

Proposição 3.3 *Se $f \in C^2(I)$, onde $I = [x_0, x_n]$, então*

$$\max_{x \in I}|f(x) - \Pi_1^H f(x)| \leq \frac{H^2}{8}\max_{x \in I}|f''(x)|.$$

Por conseguinte, para todo o x no intervalo de interpolação, $\Pi_1^H f(x)$ tende para $f(x)$ quando $H \to 0$, desde que f seja suficientemente regular.

interp1   Com a instrução s1=interp1(x,y,z) podemos calcular os valores em pontos arbitrários, guardados no vector z, do polinómio seccionalmente linear que interpola os valores y(i) nos nós x(i), para i = 1,...,n+1. Notar que z pode ter dimensão arbitrária. Se os nós estiverem colocados por ordem crescente (isto é, x(i+1) > x(i), para i=1,...,n) podemos

interp1q   usar uma versão mais rápida interp1q (q vem do inglês *quickly*). Observar que a função interp1q não faz qualquer verificação sobre os dados de entrada, sendo por isso mais rápida do que a função interp1 em nós não uniformemente espaçados.

É interessante notar que o comando fplot, utilizado para exibir o gráfico de uma função f num dado intervalo $[a, b]$, substitui efectivamente a função pela sua interpolação seccionalmente linear. O conjunto dos nós de interpolação são gerados automaticamente a partir da função, seguindo o critério de agrupar estes nós em torno dos pontos onde f apresenta fortes variações. Um procedimento deste tipo diz-se *adaptativo*.

Octave 3.2 interp1q não está disponível em Octave.   ∎

3.3 Aproximação por funções *spline*

Tal como se definiu a interpolação seccionalmente linear, também se pode definir a interpolação seccionalmente de grau $n \geq 2$. Por exemplo, a interpolação seccionalmente quadrática $\Pi_2^H f$ é uma função contínua polinomial de grau 2 que, em cada intervalo I_i substitui f pelo seu polinómio de interpolação quadrática nos extremos de I_i e no seu ponto médio. Se $f \in C^3(I)$, o erro $f - \Pi_2^H f$ na norma do máximo decresce como H^3 quando H tende para zero.

O principal inconveniente desta interpolação por secções é que $\Pi_k^H f$ com $k \geq 1$, não é mais do que uma função globalmente contínua. Na realidade, em numerosas aplicações, por exemplo em gráficos por computador, é preferível obter aproximações por funções regulares que tenham pelo menos uma derivada contínua.

Com este objectivo, pode-se construir uma função s_3 com as seguintes propriedades:

1. em cada intervalo $I_i = [x_i, x_{i+1}]$, para $i = 0, \ldots, n-1$, s_3 é um polinómio de grau 3 que interpola os pares de valores $(x_j, f(x_j))$ para $j = i, i+1$;
2. s_3 tem a primeira e segunda derivadas contínuas nos nós x_i, $i = 1, \ldots, n-1$.

Para determinar completamente s_3, são necessárias quatro condições em cada intervalo, isto é, um total de $4n$ equações, repartidas do seguinte modo:

- $n+1$ condições resultam da propriedade de interpolação nos nós x_i, $i = 0, \ldots, n$;
- $n-1$ equações adicionais traduzem a continuidade do polinómio nos nós internos $x_1, \ldots, x_{n-1}$;
- $2(n-1)$ novas equações obtêm-se exigindo a continuidade da primeira e segunda derivadas nos nós internos.

Faltam-nos ainda duas equações adicionais, que poderemos por exemplo escolher:

$$s_3''(x_0) = 0, \ s_3''(x_n) = 0. \tag{3.20}$$

A função s_3 assim obtida, chama-se um *spline cúbico natural de interpolação* (ou *spline cúbico natural*).

Escolhendo convenientemente as incógnitas para representar s_3 (ver [QSS07, Secção 8.6.1]), chegamos a um sistema $(n+1) \times (n+1)$ de matriz tridiagonal que se pode resolver com um número de operações proporcional a n (ver Secção 5.4) cujas soluções são os valores $s''(x_i)$ para $i = 0, \ldots, n$.

Usando o Programa 3.1, esta solução pode-se obter com um número de operações igual à dimensão do próprio sistema (ver Secção 5.4). Os parâmetros de entrada são os vectores x e y contendo os nós e os dados a interpolar, e o vector zi das abcissas onde se pretende calcular o *spline* s_3.

Para fechar o sistema de equações podem-se escolher outras condições diferentes de (3.20); por exemplo, podemos impor o valor da primeira derivada de s_3 em ambos os extremos x_0 e x_n.

Caso nada se especifique em contrário, o Programa 3.1 calcula o *spline* cúbico natural de interpolação. Os parâmetros óptimos type e der (um vector com duas componentes) permitem escolher outros tipos de *splines*. Com type=0 o Programa 3.1 calcula o *spline* cúbico de interpolação cuja primeira derivada é dada por der(1) em x_0 e der(2) em x_n. Com type=1 obtemos o *spline* cúbico de interpolação cuja segunda derivada nos pontos extremos é dada por der(1) em x_0 e der(2) em x_n.

Programa 3.1. cubicspline: spline cúbico de interpolação

```
function s=cubicspline(x,y,zi,type,der)
%CUBICSPLINE calcula um spline cúbico
% S=CUBICSPLINE(X,Y,ZI) calcula o valor nas
% abcissas ZI do spline cúbico natural
% que interpola os valores Y nos nós X.
% S=CUBICSPLINE(X,Y,ZI,TYPE,DER) se TYPE=0 calcula os
% valores nas abcissas ZI do spline cúbico
% que interpola os valores Y e cuja primeira derivada
% nos extremos é igual a DER(1) e DER(2).
% Se TYPE=1 então DER(1) e DER(2) são os valores
% da segunda derivada nos extremos.
[n,m]=size(x);
if n == 1
    x = x';    y = y';    n = m;
end
if nargin == 3
    der0 = 0; dern = 0; type = 1;
else
    der0 = der(1); dern = der(2);
end
h = x(2:end)-x(1:end-1);
e = 2*[h(1); h(1:end-1)+h(2:end); h(end)];
A = spdiags([[h; 0] e [0; h]],-1:1,n,n);
d = (y(2:end)-y(1:end-1))./h;
rhs = 3*(d(2:end)-d(1:end-1));
if type == 0
    A(1,1) = 2*h(1);    A(1,2) = h(1);
    A(n,n) = 2*h(end); A(end,end-1) = h(end);
    rhs = [3*(d(1)-der0); rhs; 3*(dern-d(end))];
else
    A(1,:) = 0; A(1,1) = 1;
    A(n,:) = 0; A(n,n) = 1;
    rhs = [der0; rhs; dern];
end
S = zeros(n,4);
S(:,3) = A\rhs;
for m = 1:n-1
    S(m,4) = (S(m+1,3)-S(m,3))/3/h(m);
    S(m,2) = d(m) - h(m)/3*(S(m + 1,3)+2*S(m,3));
    S(m,1) = y(m);
end
S = S(1:n-1, 4:-1:1);
pp = mkpp(x,S);    s = ppval(pp,zi);
return
```

spline   O comando spline (ver também a *toolbox* splines) de MATLAB
obriga a terceira derivada de s_3 a ser contínua em x_1 e x_{n-1}. A esta
condição dá-se o nome curioso de *condição not-a-knot*. Os parâmetros de
entrada são os vectores x e y e o vector zi (com o significado anterior). Os
mkpp   comandos mkpp e ppval, usados no Programa 3.1, servem para construir
ppval   e avaliar um polinómio composto.

Exemplo 3.6 Consideremos de novo os dados da Tabela 3.1 correspondentes
à coluna $K = 0.67$ e calculemos o *spline* cúbico associado s_3. Os diferentes

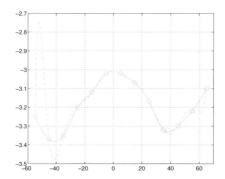

Figura 3.12. Comparação entre o *spline* cúbico e o polinómio de interpolação de Lagrange no caso do Exemplo 3.6

valores da latitude são os nós x_i, $i = 0, \ldots, 12$. Para calcular os valores $s_3(z_i)$, onde $z_i = -55 + i$, $i = 0, \ldots, 120$, procede-se do seguinte modo:

```
» x = [-55:10:65];
» y = [-3.25 -3.37 -3.35 -3.2 -3.12 -3.02 -3.02 ...
       -3.07 -3.17 -3.32 -3.3 -3.22 -3.1];
» z = [-55:1:65];
» s = spline(x,y,z);
```

O gráfico de s_3, traçado na Figura 3.12, parece mais conveniente do que o polinómio de interpolação de Lagrange nos mesmos nós.   ∎

Exemplo 3.7 (Robótica) Para encontrar a trajectória do robot satisfazendo as restrições dadas, divide-se o intervalo de tempo $[0, 5]$ em dois subintervalos $[0, 2]$ e $[2, 5]$. Em cada subintervalo procuram-se então dois *splines*, $x = x(t)$ e $y = y(t)$, que interpolam os dados e que têm derivada nula nos extremos. Utiliza-se o Programa 3.1 para obter a solução mediante as instruções:

```
» x1 = [0 1 4]; y1 = [0 2 4];
» t1 = [0 1 2]; ti1 = [0:0.01:2];
» x2 = [0 3 4]; y2 = [0 1 4];
» t2 = [0 2 3]; ti2 = [0:0.01:3]; d=[0,0];
» six1 = cubicspline(t1,x1,ti1,0,d);
» siy1 = cubicspline(t1,y1,ti1,0,d);
» six2 = cubicspline(t2,x2,ti2,0,d);
» siy2 = cubicspline(t2,y2,ti2,0,d);
```

A trajectória está representada na Figura 3.13.   ∎

O erro cometido na aproximação da função f (continuamente diferenciável até à quarta derivada) pelo seu *spline* cúbico natural, satisfaz a seguinte desigualdade

$$\max_{x \in I} |f^{(r)}(x) - s_3^{(r)}(x)| \leq C_r H^{4-r} \max_{x \in I} |f^{(4)}(x)|, \ r = 0, 1, 2, 3,$$

onde $I = [x_0, x_n]$ e $H = \max_{i=0,\ldots,n-1}(x_{i+1} - x_i)$, e C_r é uma constante apropriada que depende de r, mas que não depende de H. Fica assim

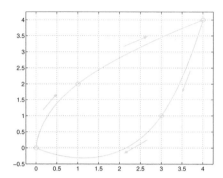

Figura 3.13. Trajectória no plano xy do robot descrito no Problema 3.4. Os círculos representam a posição dos pontos de controlo nos quais o robot deveria passar no seu movimento

claro que não apenas f, mas também as suas primeira, segunda e terceira derivadas são bem aproximadas por s_3 quando H tende para 0.

Observação 3.1 Em general os *splines* cúbicos não conservam a monotonia entre os nós vizinhos. Por exemplo, ao aproximar o primeiro quadrante da circunferência unitária usando os pontos $(x_k = \sin(k\pi/6), y_k = \cos(k\pi/6))$, para $k = 0, \dots, 3$, obtém-se um *spline* oscilatório (ver Figura 3.14). Nestes casos, podem tornar-se mais apropriadas outras técnicas de aproximação. Por

pchip   exemplo, o comando pchip de MATLAB calcula a interpolação de Hermite seccionalmente cúbica, que é localmente monótona e interpola a função e a sua primeira derivada nos nós $\{x_i, i = 1, \dots, n-1\}$ (ver Figura 3.14). A interpolação de Hermite pode obter-se com as seguintes instruções:

```
» t = linspace(0,pi/2,4)
» x = cos(t); y = sin(t);
» xx = linspace(0,1,40);
» plot(x,y,'o',xx,[pchip(x,y,xx);spline(x,y,xx)])
```
  ●

Ver os Exercícios 3.5-3.8.

3.4 O método dos mínimos quadrados

Tal como já se referiu, aumentar o grau de um polinómio interpolador de Lagrange nem sempre garante uma melhor aproximação de uma dada função. Este problema pode-se resolver com a interpolação composta (à custa de polinómios seccionalmente lineares ou de *splines*). Contudo, nenhum dos métodos se adapta à extrapolação de informações a partir dos dados disponíveis, isto é, à geração de novos valores em pontos situados fora do intervalo que contém os nós de interpolação.

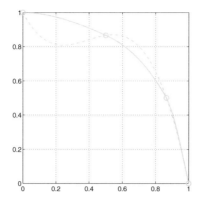

Figura 3.14. Aproximação do primeiro quadrante da circunferência unitária usando apenas 4 nós. A linha a tracejado representa o *spline* cúbico, enquanto que a linha contínua representa a interpolação de Hermite seccionalmente cúbica

Exemplo 3.8 (Finanças) Com base nos dados representados na Figura 3.1, gostaríamos de prever se o preço da acção irá aumentar ou diminuir nos próximos dias. A interpolação polinomial de Lagrange é impraticável por exigir o cálculo de um polinómio (extremamente oscilante) de grau 719 e conduzir a uma previsão completamente incorrecta. Por outro lado, a interpolação seccionalmente linear, cujo gráfico se representa na Figura 3.1, conduz a resultados extrapolados que se baseiam apenas nos valores dos últimos dois dias, ignorando completamente a história anterior. Para obter um melhor resultado deverá abandonar-se o princípio da interpolação, utilizando o método dos mínimos quadrados abaixo indicado. ∎

Consideremos os dados $\{(x_i, y_i), i = 0, \ldots, n\}$, onde agora os y_i representam os valores $f(x_i)$ de uma dada função f nos nós x_i. Dado um inteiro $m \geq 1$ (em geral, $m \ll n$) procura-se um polinómio $\tilde{f} \in \mathbb{P}_m$ que verifique a desigualdade

$$\sum_{i=0}^{n} [y_i - \tilde{f}(x_i)]^2 \leq \sum_{i=0}^{n} [y_i - p_m(x_i)]^2 \qquad (3.21)$$

para todo o polinómio $p_m \in \mathbb{P}_m$. Se existir, $\tilde{f}$ será chamada *aproximação dos mínimos quadrados* em $\mathbb{P}_m$ relativa aos dados $\{(x_i, y_i), i = 0, \ldots, n\}$. Em geral, não é possível garantir que $\tilde{f}(x_i) = y_i$ para $i = 0, \ldots, n$, a não ser quando $m \geq n$.

Fazendo

$$\tilde{f}(x) = a_0 + a_1 x + \ldots + a_m x^m, \qquad (3.22)$$

onde os coeficientes $a_0, \ldots, a_m$ são desconhecidos, o problema (3.21) pode ser reformulado do seguinte modo: determinar $a_0, a_1, \ldots, a_m$ tais que

$$\Phi(a_0, a_1, \ldots, a_m) = \min_{\{b_i, \ i=0,\ldots,m\}} \Phi(b_0, b_1, \ldots, b_m),$$

onde

$$\Phi(b_0, b_1, \ldots, b_m) = \sum_{i=0}^{n} \left[y_i - (b_0 + b_1 x_i + \ldots + b_m x_i^m) \right]^2.$$

Resolvemos este problema no caso particular em que $m = 1$. Dado que

$$\Phi(b_0, b_1) = \sum_{i=0}^{n} \left[y_i^2 + b_0^2 + b_1^2 x_i^2 + 2b_0 b_1 x_i - 2b_0 y_i - 2b_1 x_i y_i^2 \right],$$

o gráfico de Φ é um parabolóide convexo. O ponto (a_0, a_1) em que Φ atinge o seu mínimo satisfaz as condições

$$\frac{\partial \Phi}{\partial b_0}(a_0, a_1) = 0, \qquad \frac{\partial \Phi}{\partial b_1}(a_0, a_1) = 0,$$

onde o símbolo $\partial \Phi / \partial b_j$ designa a derivada parcial (isto é, a taxa de variação) de Φ relativamente a b_j, fixando as restantes variáveis (ver definição 8.3).

Calculando explicitamente as duas derivadas parciais obtemos

$$\sum_{i=0}^{n} [a_0 + a_1 x_i - y_i] = 0, \ \sum_{i=0}^{n} [a_0 x_i + a_1 x_i^2 - x_i y_i] = 0,$$

que é um sistema de duas equações a duas incógnitas a_0 e a_1:

$$\begin{aligned}
a_0(n+1) + a_1 \sum_{i=0}^{n} x_i &= \sum_{i=0}^{n} y_i, \\
a_0 \sum_{i=0}^{n} x_i + a_1 \sum_{i=0}^{n} x_i^2 &= \sum_{i=0}^{n} y_i x_i.
\end{aligned} \qquad (3.23)$$

Fazendo $D = (n+1) \sum_{i=0}^{n} x_i^2 - \left(\sum_{i=0}^{n} x_i \right)^2$, a solução escreve-se:

$$\begin{aligned}
a_0 &= \frac{1}{D} \left(\sum_{i=0}^{n} y_i \sum_{j=0}^{n} x_j^2 - \sum_{j=0}^{n} x_j \sum_{i=0}^{n} x_i y_i \right), \\
a_1 &= \frac{1}{D} \left((n+1) \sum_{i=0}^{n} x_i y_i - \sum_{j=0}^{n} x_j \sum_{i=0}^{n} y_i \right).
\end{aligned} \qquad (3.24)$$

O polinómio correspondente $\tilde{f}(x) = a_0 + a_1 x$ chama-se a *recta dos mínimos quadrados*, ou *recta de regressão*.

Esta aproximação pode-se generalizar de várias maneiras. A primeira generalização é para o caso de m arbitrário. O sistema linear $(m+1) \times (m+1)$ associado, que é simétrico, terá a forma:

$$
\begin{aligned}
a_0(n+1) + a_1 \sum_{i=0}^{n} x_i &+ \ldots + a_m \sum_{i=0}^{n} x_i^m = \sum_{i=0}^{n} y_i, \\
a_0 \sum_{i=0}^{n} x_i + a_1 \sum_{i=0}^{n} x_i^2 &+ \ldots + a_m \sum_{i=0}^{n} x_i^{m+1} = \sum_{i=0}^{n} x_i y_i, \\
&\vdots \\
a_0 \sum_{i=0}^{n} x_i^m + a_1 \sum_{i=0}^{n} x_i^{m+1} &+ \ldots + a_m \sum_{i=0}^{n} x_i^{2m} = \sum_{i=0}^{n} x_i^m y_i.
\end{aligned}
$$

Quando $m = n$, o polinómio dos mínimos quadrados deverá coincidir com o polinómio de interpolação de Lagrange Π_n (ver Exercício 3.9).

O comando `c=polyfit(x,y,m)` de MATLAB calcula por defeito os coeficientes do polinómio de grau `m` que aproxima `n+1` pares de dados (`x(i),y(i)`) no sentido dos mínimos quadrados. Como já se assinalou na Secção 3.1.1, quando `m` é igual a `n` o comando devolve o polinómio de interpolação.

Exemplo 3.9 (Finanças) Na Figura 3.15 traçamos os gráficos dos polinómios de graus 1,2 e 4 que aproximam os dados da Figura 3.1 no sentido dos mínimos quadrados. O polinómio de grau 4 reproduz razoavelmente o comportamento do preço da acção no intervalo de tempo considerado e sugere que num futuro próximo a cotação irá aumentar. ■

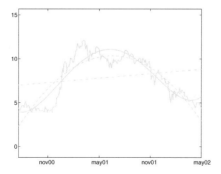

Figura 3.15. Aproximação dos dados do Problema 3.2 no sentido dos mínimos quadrados de grau 1 (*linha de traços e pontos*), grau 2 (*linha a tracejado*) e grau 4 (*linha contínua espessa*). Os dados exactos estão representados pela *linha contínua fina*

Exemplo 3.10 (Biomecânica) Usando o método dos mínimos quadrados podemos responder à questão do Problema 3.3 e descobrir que a recta que melhor aproxima os dados tem por equação $\epsilon(\sigma) = 0.3471\sigma + 0.0654$ (ver Figura 3.16); quando $\sigma = 0.9$ dá a estimativa $\epsilon = 0.2915$ para a deformação.∎

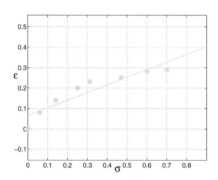

Figura 3.16. Aproximação linear no sentido dos mínimos quadrados dos dados do Problema 3.3

Uma outra generalização da aproximação dos mínimos quadrados consiste em usar em (3.21) funções $\tilde{f}$ e p_m que já não sejam polinómios mas funções de um espaço vectorial V_m gerado por $m + 1$ funções linearmente independentes $\{\psi_j, j = 0, \ldots, m\}$. Podemos considerar, por exemplo, as funções trigonométricas $\psi_j(x) = \cos(\gamma j x)$ (para um dado parâmetro $\gamma \neq 0$), as funções exponenciais $\psi_j(x) = e^{\delta j x}$ (para algum $\delta > 0$), ou um conjunto apropriado de funções *spline*.

A escolha das funções $\{\psi_j\}$ é de facto ditada pelo comportamento suposto para a lei subjacente à distribuição dos dados. Por exemplo, na Figura 3.17 traçamos o gráfico da aproximação no sentido dos mínimos quadrados dos dados do Exemplo 3.1, escolhendo as funções trigonométricas $\psi_j(x) = \cos(jt(x))$, $j = 0, \ldots, 4$, com $t(x) = 120(\pi/2)(x + 55)$. Supomos que os dados são periódicos de período $120(\pi/2)$.

O leitor poderá verificar que as componentes de

$$\tilde{f}(x) = \sum_{j=0}^{m} a_j \psi_j(x),$$

são soluções do seguinte sistema (de *equações normais*)

$$\boxed{B^T B a = B^T y} \tag{3.25}$$

onde B é a matriz rectangular $(n+1) \times (m+1)$ de elementos $b_{ij} = \psi_j(x_i)$, **a** é o vector das incógnitas, e **y** é o vector dos dados.

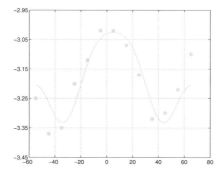

Figura 3.17. Aproximação no sentido dos mínimos quadrados dos dados do Problema 3.1 usando uma base de cosenos. Os dados exactos estão representados pelos pequenos círculos

Em resumo

1. A interpolada linear composta de uma função f é uma função seccionalmente linear e contínua $\tilde{f}$, que interpola f num dado conjunto de nós $\{x_i\}$. Com esta aproximação evitam-se os fenómenos de tipo Runge quando aumenta o número de nós;
2. a interpolação por *splines* cúbicos permite a aproximação de f por uma função seccionalmente cúbica $\tilde{f}$ que é contínua juntamente com as suas primeira e segunda derivadas;
3. a aproximação dos mínimos quadrados consiste em procurar uma aproximação $\tilde{f}$ polinomial de grau m (tipicamente $m \ll n$) que minimiza o erro médio quadrático $\sum_{i=0}^{n}[y_i - \tilde{f}(x_i)]^2$. O mesmo critério de minimização poderá ser aplicado a classes de funções não polinomiais.

Ver os Exercícios 3.9-3.14.

3.5 O que não vos foi dito

Para uma introdução mais geral à teoria da interpolação e da aproximação, o leitor poderá consultar, por exemplo [Dav63], [Mei67] e [Gau97].

A interpolação polinomial pode-se também utilizar para aproximar dados e funções em várias dimensões. Em particular, a interpolação composta, baseada em funções seccionalmente lineares ou em funções *spline*, adapta-se bem sempre que o domínio Ω se possa subdividir em polígonos em 2D (triângulos ou quadriláteros) e em poliedros em 3D (tetraedros ou prismas).

No caso particular em que Ω é um rectângulo ou um paralelipípedo podem-se utilizar os comandos interp2, ou interp3, respectivamente. Em ambos os casos supõe-se que se quer representar numa malha (ou grelha) fina regular uma função cujos valores se conhecem numa malha regular mais grosseira.

Consideremos, por exemplo, os valores de $f(x, y) = \sin(2\pi x) \cos(2\pi y)$ numa malha de 6×6 nós equidistantes no quadrado $[0, 1]^2$; estes valores podem-se obter usando os comandos:

```
» [x,y]=meshgrid(0:0.2:1,0:0.2:1);
» z=sin(2*pi*x).*cos(2*pi*y);
```

Com o comando **interp2** calcula-se um *spline* cúbico, primeiro na malha grosseira, e depois numa malha mais fina de 21×21 nós equidistantes:

```
» xi = [0:0.05:1]; yi=[0:0.05:1];
» [xf,yf]=meshgrid(xi,yi);
» pi3=interp2(x,y,z,xf,yf);
```

O comando meshgrid transforma o conjunto dos pares (xi(k),yi(j)) em duas matrizes xf e yf que podem ser usadas para calcular funções de duas variáveis ou para traçar superfícies tridimensionais. As linhas da matriz xf são cópias do vector xi e as colunas da matriz yf são cópias do vector yi. Em alternativa, podemos usar o comando griddata, disponível também para dados tridimensionais (griddata3) e para a aproximação de superfícies em n dimensões (griddatan).

Os comandos descritos abaixo são apenas para MATLAB.

Se Ω for um domínio bidimensional de forma arbitrária, poderá decompor-se em triângulos usando a interface gráfica pdetool.

Para uma apresentação geral das funções *spline* ver, por exemplo, [Die93] e [PBP02]. A *toolbox* **splines** de MATLAB permite explorar diversas aplicações dos *splines*. Em particular, o comando spdemos permite ao utilizador investigar as propriedades dos principais tipos de funções *spline*. Os *splines* racionais, isto é, os quocientes de duas funções *spline*, são obtidos com os comandos rpmak e rsmak. Exemplos especiais são os chamados *splines* NURBS, muito usados em CAGD (do inglês *Computer Assisted Geometric Design*).

No mesmo contexto da aproximação de Fourier, mencionamos a aproximação por *onduletas*. Este tipo de aproximação é amplamente usada na reconstrução e compressão de imagens e em análise do sinal (para uma introdução, ver [DL92], [Urb02]). Na *toolbox* wavelet de MAT-LAB. pode-se encontrar uma colecção rica de onduletas (e aplicações).

3.6 Exercícios

Exercício 3.1 Mostrar a desigualdade (3.6).

Exercício 3.2 Obter um majorante do erro de interpolação de Lagrange para as seguintes funções:

$$f_1(x) = \cosh(x), \ f_2(x) = \sinh(x), \ x_k = -1 + 0.5k, \ k = 0, \ldots, 4,$$
$$f_3(x) = \cos(x) + \sin(x), \qquad\qquad x_k = -\pi/2 + \pi k/4, \ k = 0, \ldots, 4.$$

Exercício 3.3 Os dados seguintes referem-se à esperança de vida dos habitantes de duas regiões da Europa:

	1975	1980	1985	1990
Europa Ocidental	72.8	74.2	75.2	76.4
Europa Oriental	70.2	70.2	70.3	71.2

Usar o polinómio de interpolação de grau 3 para estimar a esperança de vida em 1970, 1983 e 1988. Extrapolar em seguida um valor para o ano 1995. É sabido que a esperança de vida em 1970 era de 71.8 anos para os habitantes da Europa Ocidental, e de 69.6 para os da Europa Oriental. Com estes dados, será possível estimar a precisão da esperança de vida prevista para 1995?

Exercício 3.4 O preço (em euros) de uma revista evoluiu da seguinte maneira:

Nov.87	Dez.88	Nov.90	Jan.93	Jan.95	Jan.96	Nov.96	Nov.00
4.5	5.0	6.0	6.5	7.0	7.5	8.0	8.0

Estimar o preço em Novembro de 2002 extrapolando estes dados.

Exercício 3.5 Repetir os cálculos efectuados no Exercício 3.3, usando agora o *spline* cúbico de interpolação calculado com a função `spline`. Comparar em seguida os resultados obtidos com os dois métodos.

Exercício 3.6 Na tabela seguinte indicam-se os valores da densidade da água do mar ρ (em $\mathrm{Kg/m}^3$) correspondentes a diferentes valores da temperatura T (em graus Celsius):

T	4°	8°	12°	16°	20°
ρ	1000.7794	1000.6427	1000.2805	999.7165	998.9700

Calcular o *spline* cúbico de interpolação associado, em 4 subintervalos do intervalo de temperatura $[4, 20]$. Em seguida comparar os resultados obtidos pelo *spline* de interpolação com os valores (que correspondem a valores adicionais de T):

T	6°	10°	14°	18°
ρ	1000.74088	1000.4882	1000.0224	999.3650

Exercício 3.7 A produção italiana de cítricos evoluiu do seguinte modo:

ano	1965	1970	1980	1985	1990	1991
produção ($\times 10^5$ Kg)	17769	24001	25961	34336	29036	33417

Utilizar *splines* cúbicos de interpolação de diferentes tipos para estimar a produção em 1962, 1977 e 1992. Comparar estes resultados com os valores reais: 12380, 27403 e 32059, respectivamente. Comparar os resultados com os que se obteriam recorrendo ao polinómio de interpolação de Lagrange.

Exercício 3.8 Determinar a função $f(x) = \sin(2\pi x)$ em 21 nós equidistantes no intervalo $[-1, 1]$. Calcular o polinómio de interpolação de Lagrange e o *spline* cúbico de interpolação. Comparar os gráficos destas duas funções com o de f no intervalo dado. Repetir o mesmo cálculo usando o seguinte conjunto de dados perturbados: $f(x_i) = \sin(2\pi x_i) + (-1)^{i+1} 10^{-4}$, e observar que o polinómio de interpolação de Lagrange é mais sensível a pequenas perturbações do que o *spline* cúbico.

Exercício 3.9 Verificar que se $m = n$ o polinómio dos mínimos quadrados de uma função f nos nós $x_0, \dots, x_n$ coincide com o polinómio interpolador $\Pi_n f$ nos mesmos nós.

Exercício 3.10 Calcular o polinómio dos mínimos quadrados de grau 4 que aproxima os valores de K dados nas diferentes colunas da Tabela 3.1.

Exercício 3.11 Repetir os cálculos do Exercício 3.7 usando uma aproximação dos mínimos quadrados de grau 3.

Exercício 3.12 Exprimir os coeficientes do sistema (3.23) em função da *média* $M = \frac{1}{(n+1)} \sum_{i=0}^{n} x_i$ e da *variância* $v = \frac{1}{(n+1)} \sum_{i=0}^{n} (x_i - M)^2$ do conjunto de dados $\{x_i, i = 0, \dots, n\}$.

Exercício 3.13 Verificar que a recta de regressão passa pelo ponto cuja abcissa é a média dos $\{x_i\}$ e cuja ordenada é a média dos $\{f(x_i)\}$.

Exercício 3.14 Os seguintes números

caudal	0	35	0.125	5	0	5	1	0.5	0.125	0

representam os valores do caudal sanguíneo numa secção transversal da artéria carótida observados durante um batimento cardíaco. A frequência de aquisição dos dados é constante e igual a $10/T$, onde $T = 1$ s é o período do batimento. Representar estes dados por uma função contínua de período igual a T.

4

Derivação e integração numéricas

Neste capítulo, apresentam-se métodos para a aproximação numérica de derivadas e integrais de funções. No que se refere à integração, sabe-se que para uma função arbitrária nem sempre é possível encontrar uma primitiva na forma explícita. Mesmo quando é conhecida, torna-se por vezes vezes difícil de utilizar. Trata-se, por exemplo, do caso da função $f(x) = \cos(4x)\cos(3\sin(x))$, para a qual se tem

$$\int_0^\pi f(x)dx = \pi \left(\frac{3}{2}\right)^4 \sum_{k=0}^\infty \frac{(-9/4)^k}{k!(k+4)!};$$

vê-se que o cálculo do integral se transforma no cálculo, igualmente incómodo, de somar uma série. Noutros casos a função que queremos integrar ou derivar só é conhecida pelos valores que toma num conjunto finito de nós (por exemplo, quando representar os resultados de uma medição experimental), exactamente como no caso da aproximação de funções, abordado no Capítulo 3.

Em todas estas situações é necessário considerar métodos numéricos para obter um valor aproximado da quantidade que interessa, independentemente da dificuldade em integrar ou em derivar a função.

Problema 4.1 (Hidráulica) A altura $q(t)$ atingida no tempo t por um fluido contido num reservatório cilíndrico rectilíneo de raio $R = 1$ m tendo na sua base um orifício circular de raio $r = 0.1$ m, foi medida em cada 5 segundos, tendo-se registado os seguintes valores

t	0	5	10	15	20
$q(t)$	0.6350	0.5336	0.4410	0.3572	0.2822

Queremos calcular uma aproximação da velocidade de esvaziamento $q'(t)$ do cilindro, e em seguida compará-la com a prevista pela lei de Torricelli: $q'(t) = -\gamma(r/R)^2 \sqrt{2gq(t)}$, onde g é a aceleração da gravidade e $\gamma = 0.6$

é um factor de correcção. Para a resolução deste problema, ver Exemplo 4.1.   ∎

Problema 4.2 (Óptica) A fim de planificar uma sala para raios infravermelhos estamos interessados em calcular a energia emitida por um corpo negro (isto é, um objecto capaz de irradiar em todo o espectro à temperatura ambiente) no espectro (infravermelho) compreendido entre os comprimentos de onda 3μm e 14μm. A solução deste problema obtém-se calculando o integral

$$E(T) = 2.39 \cdot 10^{-11} \int\limits_{3\cdot10^{-4}}^{14\cdot10^{-4}} \frac{dx}{x^5(e^{1.432/(Tx)} - 1)}, \tag{4.1}$$

que é a equação de Planck para a energia $E(T)$, onde x é o comprimento de onda (em cm) e T a temperatura (em Kelvin) do corpo negro. Para este cálculo ver Exercício 4.17.   ∎

Problema 4.3 (Electromagnetismo) Consideremos um condutor eléctrico esférico de raio arbitrário r e condutividade σ. Queremos calcular a distribuição da densidade de corrente $\mathbf{j}$ em função de r e t (o tempo), conhecendo a distribuição inicial da densidade de corrente $\rho(r)$. O problema pode ser resolvido usando as relações entre a densidade de corrente, o campo eléctrico e a densidade de carga e observando que, pela simetria da configuração, $\mathbf{j}(r,t) = j(r,t)\mathbf{r}/|\mathbf{r}|$, onde $j = |\mathbf{j}|$. Obtém-se

$$j(r,t) = \gamma(r)e^{-\sigma t/\varepsilon_0}, \gamma(r) = \frac{\sigma}{\varepsilon_0 r^2} \int\limits_{0}^{r} \rho(\xi)\xi^2 \, d\xi, \tag{4.2}$$

onde $\varepsilon_0 = 8.859 \cdot 10^{-12}$ farad/m é a constante dieléctrica do vazio. Para o cálculo deste integral, ver Exercício 4.16.   ∎

Problema 4.4 (Demografia) Consideremos uma população com um grande número M de indivíduos. A distribuição $N(h)$ da altura destes indivíduos pode ser representada por uma curva em forma de "sino"que se caracteriza pelo valor médio $\bar{h}$ da altura e pelo desvio padrão σ

$$N(h) = \frac{M}{\sigma\sqrt{2\pi}}e^{-(h-\bar{h})^2/(2\sigma^2)}.$$

Então

$$N = \int\limits_{h}^{h+\Delta h} N(h) \, dh \tag{4.3}$$

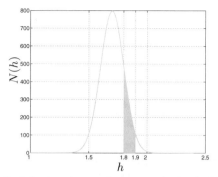

Figura 4.1. Distribuição das alturas duma população de $M = 200$ indivíduos

representa o número de indivíduos cuja altura está compreendida entre h e $h + \Delta h$ (para um Δh positivo). A Figura 4.1 apresenta um exemplo que corresponde ao caso $M = 200$, $\bar{h} = 1.7$ m, $\sigma = 0.1$ m, em que a área da região sombreada dá o número de indivíduos cuja altura varia na faixa $1.8-1.9$ m. Para a resolução deste problema ver Exemplo 4.2.■

4.1 Aproximação de derivadas de funções

Consideremos uma função $f : [a, b] \to \mathbb{R}$ continuamente diferenciável em $[a, b]$. Procuramos uma aproximação da primeira derivada de f num ponto qualquer $\bar{x}$ de (a, b).

Em virtude de definição (1.10), para h suficientemente pequeno e positivo, podemos supor que a quantidade

$$(\delta_+ f)(\bar{x}) = \frac{f(\bar{x} + h) - f(\bar{x})}{h} \qquad (4.4)$$

é uma aproximação de $f'(\bar{x})$ que se chama *diferença finita progressiva* (em inglês, *forward finite difference*). Para estimar o erro, basta desenvolver f em série de Taylor; se $f \in C^2(a, b)$, temos

$$f(\bar{x} + h) = f(\bar{x}) + h f'(\bar{x}) + \frac{h^2}{2} f''(\xi), \qquad (4.5)$$

onde ξ é um ponto do intervalo $(\bar{x}, \bar{x} + h)$. Assim,

$$(\delta_+ f)(\bar{x}) = f'(\bar{x}) + \frac{h}{2} f''(\xi), \qquad (4.6)$$

e portanto $(\delta_+ f)(\bar{x})$ é uma aproximação de primeira ordem de $f'(\bar{x})$ em h. Do mesmo modo, se $f \in C^2(a, b)$, do desenvolvimento de Taylor de f, deduz-se

$$f(\bar{x} - h) = f(\bar{x}) - hf'(\bar{x}) + \frac{h^2}{2}f''(\eta) \qquad (4.7)$$

com $\eta \in (\bar{x} - h, \bar{x})$, a *diferença finita regressiva* (em inglês, *backward finite difference*)

$$(\delta_- f)(\bar{x}) = \frac{f(\bar{x}) - f(\bar{x} - h)}{h} \qquad (4.8)$$

que tem também precisão de primeira ordem. Note-se que as fórmulas (4.4) e (4.8) podem de igual modo obter-se derivando o polinómio que interpola linearmente f nos pontos $\{\bar{x}, \bar{x} + h\}$ e $\{\bar{x} - h, \bar{x}\}$, respectivamente. Do ponto de vista geométrico, estes esquemas equivalem a aproximar $f'(\bar{x})$ pelo declive da linha recta que passa pelos pontos $(\bar{x}, f(\bar{x}))$ e $(\bar{x} + h, f(\bar{x} + h))$, ou $(\bar{x} - h, f(\bar{x} - h))$ e $(\bar{x}, f(\bar{x}))$, respectivamente (ver Figura 4.2).

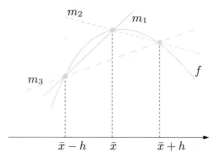

Figura 4.2. Aproximação por diferenças finitas de $f'(\bar{x})$: regressiva (*linha contínua*), progressiva (*linha a ponteado*) e centrada (*linha a tracejado*). $m_1 = (\delta_- f)(\bar{x})$, $m_2 = (\delta_+ f)(\bar{x})$ e $m_3 = (\delta f)(\bar{x})$ designam os declives das três linhas rectas

Finalmente, introduzimos a fórmula da *diferença finita centrada*

$$(\delta f)(\bar{x}) = \frac{f(\bar{x} + h) - f(\bar{x} - h)}{2h} \qquad (4.9)$$

Se $f \in C^3(a, b)$, esta fórmula dá uma aproximação de segunda ordem de $f'(\bar{x})$ em h. Com efeito, desenvolvendo $f(\bar{x} + h)$ e $f(\bar{x} - h)$ até à terceira ordem em torno de $\bar{x}$ e adicionando as duas expressões, obtemos

$$f'(\bar{x}) - (\delta f)(\bar{x}) = \frac{h^2}{12}[f'''(\xi) + f'''(\eta)], \qquad (4.10)$$

onde η e ξ são pontos apropriados nos intervalos $(\bar{x} - h, \bar{x})$ e $(\bar{x}, \bar{x} + h)$, respectivamente (ver Exercício 4.2).

De (4.9) resulta que $f'(\bar{x})$ é aproximado pelo declive da recta que passa pelos pontos $(\bar{x} - h, f(\bar{x} - h))$ e $(\bar{x} + h, f(\bar{x} + h))$.

Exemplo 4.1 (Hidráulica) Pretende-se resolver o Problema 4.1, usando as fórmulas (4.4), (4.8) e (4.9), com $h = 5$, para aproximar $q'(t)$ em cinco pontos. Obtemos:

t	0	5	10	15	20
$q'(t)$	-0.0212	-0.0194	-0.0176	-0.0159	-0.0141
$\delta_+ q$	-0.0203	-0.0185	-0.0168	-0.0150	$--$
$\delta_- q$	$--$	-0.0203	-0.0185	-0.0168	-0.0150
δq	$--$	-0.0194	-0.0176	-0.0159	$--$

Quando se comparam os valores da derivada exacta com os obtidos pelas fórmulas de diferenças finitas verifica-se que (4.9) dá melhores resultados que (4.8) ou (4.4). ∎

Em geral, podemos supor que os valores de f são conhecidos em $n+1$ pontos equidistantes $x_i = x_0 + ih$, $i = 0, \ldots, n$, com $h > 0$. Neste caso, $f'(x_i)$ pode ser aproximado por uma das fórmulas anteriores de derivação numérica (4.4), (4.8) ou (4.9) com $\bar{x} = x_i$.

Notar que a fórmula centrada (4.9) não se pode utilizar nos extremos x_0 e x_n. Para estes nós poderíamos considerar

$$\frac{1}{2h}\left[-3f(x_0) + 4f(x_1) - f(x_2)\right] \quad \text{em } x_0,$$

$$\frac{1}{2h}\left[3f(x_n) - 4f(x_{n-1}) + f(x_{n-2})\right] \text{ em } x_n,$$

(4.11)

que também têm precisão de segunda ordem em h. Obtêm-se calculando no ponto x_0 (respectivamente, x_n) a primeira derivada do polinómio de grau 2 que interpola f nos nós x_0, x_1, x_2 (respectivamente, x_{n-2}, x_{n-1}, x_n).

Ver os Exercícios 4.1-4.4.

4.2 Integração numérica

Nesta secção, introduzimos métodos numéricos para o cálculo aproximado do integral

$$I(f) = \int_a^b f(x)dx,$$

onde f é uma função arbitrária contínua em $[a, b]$. Começamos por introduzir algumas fórmulas simples, que são casos particulares das fórmulas de Newon-Cotes. Em seguida introduzimos as chamadas fórmulas de Gauss que, para um dado número de cálculos efectuados com a função f, possuem o maior grau de exactidão possível.

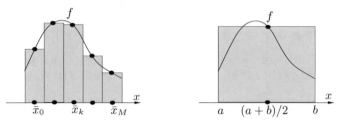

Figura 4.3. Fórmula composta do ponto médio (*à esquerda*); fórmula do ponto médio (*à direita*)

4.2.1 Fórmula do ponto médio

Pode-se construir um método simples para aproximar $I(f)$ dividindo o intervalo $[a, b]$ em subintervalos $I_k = [x_{k-1}, x_k]$, $k = 1, \ldots, M$, com $x_k = a + kH$, $k = 0, \ldots, M$ e $H = (b - a)/M$. Como

$$I(f) = \sum_{k=1}^{M} \int_{I_k} f(x)dx, \qquad (4.12)$$

podemos aproximar em cada subintervalo I_k o integral exacto de f pelo de um polinómio $\bar{f}$ que aproxima f em I_k. A solução mais simples consiste em escolher $\bar{f}$ como sendo o polinómio constante que interpola f no ponto médio de I_k

$$\bar{x}_k = \frac{x_{k-1} + x_k}{2}.$$

Obtém-se assim a *fórmula de quadratura composta do ponto médio*

$$I_{pm}^c(f) = H \sum_{k=1}^{M} f(\bar{x}_k) \qquad (4.13)$$

O símbolo pm significa "ponto médio", e o expoente c significa "composta". Esta fórmula tem precisão de segunda ordem em H. Mais precisamente, se f for duas vezes continuamente diferenciável em $[a, b]$, temos

$$I(f) - I_{pm}^c(f) = \frac{b - a}{24} H^2 f''(\xi), \qquad (4.14)$$

onde ξ é um ponto de $[a, b]$ (ver Exercício 4.6). A fórmula (4.13) também se chama *fórmula de quadratura composta do rectângulo* devido à sua interpretação geométrica, que é evidente a partir da Figura 4.3. A *fórmula do ponto médio* clássica (ou *fórmula do rectângulo*) obtém-se tomando $M = 1$ em (4.13), isto é, usando a regra do ponto médio directamente no intervalo (a, b):

$$I_{pm}(f) = (b - a)f[(a + b)/2] \qquad (4.15)$$

O erro vem agora dado por

$$I(f) - I_{pm}(f) = \frac{(b - a)^3}{24} f''(\xi), \qquad (4.16)$$

onde ξ é um ponto de $[a, b]$. A relação (4.16) deduz-se como um caso especial de (4.14), mas também se pode provar directamente. Com efeito, pondo $\bar{x} = (a + b)/2$, temos

$$
\begin{aligned}
I(f) - I_{pm}(f) &= \int_a^b [f(x) - f(\bar{x})]dx \\
&= \int_a^b f'(\bar{x})(x - \bar{x})dx + \frac{1}{2} \int_a^b f''(\eta(x))(x - \bar{x})^2 dx,
\end{aligned}
$$

onde $\eta(x)$ é um ponto compreendido entre x e $\bar{x}$. Deduz-se então (4.16) uma vez que $\int_a^b (x - \bar{x})dx = 0$ e, pelo teorema do valor médio para integrais, existe $\xi \in [a, b]$ tal que

$$\frac{1}{2} \int_a^b f''(\eta(x))(x - \bar{x})^2 dx = \frac{1}{2} f''(\xi) \int_a^b (x - \bar{x})^2 dx = \frac{(b - a)^3}{24} f''(\xi).$$

O *grau de exactidão* de uma fórmula de quadratura é o maior inteiro $r \geq 0$ para o qual o integral aproximado (obtido com a fórmula de quadratura) de qualquer polinómio de grau r é igual ao integral exacto. Deduz-se de (4.14) e (4.16) que a fórmula do ponto médio tem grau de exactidão igual a 1, já que integra exactamente todos os polinómios de grau menor ou igual a 1 (mas não todos os de grau 2).

A fórmula de quadratura composta do ponto médio está implementada no Programa 4.1. Os parâmetros de entrada são as extremidades do intervalo de integração a e b, o número de subintervalos M e a *função* f de MATLAB para definir a função f.

Programa 4.1. midpointc: fórmula de quadratura composta do ponto médio

```
function Imp=midpointc(a,b,M,f,varargin)
%MIDPOINTC Integração numérica composta do ponto médio.
% IMP = MIDPOINTC(A,B,M,FUN) calcula uma aproximação
% do integral da função FUN pelo método do ponto
% médio (com M intervalos equidistantes). FUN aceita
% um vector real de entrada x e devolve um vector real.
% FUN pode ser também um objecto inline.
% IMP=MIDPOINT(A,B,M,FUN,P1,P2,...) chama a função
% FUN passando os parâmetros opcionais P1,P2,... como
% FUN(X,P1,P2,...).
```

```
H=(b-a)/M;
x = linspace(a+H/2,b-H/2,M);
fmp=feval(f,x,varargin{:}).*ones(1,M);
Imp=H*sum(fmp);
return
```

Ver os Exercícios 4.5-4.8.

4.2.2 Fórmula do trapézio

Pode-se obter uma outra fórmula substituindo f em I_k pelo polinómio de interpolação linear de f nos nós x_{k-1} e x_k (ou, de maneira equivalente, substituindo f por $\Pi_1^H f$ no intervalo (a,b), ver Secção 3.2). Isto conduz a

$$
\begin{aligned}
I_t^c(f) &= \frac{H}{2} \sum_{k=1}^{M} [f(x_k) + f(x_{k-1})] \\
&= \frac{H}{2} [f(a) + f(b)] + H \sum_{k=1}^{M-1} f(x_k)
\end{aligned}
\tag{4.17}
$$

Esta fórmula designa-se por *fórmula composta do trapézio*, e tem precisão de segunda ordem em H. Com efeito, pode-se obter a expressão

$$
I(f) - I_t^c(f) = -\frac{b-a}{12} H^2 f''(\xi)
\tag{4.18}
$$

do erro de quadratura, para um $\xi \in [a,b]$, desde que $f \in C^2([a,b])$. Quando se utiliza (4.17) com $M = 1$, obtém-se

$$
I_t(f) = \frac{b-a}{2} [f(a) + f(b)]
\tag{4.19}
$$

que é chamada a *fórmula do trapézio* devido à sua interpretação geométrica. O erro correspondente vem dado por

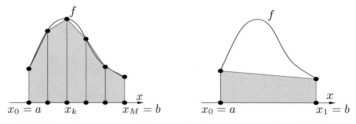

Figura 4.4. Fórmula composta do trapézio (*à esquerda*); fórmula do trapézio (*à direita*)

$$I(f) - I_t(f) = -\frac{(b-a)^3}{12} f''(\xi),\tag{4.20}$$

onde ξ pertence a $[a, b]$. Deduz-se que (4.19) tem grau de exactidão igual a 1, como no caso da regra do ponto médio.

A fórmula composta do trapézio (4.17) está implementada nos programas trapz e cumtrapz de MATLAB. Se x é um vector cujas componentes são as abcissas x_k, $k = 0, \dots, M$ (com $x_0 = a$ e $x_M = b$), e y o vector dos valores $f(x_k)$, $k = 0, \dots, M$, então z=cumtrapz(x,y) devolve o vector z cujas componentes são $z_k \simeq \int_a^{x_k} f(x)dx$, em que o integral é aproximado pela regra composta do trapézio. Assim z(M+1) é uma aproximação do integral de f em (a, b).

trapz
cumtrapz

Ver Exercícios 4.9-4.11.

4.2.3 Fórmula de Simpson

A fórmula de Simpson pode-se obter substituindo o integral de f em cada I_k pelo integral do seu polinómio interpolador de grau 2 nos nós $x_{k-1}, \bar{x}_k = (x_{k-1} + x_k)/2$ e x_k,

$$\Pi_2 f(x) = \frac{2(x - \bar{x}_k)(x - x_k)}{H^2} f(x_{k-1})$$
$$+ \frac{4(x_{k-1} - x)(x - x_k)}{H^2} f(\bar{x}_k) + \frac{2(x - \bar{x}_k)(x - x_{k-1})}{H^2} f(x_k).$$

A fórmula resultante chama-se a *fórmula de quadratura composta de Simpson*, e escreve-se

$$I_s^c(f) = \frac{H}{6} \sum_{k=1}^M [f(x_{k-1}) + 4f(\bar{x}_k) + f(x_k)]\tag{4.21}$$

Pode-se provar que esta fórmula induz o erro

$$I(f) - I_s^c(f) = -\frac{b-a}{180} \frac{H^4}{16} f^{(4)}(\xi),\tag{4.22}$$

onde ξ é um ponto de $[a, b]$, desde que $f \in C^4([a, b])$. Por conseguinte, tem uma precisão de quarta ordem em H. Quando (4.21) se aplica a um único intervalo, digamos (a, b), obtemos a chamada *fórmula de quadratura de Simpson*

$$I_s(f) = \frac{b-a}{6} [f(a) + 4f((a+b)/2) + f(b)]\tag{4.23}$$

O erro correspondente vem agora dado por

$$I(f) - I_s(f) = -\frac{1}{16}\frac{(b-a)^5}{180}f^{(4)}(\xi), \tag{4.24}$$

para um $\xi \in [a, b]$. O seu grau de exactidão é por isso igual a 3.

A regra composta de Simpson está implementada no Programa 4.2.

Programa 4.2. simpsonc: fórmula de quadratura composta de Simpson

```
function [Isic]=simpsonc(a,b,M,f,varargin)
%SIMPSONC Integração numérica composta de Simpson.
% ISIC = SIMPSONC(A,B,M,FUN) calcula uma aproximação do
% integral da função FUN através do método de Simpson
% (usando M intervalos equidistantes). FUN aceita
% o vector real de entrada  x e devolve um vector real.
% FUN pode ser também um objecto inline.
% ISIC = SIMPSONC(A,B,M,FUN,P1,P2,...) chama a função
% FUN passando os parâmetros opcionais
% P1,P2,... como FUN(X,P1,P2,...).
H=(b-a)/M;
x=linspace(a,b,M+1);
fpm=feval(f,x,varargin{:}).*ones(1,M+1);
fpm(2:end-1) = 2*fpm(2:end-1);
Isic=H*sum(fpm)/6;
x=linspace(a+H/2,b-H/2,M);
fpm=feval(f,x,varargin{:}).*ones(1,M);
Isic = Isic+2*H*sum(fpm)/3;
return
```

Exemplo 4.2 (Demografia) Consideremos o Problema 4.4. Para calcular o número de indivíduos cuja altura está entre 1.8 e 1.9 m, precisamos de calcular o integral (4.3) para $h = 1.8$ e $\Delta h = 0.1$. Para isso usamos a fórmula de Simpson composta com 100 subintervalos:

```
» N = inline(['M/(sigma*sqrt(2*pi))*exp(-(h-hbar).^2 '...
        './(2*sigma^2))'], 'h', 'M', 'hbar', 'sigma')

N =
    Inline function:
    N(h,M,hbar,sigma) = M/(sigma * sqrt(2*pi)) * exp(-(h -
    hbar).^2./(2*sigma^2))

» M = 200; hbar = 1.7; sigma = 0.1;
» int = simpsonc(1.8, 1.9, 100, N, M, hbar, sigma)

int =
    27.1810
```

Estimamos assim que o número de indivíduos cuja altura se situa nesta faixa é 27.1810, o que corresponde a 15.39 % de todos os indivíduos.   ∎

Exemplo 4.3 Pretende-se comparar as aproximações do integral $I(f) = \int_0^{2\pi} xe^{-x}\cos(2x)dx = -1/25(10\pi - 3 + 3e^{2\pi})/e^{2\pi} \simeq -0.122122604618968$ obtidas com as fórmulas compostas do ponto médio, trapézio e Simpson. Na Figura

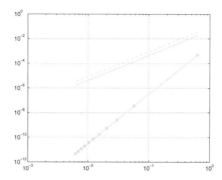

Figura 4.5. Representação logarítmica dos erros em função de H para as fórmulas de quadratura compostas de Simpson (*linha contínua com círculos*), do ponto médio (*linha contínua*) e do trapézio (*linha a tracejado*)

4.5 representamos na escala logarítmica os erros em função de H. Vimos na Secção 1.5, que neste tipo de gráficos, quanto maior for o declive da curva, tanto mais elevada é a ordem de convergência da fórmula correspondente. Como se esperava dos resultados teóricos, as fórmulas do ponto médio e do trapézio têm precisão de segunda ordem, enquanto que a fórmula de Simpson é de quarta ordem. ∎

4.3 Quadraturas de tipo interpolação

Todas as fórmulas de quadratura (não compostas) introduzidas nas secções anteriores são casos particulares de uma fórmula de quadratura mais geral da forma

$$I_{apr}(f) = \sum_{j=0}^{n} \alpha_j f(y_j) \tag{4.25}$$

Os números reais $\{\alpha_j\}$ são os *pesos da quadratura*, e os pontos $\{y_j\}$ são os *nós da quadratura*. Em geral, exige-se que (4.25) integre exactamente pelo menos uma função constante: esta propriedade verifica-se se $\sum_{j=0}^{n} \alpha_j = b - a$. Podemos obter um grau de exactidão (pelo menos) igual a n tomando

$$I_{apr}(f) = \int_{a}^{b} \Pi_n f(x) dx,$$

onde $\Pi_n f \in \mathbb{P}_n$ é o polinómio de interpolação de Lagrange da função f nos nós $y_i, i = 0, \ldots, n$, dado por (3.4). Isto conduz à seguinte expressão para os pesos

$$\alpha_i = \int_a^b \varphi_i(x)dx, \qquad i = 0, \ldots, n,$$

onde $\varphi_i \in \mathbb{P}_n$ é o i-ésimo polinómio característico de Lagrange tal que $\varphi_i(y_j) = \delta_{ij}$, para $i, j = 0, \ldots, n$, que foi introduzido em (3.3).

Exemplo 4.4 Para a fórmula do trapézio (4.19) temos $n = 1$, $y_0 = a$, $y_1 = b$ e

$$\alpha_0 = \int_a^b \varphi_0(x)dx = \int_a^b \frac{x - b}{a - b}dx = \frac{b - a}{2},$$

$$\alpha_1 = \int_a^b \varphi_1(x)dx = \int_a^b \frac{x - a}{b - a}dx = \frac{b - a}{2}.$$

■

A questão que se coloca consiste em saber se existem escolhas particulares dos nós tais que o grau de exactidão seja maior do que n, mais precisamente igual a $r = n + m$, para algum $m > 0$. Para simplificar a discussão podemo-nos restringir a um intervalo de referência, digamos $(-1, 1)$. Com efeito, se conhecermos um conjunto de nós de quadratura $\{\bar{y}_j\}$ e de pesos $\{\bar{\alpha}_j\}$ em $[-1, 1]$, então, pela mudança de variável (3.8) podemos obter imediatamente os nós e os pesos correspondentes,

$$y_j = \frac{a + b}{2} + \frac{b - a}{2}\bar{y}_j, \qquad \alpha_j = \frac{b - a}{2}\bar{\alpha}_j$$

num intervalo de integração arbitrário $[a, b]$.

A resposta a esta questão é dada pelo seguinte resultado (ver [QSS07, Capítulo 10]):

Proposição 4.1 *Para um dado $m > 0$, a fórmula de quadratura $\sum_{j=0}^n \bar{\alpha}_j f(\bar{y}_j)$ tem grau de exactidão $n + m$ sse for do tipo interpolação e se o polinómio $\omega_{n+1} = \Pi_{i=0}^n (x - \bar{y}_i)$ associado aos nós $\{\bar{y}_i\}$ for tal que*

$$\int_{-1}^1 \omega_{n+1}(x)p(x)dx = 0, \qquad \forall p \in \mathbb{P}_{m-1}. \qquad (4.26)$$

O valor máximo que m pode tomar é $n + 1$ e é atingido desde que ω_{n+1} seja proporcional ao chamado polinómio de Legendre de grau $n+1$, $L_{n+1}(x)$. Os polinómios de Legendre podem ser calculados por recorrência, à custa da seguinte relação com três termos

n	$\{\bar{y}_j\}$	$\{\bar{\alpha}_j\}$
1	$\{\pm 1/\sqrt{3}\}$	$\{1\}$
2	$\{\pm\sqrt{15}/5, 0\}$	$\{5/9, 8/9\}$
3	$\{\pm(1/35)\sqrt{525 - 70\sqrt{30}},$	$\{(1/36)(18 + \sqrt{30}),$
	$\pm(1/35)\sqrt{525 + 70\sqrt{30}}\}$	$(1/36)(18 - \sqrt{30})\}$
4	$\{0, \pm(1/21)\sqrt{245 - 14\sqrt{70}}$	$\{128/225, (1/900)(322 + 13\sqrt{70})$
	$\pm(1/21)\sqrt{245 + 14\sqrt{70}}\}$	$(1/900)(322 - 13\sqrt{70})\}$

Tabela 4.1. Nós e pesos para algumas fórmulas de quadratura de Gauss-Legendre no intervalo $(-1, 1)$. Os pesos correspondentes a pares de nós simétricos são indicados apenas uma vez

$$L_0(x) = 1, \qquad L_1(x) = x,$$
$$L_{k+1}(x) = \frac{2k+1}{k+1}x L_k(x) - \frac{k}{k+1}L_{k-1}(x), \qquad k = 1, 2, \ldots.$$

Para $n = 0, 1, \ldots$, todo o polinómio de $\mathbb{P}_n$ pode ser obtido como combinação linear dos polinómios $L_0, L_1, \ldots, L_n$. Além disso, L_{n+1} é ortogonal a todos os polinómios de grau menor ou igual a n, isto é, $\int_{-1}^{1} L_{n+1}(x)L_j(x)dx = 0$, para todo $j = 0, \ldots, n$. Isto explica a razão pela qual a igualdade (4.26) é verdadeira com m menor ou igual a $n+1$.

O grau máximo de exactidão é por isso igual a $2n + 1$, e é obtido para as chamadas *fórmulas de Gauss-Legendre* (abreviadamente I_{GL}), cujos nós e pesos são dados por:

$$\begin{cases} \bar{y}_j = \text{ zeros de } L_{n+1}(x), \\ \bar{\alpha}_j = \dfrac{2}{(1 - \bar{y}_j^2)[L'_{n+1}(\bar{y}_j)]^2}, & j = 0, \ldots, n. \end{cases} \qquad (4.27)$$

Os pesos $\bar{\alpha}_j$ são todos positivos e os nós são interiores ao intervalo $(-1, 1)$. Na Tabela 4.1 indicamos os nós e os pesos das fórmulas de quadratura de Gauss-Legendre, com $n = 1, 2, 3, 4$. Se $f \in C^{(2n+2)}([-1, 1])$, o erro correspondente é

$$I(f) - I_{GL}(f) = \frac{2^{2n+3}((n+1)!)^4}{(2n+3)((2n+2)!)^3} f^{(2n+2)}(\xi),$$

onde ξ é um ponto de $(-1, 1)$.

Muitas vezes é útil incluir também os extremos do intervalo como nós de quadratura. Neste caso, a fórmula de Gauss com maior grau de exactidão $(2n - 1)$ é a que utiliza os chamados nós de *Gauss-Legendre-Lobatto* (abreviadamente, GLL): para $n \geq 1$

$$\bar{y}_0 = -1, \ \bar{y}_n = 1, \bar{y}_j = \text{zeros de } L'_n(x), \quad j = 1, \ldots, n - 1, \quad (4.28)$$

n	$\{\bar{y}_j\}$	$\{\bar{\alpha}_j\}$
1	$\{\pm 1\}$	$\{1\}$
2	$\{\pm 1, 0\}$	$\{1/3, 4/3\}$
3	$\{\pm 1, \pm\sqrt{5}/5\}$	$\{1/6, 5/6\}$
4	$\{\pm 1, \pm\sqrt{21}/7, 0\}$	$\{1/10, 49/90, 32/45\}$

Tabela 4.2. Nós e pesos para algumas fórmulas de Gauss-Legendre-Lobatto no intervalo $(-1, 1)$. Os pesos correspondentes a pares de nós simétricos são indicados apenas uma vez

$$\bar{\alpha}_j = \frac{2}{n(n+1)} \frac{1}{[L_n(\bar{y}_j)]^2}, \qquad j = 0, \dots, n.$$

Se $f \in C^{(2n)}([-1, 1])$, o erro correspondente é dado por

$$I(f) - I_{GLL}(f) = -\frac{(n+1)n^3 2^{2n+1}((n-1)!)^4}{(2n+1)((2n)!)^3} f^{(2n)}(\xi),$$

para algum $\xi \in (-1, 1)$. A Tabela 4.2 apresenta os nós e os pesos no intervalo de referência $(-1, 1)$ para $n = 1, 2, 3, 4$. (Para $n = 1$ recupera-se a regra do trapézio.)

quadl   Usando a instrução quadl(fun,a,b) de MATLAB é possível calcular um integral com uma fórmula de quadratura composta de Gauss-Legendre-Lobatto. A função fun pode ser um objecto *inline*. Por exemplo, para integrar $f(x) = 1/x$ sobre $[1, 2]$, devemos primeiro definir a função

```
fun=inline('1./x','x');
```

e em seguida chamar quadl(fun,1,2). Note-se que na definição da função f usámos uma operação elemento a elemento (de facto MATLAB calculará esta expressão por componentes no vector dos nós de quadratura).

Não é necessário indicar o número de subintervalos, já que este é automaticamente calculado de modo a assegurar que o erro de quadratura seja inferior à tolerância por defeito de 10^{-3}. O utilizador pode escolher uma tolerância diferente com o comando alargado quadl(fun,a,b,tol). Na Secção 4.4 introduzimos um método para estimar o erro de quadratura e, consequentemente, para adaptar H em função deste erro.

Em resumo

1. Uma fórmula de quadratura é uma fórmula para aproximar o integral de funções contínuas num intervalo $[a, b]$;

2. exprime-se geralmente como uma combinação linear dos valores da função em pontos específicos (chamados *nós*) com coeficientes que se chamam *pesos*;

3. o *grau de exactidão* de uma fórmula de quadratura é o maior grau dos polinómios que se podem integrar exactamente pela fórmula. O grau de exactidão vale 1 para as regras do ponto médio e do trapézio, três para a regra de Simpson, $2n + 1$ para a fórmula de Gauss-Legendre com $n + 1$ nós de quadratura, e $2n - 1$ para a fórmula de Gauss-Legendre-Lobatto com $n + 1$ nós;

4. a *ordem de precisão* de uma fórmula de quadratura composta é a sua ordem em relação ao comprimento H dos subintervalos. A ordem de precisão é dois para as fórmulas compostas do ponto médio e do trapézio, quatro para a fórmula de Simpson composta.

Ver os Exercícios 4.12-4.18.

4.4 Fórmula de Simpson adaptativa

O comprimento do passo de integração H de uma fórmula de quadratura composta pode ser escolhido de forma a garantir que o erro de quadratura seja inferior a uma tolerância fixada $\varepsilon > 0$. Por exemplo, quando se usa a fórmula de Simpson composta, de (4.22) resulta

$$\frac{b - a}{180} \frac{H^4}{16} \max_{x \in [a,b]} |f^{(4)}(x)| < \varepsilon, \qquad (4.29)$$

onde $f^{(4)}$ designa a derivada de quarta ordem de f. Infelizmente, quando o valor absoluto de $f^{(4)}$ é grande, apenas numa pequena parte do intervalo de integração, o H máximo para o qual (4.29) se verifica pode ser demasiado pequeno. O objectivo da fórmula de quadratura de Simpson adaptativa é dar uma aproximação de $I(f)$ com erro inferior a uma certa tolerância ε, utilizando uma distribuição *não uniforme* dos comprimentos dos passos de integração no intervalo $[a, b]$. Desta forma conserva-se a mesma precisão da regra de Simpson composta, mas com um número inferior de nós de quadratura e, por conseguinte, com um número reduzido de cálculos com f.

Para implementar este método com uma certa tolerância, devemos encontrar um estimador do erro e um processo automático para modificar o comprimento H do passo de integração. Começamos por analisar este procedimento, que é independente da fórmula de quadratura específica que queremos aplicar.

No primeiro passo do algoritmo adaptativo, calculamos uma aproximação $I_s(f)$ de $I(f) = \int_a^b f(x)dx$. Fazemos $H = b - a$ e tentamos estimar o erro de quadratura. Se este erro for inferior à tolerância fixada, o algoritmo pára; caso contrário, o comprimento H do passo reduz-se a metade até que o integral $\int_a^{a+H} f(x)dx$ seja calculado com a precisão exigida. Quando se supera o teste, consideramos o intervalo $(a + H, b)$ e repetimos o procedimento, escolhendo como primeiro passo o comprimento $b - (a + H)$ desse intervalo.

Usamos as seguintes notações:

1. A: o intervalo de integração *activo*, isto é, o intervalo onde o integral está a ser calculado;
2. S: o intervalo de integração já examinado, para o qual o erro é inferior à tolerância fixada;
3. N: o intervalo de integração a ser examinado.

No início do processo de integração temos $N = [a, b]$, $A = N$ e $S = \emptyset$. A situação num passo arbitrário do algoritmo é descrita na Figura 4.6. Indiquemos por $J_S(f)$ a aproximação de $\int_a^\alpha f(x)dx$ já calculada, com o valor inicial $J_S(f) = 0$; se o algoritmo terminar com êxito, $J_S(f)$ dá a aproximação desejada de $I(f)$. Designamos também por $J_{(\alpha,\beta)}(f)$ o integral aproximado de f no intervalo activo $[\alpha, \beta]$. Este intervalo está desenhado a cinzento na Figura 4.6. Assim, pode-se descrever da seguinte maneira um passo genérico do método de integração adaptativa:

1. se o erro estimado for inferior à tolerância fixada, então:
    (i) $J_S(f)$ é incrementado de $J_{(\alpha,\beta)}(f)$, quer dizer $J_S(f) \leftarrow J_S(f) + J_{(\alpha,\beta)}(f)$;
    (ii) fazemos $S \leftarrow S \cup A$, $A = N$ (correspondente ao caminho (I) na Figura 4.6) e $\alpha \leftarrow \beta$ e $\beta \leftarrow b$;
2. se o erro estimado não for inferior à tolerância fixada, então:
    (j) A reduz-se a metade, e o novo intervalo activo é $A = [\alpha, \alpha']$ com $\alpha' = (\alpha + \beta)/2$ (correspondente ao caminho (II) na Figura 4.6);
    (jj) fazemos $N \leftarrow N \cup [\alpha', \beta]$, $\beta \leftarrow \alpha'$;
    (jjj) calcula-se uma nova estimativa do erro.

Naturalmente, para evitar que o algoritmo produza intervalos demasiado pequenos, é conveniente controlar o comprimento de A e, em caso de uma excessiva redução do comprimento do passo, avisar o utilizador da existência de uma possível singularidade na função integranda.

O problema consiste agora em determinar um estimador adequado do erro. Para isso, é conveniente concentrar a nossa atenção num subintervalo qualquer $[\alpha, \beta]$ onde se irá calcular $I_s(f)$: é claro que, se neste intervalo o erro for inferior a $\varepsilon(\beta - \alpha)/(b - a)$, então o erro no intervalo $[a, b]$ será inferior à tolerância ε fixada. Dado que de (4.24) se tem

$$E_s(f; \alpha, \beta) = \int_\alpha^\beta f(x)dx - I_s(f) = -\frac{(\beta - \alpha)^5}{2880} f^{(4)}(\xi),$$

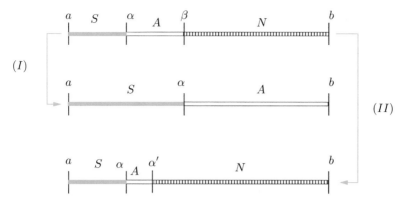

Figura 4.6. Distribuição dos intervalos de integração num passo arbitrário do algoritmo adaptativo e actualização dos intervalos de integração

para assegurar que a tolerância é respeitada, bastará verificar que $E_s(f; \alpha, \beta) < \varepsilon(\beta - \alpha)/(b-a)$. No entanto, na prática este procedimento não é viável uma vez que o ponto $\xi \in [\alpha, \beta]$ é desconhecido.

Para estimar o erro $E_s(f; \alpha, \beta)$ sem usar explicitamente o valor $f^{(4)}(\xi)$, utiliza-se de novo a fórmula composta de Simpson para calcular $\int_\alpha^\beta f(x)dx$, mas com um passo de comprimento $(\beta - \alpha)/2$. De (4.22) com $a = \alpha$ e $b = \beta$, deduzimos

$$\int_\alpha^\beta f(x)dx - I_s^c(f) = -\frac{(\beta - \alpha)^5}{46080} f^{(4)}(\eta), \qquad (4.30)$$

onde η é um ponto diferente de ξ. Subtraindo as duas últimas equações, obtemos

$$\Delta I = I_s^c(f) - I_s(f) = -\frac{(\beta - \alpha)^5}{2880} f^{(4)}(\xi) + \frac{(\beta - \alpha)^5}{46080} f^{(4)}(\eta). \quad (4.31)$$

Suponhamos agora que $f^{(4)}(x)$ é aproximadamente constante no intervalo $[\alpha, \beta]$. Neste caso $f^{(4)}(\xi) \simeq f^{(4)}(\eta)$. Podemos calcular $f^{(4)}(\eta)$ de (4.31) e, substituindo este valor na equação (4.30), obtemos a seguinte estimativa do erro

$$\int_\alpha^\beta f(x)dx - I_s^c(f) \simeq \frac{1}{15}\Delta I.$$

O passo de comprimento $(\beta - \alpha)/2$ (que é o utilizado para calcular $I_s^c(f)$) será aceite se $|\Delta I|/15 < \varepsilon(\beta - \alpha)/[2(b - a)]$. A fórmula de quadratura que usa este critério no algoritmo adaptativo descrito anteriormente, chama-se *fórmula de Simpson adaptativa*. Está implementada no Programa 4.3. Entre os parâmetros de entrada, f é a cadeia de caracteres que define a função f, a e b são as extremidades do intervalo de integração, tol é a tolerância fixada para o erro e hmin é o valor mínimo admissível para o passo de integração (que assegura a paragem do método adaptativo).

Programa 4.3. simpadpt: fórmula de Simpson adaptativa

```
function [JSf,nodes]=simpadpt(f,a,b,tol,hmin,varargin)
%SIMPADPT Cálculo numérico do integral, pela
% quadratura de Simpson adaptativa.
%
% JSF = SIMPADPT(FUN,A,B,TOL,HMIN) tenta aproximar
% o integral da função FUN de A a B com um erro
% inferior a TOL usando por recorrência a quadratura de
% Simpson adaptativa. A função inline Y = FUN(V) deverá
% aceitar um argumento vectorial V e devolver um vector
% Y, formado pelos valores da função integranda em cada
% elemento de X.
% JSF = SIMPADPT(FUN,A,B,TOL,HMIN,P1,P2,...) chama a
% função FUN passando os parâmetros opcionais
% P1,P2,... as FUN(X,P1,P2,...).
% [JSF,NODES] = SIMPADPT(...) devolve a distribuição
% dos nós usados no método de quadratura.
A=[a,b]; N=[]; S=[]; JSf = 0; ba = b - a; nodes=[];
while ~isempty(A),
    [deltaI,ISc]=caldeltai(A,f,varargin{:});
    if abs(deltaI) <= 15*tol*(A(2)-A(1))/ba;
        JSf = JSf + ISc;    S = union(S,A);
        nodes = [nodes, A(1) (A(1)+A(2))*0.5 A(2)];
        S = [S(1), S(end)]; A = N; N = [];
    elseif A(2)-A(1) < hmin
        JSf=JSf+ISc;        S = union(S,A);
        S = [S(1), S(end)]; A=N; N=[];
        warning('Passo de integração demasiado pequeno');
    else
        Am = (A(1)+A(2))*0.5;
        A = [A(1) Am];
        N = [Am, b];
    end
end
nodes=unique(nodes);
return

function [deltaI,ISc]=caldeltai(A,f,varargin)
L=A(2)-A(1);
t=[0; 0.25; 0.5; 0.5; 0.75; 1];
x=L*t+A(1);
L=L/6;
w=[1; 4; 1];
fx=feval(f,x,varargin{:}).*ones(6,1);
IS=L*sum(fx([1 3 6]).*w);
ISc=0.5*L*sum(fx.*[w;w]);
deltaI=IS-ISc;
return
```

Exemplo 4.5 Calculemos o integral $I(f) = \int_{-1}^{1} e^{-10(x-1)^2} dx$ pela fórmula de Simpson adaptativa. Executando o Programa 4.3 com

```
» fun=inline('exp(-10*(x-1).^2)');
» tol = 1.e-04; hmin = 1.e-03;
```

encontramos o valor aproximado 0.28024765884708, em vez do valor exacto 0.28024956081990. O erro é inferior à tolerância fixada `tol`$=10^{-5}$.

Para obter este resultado, bastaram apenas 10 subintervalos não uniformes. Notar que a fórmula composta correspondente, com passo de comprimento uniforme, exigiria 22 subintervalos para assegurar a mesma precisão. ∎

4.5 O que não vos foi dito

As fórmulas do ponto médio, do trapézio e de Simpson são casos particulares de uma classe mais vasta de regras de quadratura chamadas *fórmulas de Newton-Cotes*. Para uma introdução, ver [QSS07, Capítulo 10]. Do mesmo modo, as fórmulas de Gauss-Legendre e de Gauss-Legendre-Lobatto que introduzimos na Secção 4.3 são casos particulares de uma família mais geral de fórmulas de quadratura de Gauss. Estas fórmulas são *óptimas* no sentido em que maximizam o grau de exactidão para um dado número de nós de quadratura. Uma introdução às fórmulas de Gauss pode ver-se em [QSS07, Capítulo 10] ou [RR85]. Outros desenvolvimentos relativos à integração numérica são apresentados, por exemplo, em [DR75] e [PdDKÜK83].

Pode-se igualmente recorrer à integração numérica para calcular integrais em intervalos não limitados. Por exemplo, para aproximar $\int_{0}^{\infty} f(x)dx$, uma primeira possibilidade consiste em encontrar um ponto α tal que o valor de $\int_{\alpha}^{\infty} f(x)dx$ possa ser desprezado relativamente ao de $\int_{0}^{\alpha} f(x)dx$. Calcula-se então este último integral num intervalo limitado, usando uma fórmula de quadratura. Uma segunda possibilidade é recorrer a fórmulas de quadratura de Gauss para intervalos não limitados (ver [QSS07, Capítulo 10]).

Finalmente, a integração numérica pode também ser usada para calcular integrais múltiplos. Referimos, em particular a instrução de MATLAB `dblquad('f',xmin,xmax,ymin,ymax)`, que permite calcular o integral num domínio rectangular `[xmin,xmax]` × `[ymin,ymax]` de uma função definida no ficheiro `f.m` de MATLAB. Note-se que a função `f` deverá ter pelo menos dois parâmetros de entrada correspondentes às variáveis `x` e `y` em relação às quais o integral é calculado. `dblquad`

Octave 4.1 A função `dblquad` não está disponível em Octave; contudo existem em Octave outras funções com as mesmas funcionalidades:

1. `quad2dg` para o cálculo de um integral duplo, usando um esquema de quadratura de Gauss; `quad2dg`

quad2dc   2. quad2dc para o cálculo de um integral duplo, usando um esquema de quadratura de Gauss-Chebyshev.   ∎

4.6 Exercícios

Exercício 4.1 Verificar que, se $f \in C^3$ numa vizinhança I_0 de x_0 (resp., I_n de x_n) o erro da fórmula (4.11) é igual a $-\frac{1}{3}f'''(\xi_0)h^2$ (resp., $-\frac{1}{3}f'''(\xi_n)h^2$), onde ξ_0 and ξ_n são dois pontos pertencentes a I_0 e I_n, respectivamente.

Exercício 4.2 Verificar que se $f \in C^3$ numa vizinhança de $\bar{x}$ o erro da fórmula (4.9) é igual a (4.10).

Exercício 4.3 Calcular a ordem de precisão em h das seguintes fórmulas para a aproximação numérica de $f'(x_i)$:

$$a. \quad \frac{-11f(x_i) + 18f(x_{i+1}) - 9f(x_{i+2}) + 2f(x_{i+3})}{6h},$$

$$b. \quad \frac{f(x_{i-2}) - 6f(x_{i-1}) + 3f(x_i) + 2f(x_{i+1})}{6h},$$

$$c. \quad \frac{-f(x_{i-2}) - 12f(x_i) + 16f(x_{i+1}) - 3f(x_{i+2})}{12h}.$$

Exercício 4.4 (Demografia) Os valores seguintes representam a evolução no tempo do número $n(t)$ de indivíduos de uma dada população cuja taxa de nascimentos é constante ($b = 2$) e cuja taxa de mortalidade é $d(t) = 0.01n(t)$:

t (meses)	0	0.5	1	1.5	2	2.5	3
n	100	147	178	192	197	199	200

Utilizar estes dados para aproximar com a maior precisão possível a taxa de variação desta população. Em seguida, comparar os resultados obtidos com a taxa exacta $n'(t) = 2n(t) - 0.01n^2(t)$.

Exercício 4.5 Determinar o número mínimo M de subintervalos para aproximar, com um erro absoluto inferior a 10^{-4}, os integrais das seguintes funções:

$$f_1(x) = \frac{1}{1 + (x - \pi)^2} \quad \text{em } [0, 5],$$

$$f_2(x) = e^x \cos(x) \quad \text{em } [0, \pi],$$

$$f_3(x) = \sqrt{x(1 - x)} \quad \text{em} [0, 1],$$

usando a fórmula composta do ponto médio. Verificar os resultados obtidos utilizando o Programa 4.1.

Exercício 4.6 Provar (4.14) partindo de (4.16).

Exercício 4.7 Porque é que a fórmula do ponto médio perde uma ordem de convergência quando usada na sua forma composta?

Exercício 4.8 Verificar que, sendo f um polinómio de grau menor ou igual a 1, então $I_{pm}(f) = I(f)$ isto é, a fórmula do ponto médio tem grau de exactidão igual a 1.

Exercício 4.9 Para a função f_1 do Exercício 4.5, calcular (numericamente) os valores de M que asseguram que o erro de quadratura é inferior a 10^{-4} quando o integral for aproximado pelas fórmulas de quadratura compostas do trapézio e de Gauss.

Exercício 4.10 Sejam I_1 e I_2 os valores obtidos pela fórmula composta do trapézio, aplicada com dois passos de comprimentos diferentes H_1 e H_2, ao cálculo aproximado de $I(f) = \int_a^b f(x)dx$. Verificar que, se $f^{(2)}$ variar pouco em (a, b), o valor

$$I_R = I_1 + (I_1 - I_2)/(H_2^2/H_1^2 - 1) \tag{4.32}$$

dá uma melhor aproximação de $I(f)$ do que I_1 e I_2. Esta técnica designa-se por *método de extrapolação de Richardson*. Deduzir (4.32) a partir de (4.18).

Exercício 4.11 Verificar que, entre todas as fórmulas do tipo $I_{apr}(f) = \alpha f(\bar{x}) + \beta f(\bar{z})$ onde $\bar{x}, \bar{z} \in [a, b]$ são dois nós desconhecidos e α e β dois pesos a determinar, a fórmula de Gauss da Tabela 4.1 com $n = 1$ é a que tem o maior grau de exactidão.

Exercício 4.12 Para as duas primeiras funções do Exercício 4.5, calcular o número mínimo de intervalos tal que o erro de quadratura da fórmula composta de Simpson seja inferior a 10^{-4}.

Exercício 4.13 Calcular $\int_0^2 e^{-x^2/2}dx$ usando a fórmula de Simpson (4.23) e a fórmula de Gauss-Legendre (Tabela 4.1 para $n = 1$). Comparar os resultados obtidos.

Exercício 4.14 Para calcular os integrais $I_k = \int_0^1 x^k e^{x-1}dx$ para $k = 1, 2, \ldots$, pode-se usar a seguinte fórmula de recorrência: $I_k = 1 - kI_{k-1}$, com $I_1 = 1/e$. Calcular I_{20} com a fórmula composta de Simpson de forma a assegurar que o erro de quadratura seja inferior a 10^{-3}. Comparar a aproximação de Simpson com o resultado obtido pela fórmula de recorrência anterior.

Exercício 4.15 Aplicar a fórmula de extrapolação de Richardson (4.32) para aproximar o integral $I(f) = \int_0^2 e^{-x^2/2}dx$, com $H_1 = 1$ e $H_2 = 0.5$ utilizando primeiro a fórmula de Simpson (4.23), e depois a fórmula de Gauss-Legendre (Tabela 4.1, $n = 1$). Verificar que em ambos os casos I_R é mais preciso do que I_1 e I_2.

Exercício 4.16 (Electromagnetismo) Usando a fórmula composta de Simpson calcular a função $\gamma(r)$ definida em (4.2) para $r = k/10$ m com $k = 1,\ldots,10$, com $\rho(\xi) = e^\xi$ e $\sigma = 0.36$ W/(mK). Assegurar que o erro de quadratura é inferior a 10^{-10}. (Recordar que: m=metros, W=watts, K=graus Kelvin.)

Exercício 4.17 (Óptica) Usando as fórmulas compostas de Simpson e de Gauss-Legendre com $n = 1$ calcular a função $E(T)$, definida em (4.1), para T igual a 213 K, com pelo menos 10 algarismos significativos exactos.

Exercício 4.18 Desenvolver uma técnica para calcular

$$I(f) = \int_0^1 |x^2 - 0.25| dx$$

pela fórmula composta de Simpson de modo a garantir que o erro de quadratura seja inferior a 10^{-2}.

Sistemas lineares

Nas ciências aplicadas aparecem frequentemente sistemas lineares da forma

$$A x = b, \tag{5.1}$$

onde A é uma matriz quadrada de dimensão $n \times n$ cujos elementos a_{ij} são reais ou complexos, e x, b são vectores coluna de dimensão n onde x representa a incógnita e b é um vector dado. Em termos das suas componentes, a equação (5.1) escreve-se na forma

$$a_{11}x_1 + a_{12}x_2 + \ldots + a_{1n}x_n = b_1,$$

$$a_{21}x_1 + a_{22}x_2 + \ldots + a_{2n}x_n = b_2,$$

$$\vdots \qquad\qquad \vdots \quad \vdots$$

$$a_{n1}x_1 + a_{n2}x_2 + \ldots + a_{nn}x_n = b_n.$$

Apresentamos seguidamente três problemas diferentes que dão origem a sistemas lineares.

Problema 5.1 (Circuito hidráulico) Consideremos o circuito hidráulico da Figura 5.1, composto por 10 condutas, que é alimentado por um reservatório de água a pressão constante $p_r = 10$ bares. Neste problema, os valores da pressão referem-se à diferença entre a pressão real e a atmosférica. Para a j-ésima conduta, tem-se a seguinte relação entre o caudal Q_j (em m^3/s) e o salto da pressão Δp_j entre as suas extremidades

$$Q_j = kL\Delta p_j, \tag{5.2}$$

em que k é a resistência hidráulica (em $m^2/(\text{bar s})$) e L é o comprimento (em m) da conduta. Supomos que a água se escoa pelas saídas (indicadas por um ponto negro) à pressão atmosférica, que é fixada a 0 bares de acordo com a convenção anterior.

Um problema típico consiste em determinar os valores da pressão em cada nó interior 1, 2, 3, 4. Nesse sentido, para cada $j = 1, 2, 3, 4$, completa-se a relação (5.2), estabelecendo que a soma algébrica dos caudais das condutas que se encontrarem no nó j deverá ser nula (um valor negativo indicaria a presença de uma fuga).

Designando por $\mathbf{p} = [p_1, p_2, p_3, p_4]^T$ o vector das pressões nos nós interiores, obtém-se um sistema 4×4 da forma $A\mathbf{p} = \mathbf{b}$.

Na tabela seguinte indicamos as características relevantes das diferentes condutas:

conduta	k	L	conduta	k	L	conduta	k	L
1	0.01	20	2	0.005	10	3	0.005	14
4	0.005	10	5	0.005	10	6	0.002	8
7	0.002	8	8	0.002	8	9	0.005	10
10	0.002	8						

Da tabela resultam os seguintes valores para a matriz A e para o vector $\mathbf{b}$ (conservando apenas os 4 primeiros algarismos significativos):

$$
A = \begin{bmatrix} -0.370 & 0.050 & 0.050 & 0.070 \\ 0.050 & -0.116 & 0 & 0.050 \\ 0.050 & 0 & -0.116 & 0.050 \\ 0.070 & 0.050 & 0.050 & -0.202 \end{bmatrix}, \quad \mathbf{b} = \begin{bmatrix} -2 \\ 0 \\ 0 \\ 0 \end{bmatrix}.
$$

A resolução deste sistema será apresentada mais adiante no Exemplo 5.5. ∎

Problema 5.2 (Espectrometria) Consideremos uma mistura de gases constituída por n componentes não reactivas desconhecidas. Usando um espectrómetro de massa, o composto é bombardeado por electrões de

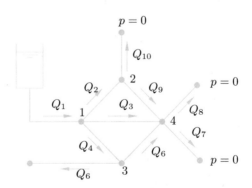

Figura 5.1. Rede de condutas do Problema 5.1

baixa energia: a mistura de iões resultante é analisada por um gal-
vanómetro que mostra os picos correspondentes aos rácios massa/carga
específicas. Consideram-se apenas os n picos mais significativos. Pode-se
conjecturar que a altura h_i do i-ésimo pico é uma combinação linear de
$\{p_j, j = 1, \ldots, n\}$, onde p_j é a pressão parcial da j-ésima componente
(isto é, a pressão exercida por um só gás da mistura), donde resulta

$$\sum_{j=1}^{n} s_{ij} p_j = h_i, \qquad i = 1, \ldots, n, \tag{5.3}$$

onde os s_{ij} são os chamados coeficientes de sensibilidade. A determinação
das pressões parciais exige assim a resolução de um sistema linear. Para
a resolução, ver Exemplo 5.3.   ■

Problema 5.3 (Economia: análise *input-output*) Queremos determinar a situação de equilíbrio entre a procura e a oferta de certos bens.
Em particular, consideremos um modelo de produção no qual $m \geq n$
fábricas (ou linhas de produção) produzem n produtos diferentes. Elas
devem satisfazer à procura interna dos bens (o *input*) necessária ao funcionamento próprio das fábricas, bem como à procura externa (o *output*)
proveniente dos consumidores. A principal hipótese de Leontieff (1930)[1]
é que o modelo de produção é linear, quer dizer, o *output* é proporcional
ao *input* utilizado. Sob esta hipótese a actividade das fábricas é inteira-
mente descrita por duas matrizes, a matriz de *input* $C = (c_{ij}) \in \mathbb{R}^{n \times m}$
e a matriz de *output* $P = (p_{ij}) \in \mathbb{R}^{n \times m}$ ("C" quer dizer *consumíveis*
e "P" *produtos*). O coeficiente c_{ij} (respectivamente, p_{ij}) representa a
quantidade do i-ésimo bem absorvido (respectivamente, produzido) pela
j-ésima fábrica num período de tempo fixado. A matriz $A = P - C$
chama-se *matriz input-output*: a_{ij} positivo (respectivamente, negativo)
designa a quantidade do i-ésimo bem produzido (respectivamente, absorvido) pela j-ésima fábrica. Finalmente, é razoável supor que o sistema
de produção satisfaz a procura de bens pelo mercado, que se pode representar por um vector $\mathbf{b} = (b_i) \in \mathbb{R}^n$ (o vector da *procura final*). A
componente b_i representa a quantidade do i-ésimo bem absorvido pelo
mercado. O equilíbrio será atingido quando o vector $\mathbf{x} = (x_i) \in \mathbb{R}^m$, que
representa a produção total, for igual à procura total, isto é,

$$A\mathbf{x} = \mathbf{b}, \qquad \text{onde} \quad A = P - C. \tag{5.4}$$

Para a resolução deste sistema linear ver Exercício 5.17.   ■

---

[1] Em 1973 Wassily Leontieff recebeu o prémio Nobel da economia pelos seus
estudos.

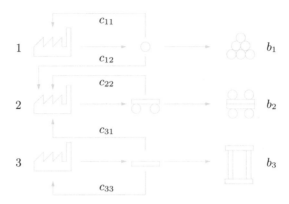

Figura 5.2. Esquema de interacção entre três fábricas e o mercado

A solução do sistema (5.1) existe e é única sse a matriz A for não singular (regular). Em princípio, a solução poderá ser calculada usando a chamada *regra de Cramer*:

$$x_i = \frac{\det(A_i)}{\det(A)}, \quad i = 1, \ldots, n,$$

onde A_i é a matriz que se obtém de A substituindo a i-ésima coluna por **b** e onde $\det(A)$ designa o determinante de A. Se os $n + 1$ determinantes forem calculados pelo desenvolvimento de Laplace (ver Exercício 5.1), serão necessárias approximadamente $2(n + 1)!$ operações. Como é hábito, operação significa uma soma, uma subtracção, um produto ou uma divisão. Por exemplo, um computador capaz de efectuar 10^9 *flops* (i.e. 1 giga *flops*), levaria cerca de 12 horas para resolver um sistema de dimensão $n = 15$, 3240 anos se $n = 20$ e 10^{143} anos se $n = 100$. O custo computacional pode ser drasticamente reduzido para cerca de $n^{3.8}$ operações se os $n + 1$ determinantes forem calculados com o algoritmo referido no Exemplo 1.3. Apesar disso, este custo é ainda bastante elevado para os grandes valores de n, que se encontram frequentemente nas aplicações práticas.

Serão utilizadas duas classes de métodos de aproximação: os chamados *métodos directos* que dão a solução do sistema num número finito de passos, ou os *métodos iterativos* que necessitam (em princípio) de um número infinito de passos. Os métodos iterativos serão abordados na Secção 5.7. Advertimos o leitor para o facto da escolha entre os métodos directos e iterativos depender de vários factores: em primeiro lugar, da eficiência teórica do esquema, mas também do tipo de matriz, da memória de armazenamento requerida e, ainda, da arquitectura do computador (ver Secção 5.11 para mais detalhes).

Finalmente, observamos que um sistema associado a uma matriz plena não se pode resolver com menos de n^2 operações. Com efeito, se as equações forem acopladas, podemos esperar que cada um dos n^2 coeficientes da matriz esteja envolvido numa operação algébrica, pelo menos uma vez.

5.1 O método de factorização LU

Seja A uma matriz quadrada de ordem n. Suponhamos que existem duas matrizes convenientes L e U, triangular inferior e triangular superior, respectivamente, tais que

$$\boxed{A = LU} \tag{5.5}$$

Chamamos a (5.5) uma *factorização* (ou decomposição) LU de A. Se A for não singular, o mesmo acontece a L e U, e deste modo os seus elementos diagonais são não nulos (como se observou na Secção 1.3).

Neste caso, resolver $A\mathbf{x} = \mathbf{b}$ conduz à resolução dos dois sistemas triangulares

$$\boxed{L\mathbf{y} = \mathbf{b}, \; U\mathbf{x} = \mathbf{y}} \tag{5.6}$$

Os dois sistemas são fáceis de resolver. Com efeito, sendo L triangular inferior, a primeira linha do sistema $L\mathbf{y} = \mathbf{b}$ tem a forma:

$$l_{11}y_1 = b_1,$$

o que dá o valor de y_1 já que $l_{11} \neq 0$. Substituindo este valor de y_1 nas $n-1$ equações seguintes, obtém-se um novo sistema cujas incógnitas são $y_2, \ldots, y_n$, nas quais se pode actuar de modo semelhante. Avançando no procedimento para cada uma das equações, podemos calcular todas as incógnitas usando o seguinte *algoritmo das substituições progressivas*:

$$\boxed{\begin{aligned} y_1 &= \frac{1}{l_{11}}b_1, \\ y_i &= \frac{1}{l_{ii}}\left(b_i - \sum_{j=1}^{i-1} l_{ij}y_j \right), \; i = 2, \ldots, n \end{aligned}} \tag{5.7}$$

Passemos à contagem do número de operações requeridas por (5.7). Dado que para calcular a incógnita y_i são necessárias $i-1$ somas, $i-1$ produtos e 1 divisão, o número total de operações é então

$$\sum_{i=1}^{n} 1 + 2\sum_{i=1}^{n}(i-1) = 2\sum_{i=1}^{n} i - n = n^2.$$

O sistema $U\mathbf{x} = \mathbf{y}$ pode ser resolvido de modo semelhante. Desta vez, calcula-se primeiro x_n, e em seguida, por cálculo regressivo, as restantes incógnitas x_i, de $i = n-1$ a $i = 1$:

$$x_n = \frac{1}{u_{nn}} y_n,$$

$$x_i = \frac{1}{u_{ii}} \left(y_i - \sum_{j=i+1}^{n} u_{ij} x_j \right), \ i = n-1, \ldots, 1 \qquad (5.8)$$

A este método chama-se *algoritmo das substituições regressivas* e requer também n^2 operações. Resta encontrar um algoritmo que permita o cálculo efectivo dos factores L e U da matriz A. Ilustramos o procedimento geral começando por dois exemplos.

Exemplo 5.1 Comecemos por escrever a relação (5.5) para uma matriz arbitrária $A \in \mathbb{R}^{2 \times 2}$

$$\begin{bmatrix} l_{11} & 0 \\ l_{21} & l_{22} \end{bmatrix} \begin{bmatrix} u_{11} & u_{12} \\ 0 & u_{22} \end{bmatrix} = \begin{bmatrix} a_{11} & a_{12} \\ a_{21} & a_{22} \end{bmatrix}.$$

Os 6 elementos desconhecidos de L e U devem satisfazer as seguintes equações (não lineares):

$$(e_1) \ l_{11}u_{11} = a_{11}, \ (e_2) \ l_{11}u_{12} = a_{12},$$

$$(e_3) \ l_{21}u_{11} = a_{21}, \ (e_4) \ l_{21}u_{12} + l_{22}u_{22} = a_{22}. \qquad (5.9)$$

O sistema (5.9) é *subdeterminado* uma vez que tem menos equações do que incógnitas. Podemos completá-lo fixando *arbitrariamente* os elementos diagonais de L, fazendo por exemplo $l_{11} = 1$ e $l_{22} = 1$. O sistema (5.9) pode agora resolver-se da seguinte maneira: determinam-se os elementos u_{11} e u_{12} da primeira linha de U utilizando (e_1) e (e_2). Se u_{11} for não nulo então de (e_3) deduz-se l_{21} (isto é, a primeira coluna de L, uma vez que l_{11} já é conhecido). Em seguida, de (e_4) obtém-se o único elemento não nulo u_{22} da segunda linha de U. ∎

Exemplo 5.2 Vamos repetir os cálculos no caso de uma matriz 3×3. Para determinar os 12 coeficientes desconhecidos de L e U temos as seguintes 9 equações:

$(e_1) \ l_{11}u_{11} = a_{11}, (e_2) \ l_{11}u_{12} = a_{12}, \qquad (e_3) \ l_{11}u_{13} = a_{13},$

$(e_4) \ l_{21}u_{11} = a_{21}, (e_5) \ l_{21}u_{12} + l_{22}u_{22} = a_{22}, (e_6) \ l_{21}u_{13} + l_{22}u_{23} = a_{23},$

$(e_7) \ l_{31}u_{11} = a_{31}, (e_8) \ l_{31}u_{12} + l_{32}u_{22} = a_{32}, (e_9) \ l_{31}u_{13} + l_{32}u_{23} + l_{33}u_{33} = a_{33}.$

Completemos este sistema fazendo $l_{ii} = 1$ para $i = 1, 2, 3$. Os coeficientes da primeira linha de U podem agora ser obtidos usando (e_1), (e_2) e (e_3). Em seguida, com (e_4) e (e_7), podemos determinar os coeficientes l_{21} e l_{31} da primeira coluna de L. Usando (e_5) e (e_6) podemos agora calcular os coeficientes u_{22} e u_{23} da segunda linha de U. Em seguida, com (e_8), determinamos o coeficiente l_{32} da segunda coluna de L. Finalmente, a última linha de U (que consiste apenas no elemento u_{33}) pode-se determinar resolvendo (e_9). ∎

Para uma matriz arbitrária de dimensão n procede-se da seguinte maneira:

1. os elementos de L e U satisfazem o sistema de equações não lineares

$$\sum_{r=1}^{\min(i,j)} l_{ir} u_{rj} = a_{ij}, \, i,j = 1,\ldots,n; \qquad (5.10)$$

2. o sistema (5.10) é subdeterminado; com efeito tem n^2 equações e $n^2 + n$ incógnitas e por isso, a factorização LU não pode ser única;

3. fixando o valor 1 para os n elementos diagonais de L, (5.10) transforma-se num sistema determinado que se pode resolver pelo seguinte *algoritmo de Gauss*: fazer $A^{(1)} = A$ isto é $a_{ij}^{(1)} = a_{ij}$, para $i, j = 1,\ldots,n$;

$$
\boxed{
\begin{array}{l}
\text{para } k = 1,\ldots,n-1 \\
\quad \text{para } i = k+1,\ldots,n \\
\qquad l_{ik} = \dfrac{a_{ik}^{(k)}}{a_{kk}^{(k)}}, \\
\quad \text{para } j = k+1,\ldots,n \\
\qquad a_{ij}^{(k+1)} = a_{ij}^{(k)} - l_{ik} a_{kj}^{(k)}
\end{array}
}
\qquad (5.11)
$$

Os termos $a_{kk}^{(k)}$ devem ser todos diferentes de zero e chamam-se *pivots*. Para cada $k = 1,\ldots,n-1$ a matriz $A^{(k+1)} = (a_{ij}^{(k+1)})$ tem $n-k$ linhas e colunas.

No final deste processo os elementos da matriz triangular superior U são dados por $u_{ij} = a_{ij}^{(i)}$ para $i = 1,\ldots,n$ e $j = i,\ldots,n$, enquanto que os de L são dados pelos coeficientes l_{ij} gerados por este algoritmo. Em (5.11) não se calculam os elementos diagonais de L, porque como sabemos o seu valor é igual a 1.

Esta decomposição chama-se *factorização de Gauss*; determinar os elementos dos factores L e U requer cerca de $2n^3/3$ operações (ver Exercício 5.4).

Exemplo 5.3 (Espectrometria) No Problema 5.2 consideramos uma mistura de gases que, depois de um exame espectroscópico, apresenta os seguintes sete picos mais relevantes: $h_1 = 17.1$, $h_2 = 65.1$, $h_3 = 186.0$, $h_4 = 82.7$, $h_5 = 84.2$, $h_6 = 63.7$ e $h_7 = 119.7$. Queremos comparar a pressão total medida, igual a 38.78 μm de Hg (que tem igualmente em conta as componentes que desprezámos no nosso modelo simplificado) com a obtida usando as relações (5.3) com $n = 7$, onde os coeficientes de sensibilidade são dados na Tabela 5.1 (segundo [CLW69, p.331]). Podemos calcular as pressões parciais resolvendo o sistema (5.3) para $n = 7$ à custa da factorização LU. Obtemos

```
» partpress =
     0.6525
     2.2038
     0.3348
     6.4344
     2.9975
     0.5505
    25.6317
```

Usando estes valores, calcula-se a pressão total aproximada   (dada por
sum(partpress)) da mistura de gases que difere da pressão medida em 0.0252
μm de Hg.   ∎

	Componentes e índices						
Pico	Hidrogénio	Metano	Etileno	Etano	Propileno	Propano	n-Pentano
índice	1	2	3	4	5	6	7
1	16.87	0.1650	0.2019	0.3170	0.2340	0.1820	0.1100
2	0.0	27.70	0.8620	0.0620	0.0730	0.1310	0.1200
3	0.0	0.0	22.35	13.05	4.420	6.001	3.043
4	0.0	0.0	0.0	11.28	0.0	1.110	0.3710
5	0.0	0.0	0.0	0.0	9.850	1.1684	2.108
6	0.0	0.0	0.0	0.0	0.2990	15.98	2.107
7	0.0	0.0	0.0	0.0	0.0	0.0	4.670

Tabela 5.1. Coeficientes de sensibilidade para uma mistura de gases

Exemplo 5.4 Considere-se a matriz de Vandermonde

$$A = (a_{ij}) \text{ com } a_{ij} = x_i^{n-j}, \; i,j = 1, \ldots, n, \qquad (5.12)$$

em que os x_i são n abcissas distintas. Pode-se construir esta matriz usando o
vander   comando vander de MATLAB. Na Figura 5.3 representa-se, em função de n, o
número de operações em vírgula flutuante necessárias à factorização de Gauss
de A. Consideram-se diversos valores de n (precisamente, $n = 10, 20, \ldots, 100$)
e indica-se com círculos o número correspondente de operações. A curva que
se mostra na figura é um polinómio de terceiro grau em n que aproxima os
dados anteriores no sentido dos mínimos quadrados. O cálculo do número de
flops   operações fez-se usando o comando flops de MATLAB que existe nas suas
versões 5.3.1 e anteriores.   ∎

Não é necessário armazenar as matrizes $A^{(k)}$ no algoritmo (5.11); com
efeito, podemos sobrepor os $(n-k) \times (n-k)$ elementos de $A^{(k+1)}$ aos
últimos $(n-k) \times (n-k)$ elementos correspondentes da matriz original
A. Além disso, uma vez que no passo k, os elementos subdiagonais da
k-ésima coluna não têm qualquer impacto na matriz final U, eles podem
ser substituídos pelos termos da k-ésima coluna de L, como se faz no
Programa 5.1. Assim, no passo k do algoritmo, os elementos armazenados
no lugar dos coeficientes originais de A são

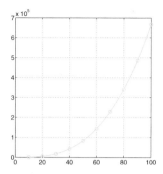

Figura 5.3. Número de operações em vírgula flutuante necessárias à factorização LU da matriz de Vandermonde, em função da sua dimensão n. Esta função é um polinómio de grau 3 que se obtém por aproximação no sentido dos mínimos quadrados, dos valores (representados por círculos) correspondentes a $n = 10, 20, \ldots, 100$.

$$
\begin{bmatrix}
a_{11}^{(1)} & a_{12}^{(1)} & \cdots & & \cdots\cdots & a_{1n}^{(1)} \\
l_{21} & a_{22}^{(2)} & & & & a_{2n}^{(2)} \\
\vdots & \ddots & \ddots & & & \vdots \\
l_{k1} & \cdots & l_{k,k-1} & \boxed{\begin{matrix} a_{kk}^{(k)} & \cdots & a_{kn}^{(k)} \\ \vdots & & \vdots \\ a_{nk}^{(k)} & \cdots & a_{nn}^{(k)} \end{matrix}} \\
\vdots & & \vdots & \\
l_{n1} & \cdots & l_{n,k-1} &
\end{bmatrix},
$$

em que a submatriz enquadrada é $A^{(k)}$. A factorização de Gauss está na base de vários comandos de MATLAB:

- `[L,U]=lu(A)` cujo modo de utilização será discutido na Secção 5.2;   `lu`
- `inv` que permite o cálculo da inversa de uma matriz;   `inv`
- `\` com o qual é possível resolver um sistema linear de matriz **A** e segundo   `\`
  membro **b** escrevendo simplesmente **A\b** (ver Secção 5.6).

Observação 5.1 (Cálculo de um determinante) Por meio da factorização LU é possível calcular o determinante de A com um custo computacional de $\mathcal{O}(n^3)$ operações, tendo em conta que (ver Secção 1.3)

$$
\det(A) = \det(L)\,\det(U) = \prod_{k=1}^{n} u_{kk}.
$$

Na realidade, este método está também na base do comando `det` de MATLAB   `det`

•

No Programa 5.1 implementa-se o algoritmo (5.11). O factor L é armazenado na parte (estritamente) triangular inferior de A e U na parte triangular superior de A (com o objectivo de economizar memória). Depois da execução do programa, podem-se recuperar os dois factores L e U, escrevendo simplesmente: L = eye(n) + tril(A,-1) e U = triu(A), sendo n a dimensão de A.

Programa 5.1. lugauss: factorização de Gauss

```
function A=lugauss(A)
%LUGAUSS Factorização LU sem pivot.
% A = LUGAUSS(A) armazena uma matriz triangular superior
% na parte triangular superior de A e uma matriz
% triangular inferior na parte estritamente inferior de
% A (os elementos diagonais de L valem 1).
[n,m]=size(A);
if n ~= m; error('A não é uma matriz quadrada'); else
  for k = 1:n-1
    for i = k+1:n
     A(i,k) = A(i,k)/A(k,k);
     if A(k,k) == 0, error('Elemento diagonal nulo'); end
     j = [k+1:n]; A(i,j) = A(i,j) - A(i,k)*A(k,j);
    end
  end
end
return
```

Exemplo 5.5 Calculemos a solução do sistema encontrado no Problema 5.1 usando a factorização LU e aplicando em seguida os algoritmos de substituição regressiva e progressiva. Para isso, calculamos a matriz A e o segundo membro b e executamos as seguintes instruções:

```
» A=lugauss(A);
» y(1)=b(1);
» for i=2:4; y=[y; b(i)-A(i,1:i-1)*y(1:i-1)]; end
» x(4)=y(4)/A(4,4);
» for i=3:-1:1;
    x(i)=(y(i)-A(i,i+1:4)*x(i+1:4)')/A(i,i);
  end
```

O resultado é $\mathbf{p} = [8.1172, 5.9893, 5.9893, 5.7779]^T$. ∎

Exemplo 5.6 Suponhamos que se resolve $A\mathbf{x} = \mathbf{b}$ com

$$A = \begin{bmatrix} 1 & 1-\varepsilon & 3 \\ 2 & 2 & 2 \\ 3 & 6 & 4 \end{bmatrix}, \mathbf{b} = \begin{bmatrix} 5-\varepsilon \\ 6 \\ 13 \end{bmatrix}, \varepsilon \in \mathbb{R}, \tag{5.13}$$

cuja solução é $\mathbf{x} = [1, 1, 1]^T$ (independentemente do valor de ε).

Tomemos $\varepsilon = 1$. A factorização de Gauss de A obtida através do Programa 5.1 conduz a

$$L = \begin{bmatrix} 1 & 0 & 0 \\ 2 & 1 & 0 \\ 3 & 3 & 1 \end{bmatrix}, U = \begin{bmatrix} 1 & 0 & 3 \\ 0 & 2 & -4 \\ 0 & 0 & 7 \end{bmatrix}.$$

Fazendo $\varepsilon = 0$ e apesar de A ser não singular, não será possível efectuar a factorização de Gauss já que o algoritmo (5.11) irá envolver divisões por 0. ∎

O exemplo anterior mostra que, infelizmente, a factorização de Gauss A=LU não existe para toda a matriz não singular A. Neste sentido, pode-se demonstrar o seguinte resultado:

Proposição 5.1 *Para uma matriz dada* $A \in \mathbb{R}^{n \times n}$, *a factorização de Gauss existe e é única sse as submatrizes principais* A_i *de* A *de ordem* $i = 1, \ldots, n-1$ *(as que se obtêm restringindo* A *às suas primeiras* i *linhas e colunas) forem não singulares.*

Voltando ao Exemplo 5.6, assinale-se que quando $\varepsilon = 0$, a segunda submatriz principal A_2 da matriz A é singular.

Podemos identificar classes especiais de matrizes para as quais as hipóteses da Proposição 5.1 são verificadas. Referimos em particular:

1. matrizes simétricas e definidas positivas. Uma matriz $A \in \mathbb{R}^{n \times n}$ é *definida positiva* se

$$\forall \mathbf{x} \in \mathbb{R}^n \text{ com } \mathbf{x} \neq \mathbf{0}, \qquad \mathbf{x}^T A \mathbf{x} > 0;$$

2. matrizes de diagonal dominante. Uma matriz é de *diagonal dominante por linhas* se

$$|a_{ii}| \geq \sum_{\substack{j=1 \\ j \neq i}}^{n} |a_{ij}|, \quad i = 1, \ldots, n,$$

por colunas se

$$|a_{ii}| \geq \sum_{\substack{j=1 \\ j \neq i}}^{n} |a_{ji}|, \quad i = 1, \ldots, n.$$

Quando nas desigualdades anteriores substituirmos $\geq$ por $>$, a matriz A diz-se de diagonal *estritamente* dominante (por linhas ou por colunas, respectivamente).

Se A for uma matriz simétrica e definida positiva, é ainda possível construir uma factorização especial

$$\boxed{A = HH^T} \tag{5.14}$$

onde H é uma matriz triangular inferior com os elementos diagonais positivos. Esta é a chamada *factorização de Cholesky* e requer cerca de $n^3/3$ operações (metade do número de operações da factorização LU de Gauss). Além disso, notemos que, devido à simetria, só se armazena a parte inferior de A e assim H poderá ser armazenada na mesma área.

Os elementos de H calculam-se com o seguinte algoritmo: faz-se $h_{11} = \sqrt{a_{11}}$ e para $i = 2, \ldots, n$,

$$
\begin{aligned}
h_{ij} &= \frac{1}{h_{jj}} \left(a_{ij} - \sum_{k=1}^{j-1} h_{ik} h_{jk} \right), \quad j = 1, \ldots, i-1, \\
h_{ii} &= \sqrt{a_{ii} - \sum_{k=1}^{i-1} h_{ik}^2}
\end{aligned}
\tag{5.15}
$$

A factorização de Cholesky está disponível em MATLAB fazendo chol R=chol(A), onde R é o factor triangular *superior* H^T.

Ver os Exercícios 5.1-5.5.

5.2 A técnica do *pivot*

Vamos introduzir uma técnica que nos permite efectuar a factorização LU de qualquer matriz não singular, mesmo quando as hipóteses da Proposição 5.1 não forem verificadas.

Voltemos ao caso descrito no Exemplo 5.6 e consideremos $\varepsilon = 0$. Fazendo $A^{(1)} = A$ depois de ter efectuado a primeira iteração ($k = 1$) do algoritmo, as novas entradas de A são

$$
\begin{bmatrix}
1 & 1 & 3 \\
2 & 0 & -4 \\
3 & 3 & -5
\end{bmatrix}.
\tag{5.16}
$$

Como o *pivot* a_{22} é igual a zero, não se poderá ir mais além usando esta técnica. Contudo, invertendo à partida a segunda e a terceira linhas, ter-se-ia obtido a matriz

$$
\begin{bmatrix}
1 & 1 & 3 \\
3 & 3 & -5 \\
2 & 0 & -4
\end{bmatrix}
$$

e a factorização poderia fazer-se sem envolver uma divisão por 0.

Podemos afirmar que uma *permutação* adequada das linhas da matriz original A torna possível o processo de factorização, mesmo que as hipóteses da Proposição 5.1 não se verifiquem, desde que det(A) $\neq 0$. Infelizmente, não podemos saber *a priori* quais as linhas que deverão ser permutadas. Contudo, podemos efectuar uma permutação em cada passo k em que apareça um elemento diagonal $a_{kk}^{(k)}$ nulo.

Voltemos à matriz (5.16): dado que o coeficiente na posição $(2,2)$ é nulo, trocamos a terceira e a segunda linhas da matriz e verificamos se o novo coeficiente gerado na posição $(2, 2)$ é ainda nulo. Executando o segundo passo do algoritmo de factorização encontramos a mesma matriz que teríamos obtido permutando *a priori* as mesmas linhas de A.

Podemos assim efectuar uma permutação de linhas sempre que se torne necessário, sem proceder a qualquer transformação *a priori* de A. Dado que uma permutação de linhas resulta numa mudança do *elemento pivot*, esta técnica designa-se por *método do pivot por linhas*. A factorização assim construída devolve a matriz original a menos de uma permutação de linhas. Concretamente obtemos

$$\boxed{PA = LU} \tag{5.17}$$

onde P é uma *matriz de permutação* conveniente, que no início é igual à matriz identidade. Quando na execução do algoritmo as linhas r e s de A permutarem, a mesma permutação deverá ser aplicada às linhas homólogas de P. Por conseguinte, iremos agora resolver os seguintes sistemas triangulares

$$\mathbf{Ly} = \mathbf{Pb}, \qquad \mathbf{Ux} = \mathbf{y}. \tag{5.18}$$

Da segunda equação de (5.11) vemos que para além dos *pivots* nulos $a_{kk}^{(k)}$, também os demasiado próximos de zero causam problemas. Com efeito, se os $a_{kk}^{(k)}$ forem próximos de zero, os possíveis erros de arredondamento que afectarem os coeficientes $a_{kj}^{(k)}$ serão muito ampliados.

Exemplo 5.7 Consideremos a matriz não singular

$$A = \begin{bmatrix} 1 & 1 + 0.5 \cdot 10^{-15} & 3 \\ 2 & 2 & 20 \\ 3 & 6 & 4 \end{bmatrix}.$$

Na factorização executada pelo Programa 5.1 não se obtêm quaisquer *pivots* nulos. No entanto, os factores L e U têm pouca precisão, como se pode constatar quando se calcula a matriz residual $A - LU$ (que seria igual à matriz nula se todas as operações tivessem sido efectuadas em aritmética exacta):

$$A - LU = \begin{bmatrix} 0 & 0 & 0 \\ 0 & 0 & 0 \\ 0 & 0 & 4 \end{bmatrix}.$$

∎

Recomenda-se portanto a utilização de uma estratégia de *pivot* em cada passo do processo de factorização, escolhendo entre todos os *pivots* possíveis $a_{ik}^{(k)}$ com $i = k, \ldots, n$, o que tem módulo máximo. O algoritmo (5.11) com *pivot* por linhas aplicado em cada iteração escreve-se na seguinte forma:

$$
\begin{aligned}
&\text{para } k = 1, \ldots, n \\
&\quad \text{para } i = k+1, \ldots, n \\
&\qquad \text{determinar } \bar{r} \text{ tal que } |a_{\bar{r}k}^{(k)}| = \max_{r=k,\ldots,n} |a_{rk}^{(k)}|, \\
&\qquad \text{mudar a linha } k \text{ com a linha } \bar{r}, \\
&\qquad l_{ik} = \frac{a_{ik}^{(k)}}{a_{kk}^{(k)}}, \\
&\qquad \text{para } j = k+1, \ldots, n \\
&\qquad\quad a_{ij}^{(k+1)} = a_{ij}^{(k)} - l_{ik} a_{kj}^{(k)}
\end{aligned}
\tag{5.19}
$$

O programa lu de MATLAB que mencionámos anteriormente calcula a factorização de Gauss com *pivot* por linhas. A sua sintaxe completa é [L,U,P]=lu(A), sendo P a matriz de permutação. Quando se utiliza na forma abreviada [L,U]=lu(A), a matriz L é igual a P*M, onde M é triangular inferior e P é a matriz de permutação construída pela técnica de *pivot* por linhas. O programa lu activa automaticamente a estratégia de *pivot* por linhas quando se calcula um *pivot* nulo (ou muito pequeno).

Ver os Exercícios 5.6-5.8.

5.3 Qual é a precisão da factorização LU?

Já tinhamos observado no Exemplo 5.7 que, devido a erros de arredondamento, na prática o produto LU não é exactamente igual a A. Apesar da estratégia do *pivot* atenuar estes erros, o resultado nem sempre é satisfatório.

Exemplo 5.8 Consideremos o sistema linear $A_n \mathbf{x}_n = \mathbf{b}_n$, onde $A_n \in \mathbb{R}^{n \times n}$ é a chamada *matriz de Hilbert* cujos elementos são

$$
a_{ij} = 1/(i+j-1), \qquad i,j = 1, \ldots, n,
$$

e em que $\mathbf{b}_n$ é escolhido de modo que a solução exacta seja $\mathbf{x}_n = [1, 1, \ldots, 1]^T$. A matriz A_n é claramente simétrica e pode-se provar que é também definida positiva.

Para obter a factorização de Gauss com *pivot* por linhas de A_n, para diferentes valores de n, utiliza-se a função lu de MATLAB. Em seguida resolve-se os sistemas lineares associados (5.18) e designa-se por $\widehat{\mathbf{x}}_n$ a solução calculada. Na Figura 5.4 representamos (em escala logarítmica) os erros relativos

$$
E_n = \|\mathbf{x}_n - \widehat{\mathbf{x}}_n\| / \|\mathbf{x}_n\|, \tag{5.20}
$$

tendo designado por $\| \cdot \|$ a norma euclidiana introduzida na Secção 1.3.1. Temos $E_n \geq 10$ se $n \geq 13$ (isto é, um erro relativo na solução superior a 1000%!), enquanto que $R_n = L_n U_n - P_n A_n$ é a matriz nula (salvo a precisão da máquina) para todo o n. ∎

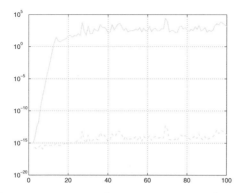

Figura 5.4. Comportamento em função de n de E_n (*linha contínua*) e de $\max_{i,j=1,\dots,n} |r_{ij}|$ (*linha a tracejado*) em escala logarítmica, para o sistema de Hilbert do Exemplo 5.8. Os r_{ij} são os coeficientes da matriz R

Com base na observação anterior poderíamos especular e dizer que, ao resolver numericamente um sistema linear $A\mathbf{x} = \mathbf{b}$, estamos na realidade a procurar a solução *exacta* $\widehat{\mathbf{x}}$ de um sistema *perturbado*

$$(A + \delta A)\widehat{\mathbf{x}} = \mathbf{b} + \boldsymbol{\delta}\mathbf{b}, \tag{5.21}$$

onde δA e $\boldsymbol{\delta}\mathbf{b}$ são, respectivamente, uma matriz e um vector que dependem do método numérico utilizado. Começamos por considerar o caso mais simples em que $\delta A = 0$ e $\boldsymbol{\delta}\mathbf{b} \neq \mathbf{0}$. Além disso, para simplificar supomos também que A é simétrica e definida positiva.

Comparando (5.1) e (5.21) verificamos que $\mathbf{x} - \widehat{\mathbf{x}} = -A^{-1}\boldsymbol{\delta}\mathbf{b}$, e então

$$\|\mathbf{x} - \widehat{\mathbf{x}}\| = \|A^{-1}\boldsymbol{\delta}\mathbf{b}\|. \tag{5.22}$$

Encontremos em seguida um majorante do segundo membro de (5.22): como A é simétrica e definida positiva, os seus vectores próprios $\{\mathbf{v}_i\}_{i=1}^n$ formam uma base ortonormal de $\mathbb{R}^n$ (ver [QSS07, Capítulo 5]). Isto quer dizer que

$$A\mathbf{v}_i = \lambda_i \mathbf{v}_i,\ i = 1, \dots, n,$$

$$\mathbf{v}_i^T \mathbf{v}_j = \delta_{ij},\ i, j = 1, \dots, n,$$

onde λ_i é o valor próprio de A associado a $\mathbf{v}_i$ e δ_{ij} é o símbolo de Kronecker. Assim, um vector qualquer $\mathbf{w} \in \mathbb{R}^n$ pode-se escrever como

$$\mathbf{w} = \sum_{i=1}^n w_i \mathbf{v}_i,$$

para um determinado (e único) conjunto de coeficientes $w_i \in \mathbb{R}$. Temos

$$\|A\mathbf{w}\|^2 = (A\mathbf{w})^T (A\mathbf{w})$$
$$= [w_1(A\mathbf{v}_1)^T + \ldots + w_n(A\mathbf{v}_n)^T][w_1 A\mathbf{v}_1 + \ldots + w_n A\mathbf{v}_n]$$
$$= (\lambda_1 w_1 \mathbf{v}_1^T + \ldots + \lambda_n w_n \mathbf{v}_n^T)(\lambda_1 w_1 \mathbf{v}_1 + \ldots + \lambda_n w_n \mathbf{v}_n)$$
$$= \sum_{i=1}^{n} \lambda_i^2 w_i^2.$$

Seja λ_{max} o maior valor próprio de A. Como $\|\mathbf{w}\|^2 = \sum_{i=1}^{n} w_i^2$, temos

$$\|A\mathbf{w}\| \leq \lambda_{max}\|\mathbf{w}\| \qquad \forall \mathbf{w} \in \mathbb{R}^n. \tag{5.23}$$

De maneira análoga, obtemos

$$\|A^{-1}\mathbf{w}\| \leq \frac{1}{\lambda_{min}}\|\mathbf{w}\|,$$

recordando que os valores próprios de A^{-1} são os inversos dos valores próprios de A. Esta desigualdade permite deduzir a partir de (5.22)

$$\frac{\|\mathbf{x} - \widehat{\mathbf{x}}\|}{\|\mathbf{x}\|} \leq \frac{1}{\lambda_{min}} \frac{\|\delta\mathbf{b}\|}{\|\mathbf{x}\|}. \tag{5.24}$$

Usando (5.23) uma vez mais e recordando que $A\mathbf{x} = \mathbf{b}$, obtemos finalmente

$$\boxed{\frac{\|\mathbf{x} - \widehat{\mathbf{x}}\|}{\|\mathbf{x}\|} \leq \frac{\lambda_{max}}{\lambda_{min}} \frac{\|\delta\mathbf{b}\|}{\|\mathbf{b}\|}} \tag{5.25}$$

Concluímos que o erro relativo na solução é limitado pelo erro relativo nos dados multiplicado pela seguinte constante (≥ 1)

$$\boxed{K(A) = \frac{\lambda_{max}}{\lambda_{min}}} \tag{5.26}$$

cond

que se chama *número de condição espectral da matriz A*. $K(A)$ pode-se calcular em MATLAB usando o comando cond. Para outras definições do número de condição no caso de matrizes não simétricas, ver [QSS07, Capítulo 3].

condest

rcond

Observação 5.2 O comando cond(A) de MATLAB permite o cálculo do número de condição de qualquer tipo de matriz A, incluindo as que não são simétricas e definidas positivas. O comando de MATLAB condest(A) permite calcular uma aproximação do número de condição de uma matriz esparsa A, e o comando rcond(A) dá a sua inversa, com uma grande economia de operações em vírgula flutuante. Se a matriz A for mal condicionada (isto é, $K(A) \gg 1$), o cálculo do seu número de condição pode ser muito pouco preciso. Consideremos por exemplo as matrizes tridiagonais $A_n = \text{tridiag}(-1, 2, -1)$ para diferentes valores de n. A_n é simétrica e definida positiva, os seus valores próprios são $\lambda_j = 2 - 2\cos(j\theta)$, para $j = 1, \ldots, n$, com $\theta = \pi/(n+1)$, e portanto $K(A_n)$ pode ser calculado exactamente. Na Figura 5.5 mostra-se o valor do erro $E_K(n) = |K(A_n) - \text{cond}(A_n)|/K(A_n)$. Notar que $E_K(n)$ cresce com n. •

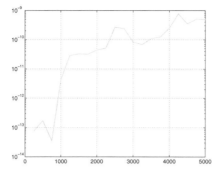

Figura 5.5. Comportamento de $E_K(n)$ em função de n (escala logarítmica)

Uma demonstração mais complicada conduziria ao seguinte resultado, no caso em que δA é uma matriz simétrica e definida positiva arbitrária, "suficientemente pequena" para satisfazer $\lambda_{max}(\delta A) < \lambda_{min}(A)$:

$$\frac{\|x - \widehat{x}\|}{\|x\|} \leq \frac{K(A)}{1 - \lambda_{max}(\delta A)/\lambda_{min}} \left(\frac{\lambda_{max}(\delta A)}{\lambda_{max}} + \frac{\|\delta b\|}{\|b\|} \right) \qquad (5.27)$$

Se $K(A)$ for "pequeno", isto é da ordem da unidade, diz-se que A é *bem condicionada*. Nesse caso, pequenos erros nos dados induzem erros na solução com a mesma ordem de grandeza. Esta propriedade não é verificada pelas matrizes *mal condicionadas*.

Exemplo 5.9 Para a matriz de Hilbert introduzida no Exemplo 5.8, $K(A_n)$ é uma função que cresce rapidamente com n. Tem-se $K(A_4) > 15000$, e se $n > 13$ o número de condição é tão grande que MATLAB avisa que a matriz é "quase singular". Na verdade, $K(A_n)$ cresce exponencialmente: $K(A_n) \simeq e^{3.5n}$ (ver [Hig02]). Isto explica de maneira indirecta os maus resultados obtidos no Exemplo 5.8. ∎

A desigualdade (5.25) pode ser reformulada à custa do *resíduo* **r**,

$$r = b - A\widehat{x}. \qquad (5.28)$$

Se $\widehat{x}$ fosse a solução exacta, o resíduo seria o vector nulo. Assim, em geral, **r** pode ser considerado como um *estimador* do erro $x - \widehat{x}$. A propriedade qualitativa deste estimador do erro depende do valor do número de condição de A. Com efeito, observando que $\delta b = A(\widehat{x} - x) = A\widehat{x} - b = -r$, de (5.25) deduz-se

$$\frac{\|x - \widehat{x}\|}{\|x\|} \leq K(A)\frac{\|r\|}{\|b\|} \qquad (5.29)$$

Deste modo se $K(A)$ for "pequeno", podemos estar seguros de que o erro é pequeno desde que o resíduo também o seja, enquanto que isto poderá não acontecer se $K(A)$ for "grande".

Exemplo 5.10 Os resíduos associados às soluções numéricas dos sistemas lineares do Exemplo 5.8 são muito pequenos (as suas normas variam entre 10^{-16} e 10^{-11}); no entanto, as soluções calculadas diferem muito da solução exacta. ■

Ver os Exercícios 5.9-5.10.

5.4 Como resolver um sistema tridiagonal

Em numerosas aplicações (ver por exemplo o Capítulo 8), temos de resolver um sistema cuja matriz tem a forma

$$A = \begin{bmatrix} a_1 & c_1 & & 0 \\ e_2 & a_2 & \ddots & \\ & \ddots & \ddots & c_{n-1} \\ 0 & & e_n & a_n \end{bmatrix}.$$

Esta matriz diz-se *tridiagonal* uma vez que os únicos elementos não nulos estão na diagonal principal e nas primeiras diagonais superior e inferior.

Se a factorização LU de Gauss de A existir, os factores L e U deverão ser *bidiagonais* (inferior e superior, respectivamente), mais precisamente

$$L = \begin{bmatrix} 1 & & 0 \\ \beta_2 & 1 & \\ & \ddots & \ddots \\ 0 & & \beta_n & 1 \end{bmatrix}, \quad U = \begin{bmatrix} \alpha_1 & c_1 & & 0 \\ & \alpha_2 & \ddots & \\ & & \ddots & c_{n-1} \\ 0 & & & \alpha_n \end{bmatrix}.$$

Os coeficientes desconhecidos α_i e β_i podem-se determinar pela igualdade LU = A. Isto conduz às seguintes relações de recorrência para o cálculo dos factores L e U:

$$\alpha_1 = a_1, \ \beta_i = \frac{e_i}{\alpha_{i-1}}, \ \alpha_i = a_i - \beta_i c_{i-1}, \ i = 2, \dots, n. \tag{5.30}$$

Usando (5.30), é fácil resolver os dois sistemas bidiagonais $Ly = b$ e $Ux = y$, para obter as seguintes fórmulas:

$$(Ly = b) \quad y_1 = b_1, \ y_i = b_i - \beta_i y_{i-1}, \ i = 2, \dots, n, \tag{5.31}$$

$$(\mathbf{U}\mathbf{x} = \mathbf{y}) \quad x_n = \frac{y_n}{\alpha_n}, \, x_i = (y_i - c_i x_{i+1})/\alpha_i, \, i = n - 1, \ldots, 1. \, (5.32)$$

Esta técnica é conhecida pelo nome de *algoritmo de Thomas* e permite obter a solução do sistema original com um custo computacional da ordem de n operações.

O comando `spdiags` de MATLAB permite construir uma matriz   `spdiags`
tridiagonal. Por exemplo, as seguintes instruções

```
» b=ones(10,1); a=2*b; c=3*b;
» T=spdiags([b a c],-1:1,10,10);
```

calculam a matriz tridiagonal $T \in \mathbb{R}^{10 \times 10}$ cujos elementos valem 2 na diagonal principal, 1 na primeira diagonal inferior e 3 na primeira diagonal superior.

Notar que T está definida de *modo esparso*, o que significa que só os elementos diferentes de 0 são armazenados. Uma matriz $A \in \mathbb{R}^{n \times n}$ é *esparsa* se tiver um número de termos não nulos da ordem de n (e não n^2). Chama-se *perfil* de uma matriz esparsa ao conjunto dos seus coeficientes não nulos.

Ao resolver um sistema invocando o comando \, MATLAB é capaz de detectar o tipo de matriz (em particular, se foi construída em modo esparso) e selecciona o algoritmo de resolução mais apropriado. Por exemplo, se A for tridiagonal e armazenada de modo esparso, utiliza-se o algoritmo de Thomas.

5.5 Sistemas sobredeterminados

Um sistema linear $\mathbf{A}\mathbf{x} = \mathbf{b}$ com $A \in \mathbb{R}^{m \times n}$ diz-se *sobredeterminado* se $m > n$, e *subdeterminado* se $m < n$.

Um sistema sobredeterminado geralmente não tem solução a não ser que o segundo membro $\mathbf{b}$ seja um elemento da imagem de A, definida por

$$\text{Im}(A) = \{\mathbf{y} \in \mathbb{R}^m : \mathbf{y} = A\mathbf{x} \text{ para } \mathbf{x} \in \mathbb{R}^n\}. \quad (5.33)$$

Em geral, para um segundo membro arbitrário $\mathbf{b}$ podemos procurar um vector $\mathbf{x}^* \in \mathbb{R}^n$ que minimize a norma euclidiana do resíduo, isto é,

$$\Phi(\mathbf{x}^*) = \|A\mathbf{x}^* - \mathbf{b}\|_2^2 \le \min_{\mathbf{x} \in \mathbb{R}^n} \|A\mathbf{x} - \mathbf{b}\|_2^2 = \min_{\mathbf{x} \in \mathbb{R}^n} \Phi(\mathbf{x}). \quad (5.34)$$

Esse vector $\mathbf{x}^*$ designa-se por *solução dos mínimos quadrados* do sistema sobredeterminado $\mathbf{A}\mathbf{x} = \mathbf{b}$.

Tal como na Secção 3.4, pode-se encontrar a solução de (5.34) impondo a condição de que o gradiente da função Φ se anule em $\mathbf{x}^*$. De modo semelhante mostra-se que $\mathbf{x}^*$ é de facto a solução do sistema linear

$$\boxed{A^T A x^* = A^T b}\tag{5.35}$$

o chamado sistema de *equações normais*. Este sistema é não singular se A tiver *característica máxima* (isto é, car(A) = min(m,n)), onde a *característica* de A, car(A), é a maior ordem dos determinantes não nulos extraídos de A). Neste caso B = $A^T A$ é uma matriz simérica definida positiva, e a solução dos mínimos quadrados existe e é única.

Para a calcular poderia usar-se a factorização de Cholesky (5.14). Contudo, devido a erros de arredondamento, o cálculo de $A^T A$ poderá ser afectado por uma perda de algarismos significativos, com a consequente perda do carácter definido positivo da própria matriz. Em vez deste cálculo directo, é mais conveniente usar a chamada factorização QR. Toda a matriz de característica máxima $A \in \mathbb{R}^{m \times n}$, com $m \geq n$, admite uma única *factorização QR*, isto é, existe uma matriz $Q \in \mathbb{R}^{m \times m}$ ortogonal ($Q^T Q = I$) e uma matriz trapezoidal superior $R \in \mathbb{R}^{m \times n}$ cujas linhas são nulas a partir da $n + 1$-ésima, tais que

$$\boxed{A = QR}\tag{5.36}$$

Assim, a única solução de (5.34) é dada por

$$x^* = \tilde{R}^{-1}\tilde{Q}^T b,\tag{5.37}$$

onde $\tilde{R} \in \mathbb{R}^{n \times n}$ e $\tilde{Q} \in \mathbb{R}^{m \times n}$ são as matrizes definidas por

$$\tilde{Q} = Q(1:m, 1:n), \qquad \tilde{R} = R(1:n, 1:n).$$

Note-se que $\tilde{R}$ é não singular.

Exemplo 5.11 Consideremos um método alternativo para determinar a recta de regressão $\epsilon(\sigma) = a_1\sigma + a_0$ dos dados do Problema 3.3 (ver Secção 3.4). Usando os dados da Tabela 3.2 e impondo as condições de interpolação, obtemos o sistema sobredeterminado $Aa = b$, onde $a = [a_1, a_0]^T$ e

$$A = \begin{bmatrix} 0 & 1 \\ 0.06 & 1 \\ 0.14 & 1 \\ 0.25 & 1 \\ 0.31 & 1 \\ 0.47 & 1 \\ 0.60 & 1 \\ 0.70 & 1 \end{bmatrix}, \quad b = \begin{bmatrix} 0 \\ 0.08 \\ 0.14 \\ 0.20 \\ 0.23 \\ 0.25 \\ 0.28 \\ 0.29 \end{bmatrix}.$$

Para calcular a sua solução dos mínimos quadrados usam-se as seguintes instruções:

```
» [Q,R]=qr(A);
» Qt=Q(:,1:2);
» Rt=R(1:2,:);
» xstar = Rt \ (Qt'*b)
```

```
xstar =
    0.3741
    0.0654
```

Estes são precisamente os mesmos coeficientes da recta de regressão calculada no Exemplo 3.10. Note-se que este procedimento está directamente implementado no comando \: com efeito, a instrução xstar = A\b produz o mesmo vector xstar.   ∎

5.6 O que se esconde atrás do comando \

É útil saber que o algoritmo específico usado pelo MATLAB quando se invoca o comando \ depende da estrutura da matriz A. Para determinar a estrutura de A e seleccionar o algoritmo apropriado, MATLAB actua da seguinte maneira (no caso em que A é real):

1. se A for esparsa e em banda, utilizam-se algoritmos específicos para estas estruturas (como o algoritmo de Thomas da Secção 5.4). Diz-se que uma matriz $A \in \mathbb{R}^{m \times n}$ (ou in $\mathbb{C}^{m \times n}$) tem uma *banda inferior* p se $a_{ij} = 0$ quando $i > j + p$ e uma *banda superior* q se $a_{ij} = 0$ quando $j > i + q$. O máximo entre p e q chama-se a *largura de banda* da matriz;

2. se A for uma matriz triangular superior ou inferior (ou uma permutação de uma matriz triangular), o sistema resolve-se à custa de um algoritmo de substituição regressivo para matrizes triangulares superiores, ou por um algoritmo de substituição progressivo para matrizes triangulares inferiores. O teste de triangularidade faz-se para matrizes plenas testando os elementos nulos e para matrizes esparsas analisando a sua estrutura;

3. se A for simétrica e tiver elementos diagonais reais e positivos (o que não significa que A seja definida positiva), tenta-se uma factorização de Cholesky (chol). Se A for esparsa, aplica-se primeiro um algoritmo de reordenamento;

4. se nenhum dos critérios precedentes se verificar, então calcula-se uma factorização triangular geral por eliminação de Gauss com *pivot* parcial (lu);

5. se A for esparsa, utiliza-se a biblioteca UMFPACK para calcular a solução do sistema;

6. se A não for quadrada, utilizam-se métodos específicos baseados na factorização QR para sistemas indeterminados (para o caso sobredeterminado, ver Secção 5.5).

O comando \ existe também em Octave. Para um sistema associado a uma matriz densa, Octave utiliza apenas as factorizações LU ou QR. Quando a matriz é esparsa Octave segue o procedimento:

1. se a matriz for triangular superior (com permutações de colunas) ou inferior (com permutações de linhas), efectua-se uma substituição progressiva ou regressiva esparsa;
2. se a matriz for quadrada, simétrica com diagonal positiva, tenta-se fazer uma factorização de Cholesky esparsa;
3. se a factorização de Cholesky esparsa falhar ou se a matriz não for simétrica com diagonal positiva, factoriza-se usando a biblioteca UMFPACK;
4. se a matriz for quadrada, tiver estrutura em banda e se a densidade da banda for "suficientemente pequena" continuar, caso contrário ir para 3;
    a) se a matriz for tridiagonal e o segundo membro não for esparso, continuar, caso contrário ir para b);
        i. se a matriz for simétrica, com diagonal positiva, tentar a factorização de Cholesky;
        ii. se o anterior falhar ou se a matriz não for simétrica com diagonal positiva, usar a eliminação de Gauss com escolha de *pivot*;
    b) se a matriz for simétrica com diagonal positiva, tentar a factorização de Cholesky;
    c) se o anterior falhar ou se a matriz não for simétrica com diagonal positiva, usar a eliminação de Gauss com escolha de *pivot*;
5. se a matriz não for quadrada, ou se algum dos programas anteriores tiver detectado uma matriz singular ou quase singular, determinar uma solução no sentido dos mínimos quadrados.

 Em resumo

1. A factorização LU de A consiste em calcular uma matriz triangular inferior L e uma matriz triangular superior U tais que $A = LU$;
2. a factorização LU, se existir, não é única. Contudo, ela pode ser determinada univocamente desde que sejam dadas condições suplementares tais como, por exemplo, fixando os elementos da diagonal de L iguais a 1. A isto chama-se factorização de Gauss;
3. a factorização de Gauss existe e é única se e só se as submatrizes principais de A de ordem 1 a $n - 1$ forem não singulares (caso contrário pelo menos um elemento *pivot* é nulo);
4. quando se encontrar um *pivot* nulo, poderá obter-se um novo *pivot* trocando duas linhas (ou colunas) do nosso sistema, escolhidas de modo conveniente. A isto chama-se a estratégia do *pivot*;
5. o cálculo da factorização de Gauss necessita em geral de cerca de $2n^3/3$ operações, e apenas de n operações no caso de sistemas tridiagonais;

6. para matrizes simétricas e definidas positivas pode-se usar a factorização de Cholesky $A = HH^T$, onde H é uma matriz triangular inferior, e o custo computacional é da ordem de $n^3/3$ operações;

7. a sensibilidade do resultado a perturbações nos dados depende do número de condição da matriz do sistema; mais precisamente, a solução calculada pode ser imprecisa para matrizes mal condicionadas (quer dizer, com número de condição muito maior do que 1);

8. a solução de um sistema linear sobredeterminado pode ser interpretada no sentido dos mínimos quadrados e calculada por uma factorização QR.

5.7 Métodos iterativos

Resolver um sistema linear (5.1) por um método iterativo consiste em construir uma sucessão de vectores $\{\mathbf{x}^{(k)}, k \geq 0\}$ de $\mathbb{R}^n$ que *converge* para a solução exacta $\mathbf{x}$, isto é

$$\lim_{k \to \infty} \mathbf{x}^{(k)} = \mathbf{x}, \qquad (5.38)$$

para qualquer vector inicial dado $\mathbf{x}^{(0)} \in \mathbb{R}^n$. Uma possível estratégia para concretizar este processo pode basear-se na seguinte relação de recorrência

$$\mathbf{x}^{(k+1)} = B\mathbf{x}^{(k)} + \mathbf{g}, \qquad k \geq 0, \qquad (5.39)$$

onde B é uma matriz apropriada (dependente de A) e $\mathbf{g}$ é um vector (dependente de A e $\mathbf{b}$), que verificam a relação

$$\mathbf{x} = B\mathbf{x} + \mathbf{g}. \qquad (5.40)$$

Como $\mathbf{x} = A^{-1}\mathbf{b}$ isto implica $\mathbf{g} = (I - B)A^{-1}\mathbf{b}$.

Seja $\mathbf{e}^{(k)} = \mathbf{x} - \mathbf{x}^{(k)}$ o erro na iteração k. Subtraindo (5.39) de (5.40), obtém-se

$$\mathbf{e}^{(k+1)} = B\mathbf{e}^{(k)}.$$

Por esta razão chama-se a B *matriz de iteração* associada a (5.39). Se B for simétrica e definida positiva, de (5.23) resulta

$$\|\mathbf{e}^{(k+1)}\| = \|B\mathbf{e}^{(k)}\| \leq \rho(B)\|\mathbf{e}^{(k)}\|, \qquad \forall k \geq 0.$$

onde $\rho(B)$ designa o *raio espectral* de B, isto é, o módulo máximo dos valores próprios de B. Iterando regressivamente esta desigualdade, obtém-se

$$\|e^{(k)}\| \leq [\rho(B)]^k \|e^{(0)}\|, \quad k \geq 0. \tag{5.41}$$

Assim $e^{(k)} \to 0$ quando $k \to \infty$ para todo o $e^{(0)}$ (e, por conseguinte $x^{(0)}$) desde que $\rho(B) < 1$. Esta propriedade é igualmente necessária para a convergência.

Se por acaso se conhecer um valor aproximado de $\rho(B)$, de (5.41) poderá deduzir-se o número mínimo de iterações k_{min} necessárias para reduzir o erro inicial de um factor ε. Com efeito, k_{min} será então o mais pequeno inteiro positivo para o qual $[\rho(B)]^{k_{min}} \leq \varepsilon$.

Em conclusão, para uma matriz qualquer tem-se o seguinte resultado:

Proposição 5.2 *Para um método iterativo da forma (5.39) cuja matriz de iteração satisfaz (5.40), tem-se convergência para todo o* $x^{(0)}$ *sse* $\rho(B) < 1$. *Além disso, quanto mais pequeno for* $\rho(B)$, *tanto menor será o número de iterações necessárias para reduzir o erro inicial de um factor dado.*

5.7.1 Como construir um método iterativo

Uma técnica geral para construir um método iterativo baseia-se numa *decomposição* da matriz A, $A = P - (P - A)$, sendo P uma matriz não singular adequada (chamada *precondicionador* de A). Então

$$Px = (P - A)x + b,$$

que tem a forma (5.40) desde que se faça $B = P^{-1}(P - A) = I - P^{-1}A$ e $g = P^{-1}b$. Podemos definir o método iterativo correspondente:

$$P(x^{(k+1)} - x^{(k)}) = r^{(k)}, \quad k \geq 0,$$

onde

$$r^{(k)} = b - Ax^{(k)} \tag{5.42}$$

designa o resíduo na iteração k. Pode-se generalizar este método da seguinte maneira

$$P(x^{(k+1)} - x^{(k)}) = \alpha_k r^{(k)}, \quad k \geq 0 \tag{5.43}$$

onde $\alpha_k \neq 0$ é um parâmetro que pode mudar em cada iteração k e que, *a priori*, será útil para melhorar as propriedades de convergência da sucessão $\{x^{(k)}\}$.

O método (5.43) conduz a procurar em cada iteração o chamado *resíduo precondicionado* $z^{(k)}$, que é a solução do sistema linear

$$P z^{(k)} = r^{(k)}, \tag{5.44}$$

e a nova iterada define-se então por $x^{(k+1)} = x^{(k)} + \alpha_k z^{(k)}$. Por este motivo a matriz P deve ser escolhida de modo que o custo computacional da solução de (5.44) seja bastante baixo (por exemplo, uma matriz P diagonal, triangular ou tridiagonal verificará este critério). Consideremos agora alguns casos especiais de métodos iterativos da forma (5.43).

O método de Jacobi

Se os termos diagonais de A forem não nulos, podemos pôr $P = D = \mathrm{diag}(a_{11}, a_{22}, \ldots, a_{nn})$, onde D é a matriz diagonal que contém os termos diagonais de A. O método de Jacobi corresponde a esta escolha, com a hipótese $\alpha_k = 1$ para todo o k. Então de (5.43) obtemos

$$D x^{(k+1)} = b - (A - D)x^{(k)}, \qquad k \geq 0,$$

ou, por componentes,

$$x_i^{(k+1)} = \frac{1}{a_{ii}} \left(b_i - \sum_{j=1, j \neq i}^{n} a_{ij} x_j^{(k)} \right), \; i = 1, \ldots, n \tag{5.45}$$

para $k \geq 0$ e onde $x^{(0)} = [x_1^{(0)}, x_2^{(0)}, \ldots, x_n^{(0)}]^T$ é o vector inicial.

A matriz de iteração é então

$$B = D^{-1}(D - A) = \begin{bmatrix} 0 & -a_{12}/a_{11} & \ldots & -a_{1n}/a_{11} \\ -a_{21}/a_{22} & 0 & & -a_{2n}/a_{22} \\ \vdots & & \ddots & \vdots \\ -a_{n1}/a_{nn} & -a_{n2}/a_{nn} & \ldots & 0 \end{bmatrix}. \tag{5.46}$$

O resultado seguinte permite verificar a Proposição 5.2 sem calcular explicitamente $\rho(B)$:

Proposição 5.3 *Se a matriz A tiver diagonal estritamente dominante por linhas, então o método de Jacobi converge.*

Com efeito, podemos verificar que $\rho(B) < 1$, onde B é dada por (5.46). Para começar, observamos que os elementos diagonais de A são não nulos devido ao facto da diagonal ser estritamente dominante. Seja λ um valor próprio qualquer de B e x um vector próprio associado. Então

$$\sum_{j=1}^{n} b_{ij}x_j = \lambda x_i, \ i = 1, \ldots, n.$$

Suponhamos para simplificar que $\max_{k=1,\ldots,n} |x_k| = 1$ (isto não é restritivo uma vez que um vector próprio é definido a menos de uma constante multiplicativa) e seja x_i a componente cujo módulo é 1. Então

$$|\lambda| = \left| \sum_{j=1}^{n} b_{ij}x_j \right| = \left| \sum_{j=1,j\neq i}^{n} b_{ij}x_j \right| \leq \sum_{j=1,j\neq i}^{n} \left| \frac{a_{ij}}{a_{ii}} \right|,$$

tendo em conta que B tem todos os elementos diagonais nulos. Por conseguinte $|\lambda| < 1$ devido à hipótese sobre A.

O método de Jacobi está implementado no Programa 5.2 escolhendo o parâmetro P='J'. Os parâmetros de entrada são: a matriz do sistema A, o segundo membro b, o vector inicial x0 e o número máximo de iterações permitidas, nmax. O processo iterativo termina quando a razão entre a norma euclidiana do resíduo corrente e do resíduo inicial for inferior a uma tolerância dada tol (para uma justificação deste critério de paragem, ver Secção 5.10).

Programa 5.2. itermeth: método iterativo geral

```
function [x,iter]= itermeth(A,b,x0,nmax,tol,P)
%ITERMETH   Método iterativo geral
% X = ITERMETH(A,B,X0,NMAX,TOL,P) tenta resolver o
% sistema de equações lineares A*X=B em X. A matriz
% A de dimensão NxN deve ser não singular e o
% vector coluna B do segundo membro deve ter
% comprimento N. Se P='J' selecciona-se o método de
% Jacobi, e se P='G' o de Gauss-Seidel. Caso contrário,
% P é uma matriz NxN que desempenha o papel de um
% precondicionador para o método de Richardson dinâmico.
% TOL especifica a tolerância do método. NMAX é o
% número máximo de iterações.
[n,n]=size(A);
if nargin == 6
   if ischar(P)==1
      if P=='J'
         L = diag(diag(A));
         U = eye(n);
         beta = 1;
         alpha = 1;
      elseif P == 'G'
         L = tril(A);
         U = eye(n);
         beta = 1;
         alpha = 1;
      end
   else
      [L,U]=lu(P);
      beta = 0;
   end
else
```

```
   L = eye(n);
   U = L;
   beta = 0;
end
iter = 0;
r = b - A * x0;
r0 = norm(r);
err = norm (r);
x = x0;
while err > tol & iter < nmax
   iter = iter + 1;
   z = L\r;
   z = U\z;
   if beta == 0
      alpha = z'*r/(z'*A*z);
   end
   x = x + alpha*z;
   r = b - A * x;
   err = norm (r) / r0;
end
```

O método de Gauss-Seidel

Quando se aplica o método de Jacobi, cada componente do novo vector, digamos $x_i^{(k+1)}$, é calculada independentemente das outras. Isto sugere que se poderá acelerar a convergência se, para o cálculo de $x_i^{(k+1)}$, forem exploradas as novas componentes $x_j^{(k+1)}$, $j = 1, \ldots, i-1$, para além das antigas $x_j^{(k)}$, $j \geq i$. Assim, pode-se modificar (5.45) da seguinte forma: para $k \geq 0$ (supondo ainda que $a_{ii} \neq 0$, para $i = 1, \ldots, n$)

$$x_i^{(k+1)} = \frac{1}{a_{ii}} \left(b_i - \sum_{j=1}^{i-1} a_{ij} x_j^{(k+1)} - \sum_{j=i+1}^{n} a_{ij} x_j^{(k)} \right), i = 1, .., n \quad (5.47)$$

A actualização das componentes faz-se de modo *sequencial*, enquanto que no método de Jacobi original é feita *simultaneamente* (ou em paralelo). O novo método, que é chamado *método de Gauss-Seidel*, corresponde à escolha $P = D - E$ e $\alpha_k = 1$, $k \geq 0$, em (5.43), onde E é uma matriz triangular inferior cujos coeficientes não nulos são $e_{ij} = -a_{ij}$, $i = 2, \ldots, n$, $j = 1, \ldots, i-1$. A matriz de iteração correspondente é então

$$B = (D - E)^{-1}(D - E - A).$$

Uma possível generalização conduz ao chamado *método de relaxação* no qual $P = \frac{1}{\omega}D - E$, onde $\omega \neq 0$ é o parâmetro de relaxação, e $\alpha_k = 1$, $k \geq 0$ (ver Exercício 5.13).

Tal como para o método de Jacobi, também para o método de Gauss-Seidel existem matrizes especiais A cujas matrizes de iteração associadas satisfazem as hipóteses da Proposição 5.2 (as que garantem a convergência). Entre elas mencionamos:

1. matrizes com diagonal estritamente dominante por linhas;
2. matrizes simétricas e definida positivas.

O método de Gauss-Seidel está implementado no Programa 5.2 escolhendo o parâmetro de entrada P igual a 'G'.

Não existem resultados gerais que mostrem que o método de Gauss-Seidel converge mais rapidamente que o de Jacobi. Contudo, é possível afirmá-lo em certos casos, como se mostra na seguinte proposição:

Proposição 5.4 *Seja* A *uma matriz tridiagonal não singular* $n \times n$ *cujos coeficientes diagonais são todos não nulos. Então os métodos de Jacobi e de Gauss-Seidel são ambos divergentes ou convergentes. Neste último caso, o método de Gauss-Seidel é mais rápido do que o de Jacobi; mais precisamente, o raio espectral da sua matriz de iteração é igual ao quadrado do raio espectral da matriz de iteração para o método de Jacobi.*

Exemplo 5.12 Consideremos um sistema linear $Ax = b$, onde b é escolhido de tal modo que a solução seja o vector unitário $[1, 1, \ldots, 1]^T$ e A é a matriz tridiagonal 10×10 cujos coeficientes diagonais são todos iguais a 3, os coeficientes da primeira diagonal inferior são iguais a -2 e os da primeira diagonal superior são iguais a -1. Ambos os métodos de Jacobi e de Gauss-Seidel convergem uma vez que os raios espectrais das suas matrizes de iteração são estritamente inferiores a 1. Mais precisamente, partindo de um vector inicial nulo e fixando $\mathtt{tol} = 10^{-12}$, o método de Jacobi converge em 277 iterações, enquanto que para o método de Gauss-Seidel só são necessárias 143 iterações. Estes resultados foram obtidos com as seguintes instruções:

```
» n=10;
» A=3*eye(n)-2*diag(ones(n-1,1),1)-diag(ones(n-1,1),-1);
» b=A*ones(n,1);
» [x,iter]=itermeth(A,b,zeros(n,1),400,1.e-12,'J'); iter

iter =
      277

» [x,iter]=itermeth(A,b,zeros(n,1),400,1.e-12,'G'); iter

iter =
      143
```
                                                                            ■

Ver os Exercícios 5.11-5.14.

5.8 Métodos de Richardson e do gradiente

Consideremos agora métodos (5.43) para os quais os parâmetros de aceleração α_k são não nulos. Diz-se que um método é *estacionário* quando $\alpha_k = \alpha$ (uma constante dada) para todo $k \geq 0$, e *dinâmico* quando α_k puder variar ao longo das iterações. Neste contexto a matriz não singular P é ainda chamada um *precondicionador* de A.

A escolha dos parâmetros é o ponto essencial. Para isso, verifica-se o seguinte resultado (ver, por exemplo [QV94, Capítulo 2], [Axe94]).

Proposição 5.5 *Se as matrizes* P *e* A *forem simétricas e definidas positivas, o método de Richardson estacionário converge para todo o* $\mathbf{x}^{(0)}$ *sse* $0 < \alpha < 2/\lambda_{max}$, *onde* $\lambda_{max}(> 0)$ *é o maior valor próprio de* $P^{-1}A$. *Além disso, o raio espectral* $\rho(B_\alpha)$ *da matriz de iteração* $B_\alpha = I - \alpha P^{-1}A$ *é mínimo quando* $\alpha = \alpha_{opt}$, *onde*

$$\boxed{\alpha_{opt} = \frac{2}{\lambda_{min} + \lambda_{max}}} \qquad (5.48)$$

λ_{min} *é o menor valor próprio de* $P^{-1}A$.

Fazendo as mesmas hipóteses sobre P *e* A, *o método de Richardson dinâmico converge se, por exemplo,* α_k *for escolhido da seguinte forma:*

$$\boxed{\alpha_k = \frac{(\mathbf{z}^{(k)})^T \mathbf{r}^{(k)}}{(\mathbf{z}^{(k)})^T A \mathbf{z}^{(k)}}} \qquad \forall k \geq 0 \qquad (5.49)$$

onde $\mathbf{z}^{(k)} = P^{-1}\mathbf{r}^{(k)}$ *é o resíduo precondicionado definido em (5.44). O método (5.43) com esta escolha de* α_k *chama-se método do gradiente precondicionado, ou simplesmente método do gradiente quando o precondicionador* P *for a matriz identidade.*

Em ambos os casos, (5.48) e (5.49), tem-se o seguinte resultado de convergência:

$$\|\mathbf{e}^{(k)}\|_A \leq \left(\frac{K(P^{-1}A) - 1}{K(P^{-1}A) + 1}\right)^k \|\mathbf{e}^{(0)}\|_A, \quad k \geq 0, \qquad (5.50)$$

onde $\|\mathbf{v}\|_A = \sqrt{\mathbf{v}^T A \mathbf{v}}$, $\forall \mathbf{v} \in \mathbb{R}^n$, *é a chamada norma de energia associada à matriz* A.

A versão dinâmica é, por conseguinte, preferível à estacionária, uma vez que não exige o conhecimento dos valores próprios extremos de $P^{-1}A$.

Pelo contrário, o parâmtero α_k é determinado à custa de quantidades já obtidas na iteração anterior.

Podemos rescrever mais eficazmente o método do gradiente precondicionado, mediante o seguinte algoritmo (deixado como exercício): dado $\mathbf{x}^{(0)}$, $\mathbf{r}^{(0)} = \mathbf{b} - A\mathbf{x}^{(0)}$, fazer

$$
\begin{array}{|l|}
\hline
\\
\text{para } k = 0, 1, \ldots \\[2mm]
\quad P\mathbf{z}^{(k)} = \mathbf{r}^{(k)}, \\[4mm]
\quad \alpha_k = \dfrac{(\mathbf{z}^{(k)})^T \mathbf{r}^{(k)}}{(\mathbf{z}^{(k)})^T A \mathbf{z}^{(k)}}, \\[4mm]
\quad \mathbf{x}^{(k+1)} = \mathbf{x}^{(k)} + \alpha_k \mathbf{z}^{(k)}, \\[4mm]
\quad \mathbf{r}^{(k+1)} = \mathbf{r}^{(k)} - \alpha_k A \mathbf{z}^{(k)} \\[2mm]
\hline
\end{array}
\qquad (5.51)
$$

O mesmo algoritmo pode ser utilizado para implementar o método de Richardson estacionário, substituindo simplesmente α_k por um valor constante α.

De (5.50), deduzimos que se $P^{-1}A$ for mal condicionada a velocidade de convergência será muito baixa, mesmo para $\alpha = \alpha_{opt}$ (uma vez que nesse caso $\rho(B_{\alpha_{opt}}) \simeq 1$). Esta situação pode ser evitada desde que se faça uma escolha conveniente de P. É por esta razão que P se chama precondicionador ou matriz de precondicionamento.

Para uma matriz arbitrária A pode ser difícil determinar um precondicionador que garanta em simultâneo uma diminuição significativa do número de condição da matriz, mantendo o custo computacional da resolução do sistema (5.44) razoavelmente baixo.

O método de Richardson dinâmico está implementado no Programa 5.2 onde o parâmetro de entrada P corresponde à matriz de precondicionamento (quando esta matriz não é dada, o programa implementa o método não precondicionado, fazendo P=I).

Exemplo 5.13 Neste exemplo, com interesse puramente teórico, compara-se a convergência dos métodos de Jacobi, de Gauss-Seidel e do gradiente, aplicados à resolução do seguinte (mini) sistema linear

$$
2x_1 + x_2 = 1, \quad x_1 + 3x_2 = 0 \qquad (5.52)
$$

com vector inicial $\mathbf{x}^{(0)} = [1, 1/2]^T$. Note-se que a matriz do sistema é simétrica e definida positiva, e que a solução exacta é $\mathbf{x} = [3/5, -1/5]^T$. A Figura 5.6 representa o comportamento do resíduo relativo $E^{(k)} = \|\mathbf{r}^{(k)}\|/\|\mathbf{r}^{(0)}\|$ (em função de k) para os três métodos anteriores. As iterações param à primeira iteração k_{min} para a qual $E^{(k_{min})} \leq 10^{-14}$. O método do gradiente é o mais rápido. ∎

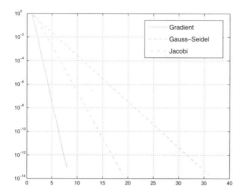

Figura 5.6. Convergência dos métodos de Jacobi, Gauss-Seidel e do gradiente, aplicados ao sistema (5.52)

Exemplo 5.14 Consideremos um sistema $A\mathbf{x} = \mathbf{b}$, em que $A \in \mathbb{R}^{100 \times 100}$ é uma matriz pentadiagonal cuja diagonal principal tem todos os elementos iguais a 4, enquanto que a primeira e a terceira diagonais superior e inferior têm todos os elementos iguais a -1. Como anteriormente, $\mathbf{b}$ é escolhido de modo que $\mathbf{x} = [1, \ldots, 1]^T$ seja a solução exacta do sistema. Seja P a matriz tridiagonal cujos elementos diagonais são todos iguais a 2, e os elementos das diagonais inferior e superior são todos iguais a -1. As matrizes A e P são ambas simétricas e definidas positivas. Usando este precondicionador P podemos implementar o método de Richardson com precondicionador dinâmico no Programa 5.2. Fixamos `tol=1.e-05`, `nmax=5000`, `x0=zeros(100,1)`. O método converge em 18 iterações. O mesmo Programa 5.2, usado com `P='G'`, implementa o método de Gauss-Seidel, sendo necessárias 2421 iterações para satisfazer o mesmo critério de paragem. ∎

5.9 O método do gradiente conjugado

Em esquemas iterativos do tipo (5.51) a nova iterada $\mathbf{x}^{(k+1)}$ obtém-se juntando à antiga iterada $\mathbf{x}^{(k)}$ um vector $\mathbf{z}^{(k)}$ que é o resíduo ou o resíduo precondicionado. Uma questão natural que se põe é a de saber se é possível construir, em vez de $\mathbf{z}^{(k)}$, uma sucessão óptima de vectores $\mathbf{p}^{(k)}$, que assegure a convergência do método num número mínimo de iterações.

Se a matriz A for simétrica e definida positiva, o método do gradiente conjugado (abreviadamente, CG) irá utilizar uma sucessão de vectores A-*ortogonais* (ou A-*conjugados*), isto é, $\forall k \geq 1$,

$$(A\mathbf{p}^{(j)})^T \mathbf{p}^{(k)} = 0, \qquad j = 0, 1, \ldots, k-1. \tag{5.53}$$

Então, fazendo $\mathbf{r}^{(0)} = \mathbf{b} - A\mathbf{x}^{(0)}$ e $\mathbf{p}^{(0)} = \mathbf{r}^{(0)}$, a k-ésima iteração do método do gradiente conjugado escreve-se na forma:

para $k = 0, 1, \ldots$

$$\alpha_k = \frac{\mathbf{p}^{(k)^T}\mathbf{r}^{(k)}}{\mathbf{p}^{(k)^T}\mathbf{A}\mathbf{p}^{(k)}},$$

$$\mathbf{x}^{(k+1)} = \mathbf{x}^{(k)} + \alpha_k \mathbf{p}^{(k)},$$

$$\mathbf{r}^{(k+1)} = \mathbf{r}^{(k)} - \alpha_k \mathbf{A}\mathbf{p}^{(k)}, \tag{5.54}$$

$$\beta_k = \frac{(\mathbf{A}\mathbf{p}^{(k)})^T \mathbf{r}^{(k+1)}}{(\mathbf{A}\mathbf{p}^{(k)})^T \mathbf{p}^{(k)}},$$

$$\mathbf{p}^{(k+1)} = \mathbf{r}^{(k+1)} - \beta_k \mathbf{p}^{(k)}$$

A constante α_k permite minimizar o erro ao longo da direcção de descida $\mathbf{p}^{(k)}$, enquanto que β_k é escolhido de modo a assegurar que a nova direcção $\mathbf{p}^{(k+1)}$ seja A-conjugada com $\mathbf{p}^{(k)}$. Para uma dedução completa do método ver, por exemplo, [QSS07, Capítulo 4] ou [Saa96]. Tem-se o seguinte resultado importante:

Proposição 5.6 *Seja A uma matriz simétrica e definida positiva. O método do gradiente conjugado para resolver (5.1) converge no máximo em n iterações (em aritmética exacta). Além disso, o erro $\mathbf{e}^{(k)}$ na k-ésima iteração (com $k < n$) é ortogonal a $\mathbf{p}^{(j)}$, para $j = 0, \ldots, k - 1$ e*

$$\|\mathbf{e}^{(k)}\|_A \le \frac{2c^k}{1 + c^{2k}}\|\mathbf{e}^{(0)}\|_A, \; com \; c = \frac{\sqrt{K_2(A)} - 1}{\sqrt{K_2(A)} + 1}. \tag{5.55}$$

Assim, na ausência de erros de arredondamento, pode-se considerar o método CG como um método directo, uma vez que fornece o resultado num número finito de passos. Contudo, para as matrizes de grande dimensão, CG é em geral utilizado como um método iterativo, com interrupção das iterações quando o erro for inferior a uma tolerância dada. Note-se que neste caso o factor de redução do erro depende de modo mais favorável do número de condição da matriz que no método do gradiente (graças à presença da raiz quadrada de $K_2(A)$).

Também se pode considerar uma versão precondicionada do método CG (o método PCG), com um precondicionador P simétrico e definido positivo, tal que: dado $\mathbf{x}^{(0)}$ e pondo $\mathbf{r}^{(0)} = \mathbf{b} - \mathbf{A}\mathbf{x}^{(0)}$, $\mathbf{z}^{(0)} = \mathbf{P}^{-1}\mathbf{r}^{(0)}$ e $\mathbf{p}^{(0)} = \mathbf{z}^{(0)}$, para $k = 0, 1, \dots$

$$\alpha_k = \frac{\mathbf{p}^{(k)T}\mathbf{r}^{(k)}}{\mathbf{p}^{(k)T}\mathbf{Ap}^{(k)}},$$

$$\mathbf{x}^{(k+1)} = \mathbf{x}^{(k)} + \alpha_k \mathbf{p}^{(k)},$$

$$\mathbf{r}^{(k+1)} = \mathbf{r}^{(k)} - \alpha_k \mathbf{Ap}^{(k)}, \qquad (5.56)$$

$$\mathbf{P}\mathbf{z}^{(k+1)} = \mathbf{r}^{(k+1)},$$

$$\beta_k = \frac{(\mathbf{Ap}^{(k)})^T \mathbf{z}^{(k+1)}}{(\mathbf{Ap}^{(k)})^T \mathbf{p}^{(k)}},$$

$$\mathbf{p}^{(k+1)} = \mathbf{z}^{(k+1)} - \beta_k \mathbf{p}^{(k)}$$

O método PCG está implementado na função pcg de MATLAB.   pcg

Exemplo 5.15 (**Métodos de factorização e métodos iterativos para o sistema de Hilbert**) Voltemos ao Exemplo 5.8 sobre a matriz de Hilbert e resolvamos o sistema (para diferentes valores de n) pelos métodos do gradiente precondicionado (PG) e do gradiente conjugado precondicionado (PCG), usando como precondicionador a matriz diagonal D constituída pelos coeficientes diagonais da matriz de Hilbert. Fixa-se $\mathbf{x}^{(0)}$ igual ao vector nulo e itera-se até que o resíduo relativo seja inferior a 10^{-6}. Na Tabela 5.2 indicam-se os erros absolutos (em relação à solução exacta) obtidos com os métodos PG e PCG e os erros obtidos usando o comando \ de MATLAB. Vê-se que neste último caso o erro degenera quando n for grande. Por outro lado, podemos apreciar o efeito benéfico que um método iterativo apropriado como o PDG pode ter sobre o número de iterações.   ∎

		\	PG		PCG	
n	$K(\mathbf{A}_n)$	Erro	Erro	Iter.	Erro	Iter.
4	1.55e+04	2.96e-13	1.74e-02	995	2.24e-02	3
6	1.50e+07	4.66e-10	8.80e-03	1813	9.50e-03	9
8	1.53e+10	4.38e-07	1.78e-02	1089	2.13e-02	4
10	1.60e+13	3.79e-04	2.52e-03	875	6.98e-03	5
12	1.79e+16	0.24e+00	1.76e-02	1355	1.12e-02	5
14	4.07e+17	0.26e+02	1.46e-02	1379	1.61e-02	5

Tabela 5.2. Erros obtidos na resolução do sistema de Hilbert, usando os métodos do gradiente precondicionado (PG), do gradiente conjugado precondicionado (PCG) e o método directo implementado com o comando \ de MATLAB. Para os métodos iterativos indicamos também o número de iterações

Observação 5.3 (Sistemas não simétricos) O método CG é um caso particular dos *métodos de Krylov* (ou de *Lanczos*) que se podem aplicar à resolução de sistemas não necessariamente simétricos. Alguns deles possuem, tal como CG, a propriedade notável de terminação finita, isto é, a propriedade de convergirem para a solução exacta num número finito de iterações (em aritmética exacta), também no caso de sistemas não simétricos. Um exemplo importante é o *método de GMRES* (Generalized Minimum RESidual).

Uma descrição destes métodos, encontra-se por exemplo em [Axe94], [Saa96] e [vdV03]. Estão disponíveis na *toolbox* sparfun de MATLAB com o nome de gmres. Um outro método da mesma família sem a propriedade da terminação finita, que requer contudo um esforço computacional inferior ao GMRES, é o método do *gradiente conjugado quadrado* (CGS) e a sua variante, o método Bi-CGStab, que se caracteriza por uma convergência mais regular que CGS. Todos estes métodos estão disponíveis na *toolbox* sparfun de MATLAB.   •

gmres

Octave 5.1 Octave propõe apenas a implementação do método do gradiente conjugado precondicionado (PCG) através do comando pcg e o dos resíduos conjugados precondicionados (PCR/Richardson) através do comando pcr. Outros métodos iterativos tais como GMRES, CGS, Bi-CGStab ainda não estão implementados.   ∎

Ver os Exercícios 5.15-5.17.

5.10 Quando é que se deverá parar um método iterativo?

Em teoria, os métodos iterativos requerem um número infinito de iterações para convergirem para a solução exacta de um sistema linear. Na prática, isto não é razoável nem necessário. Com efeito, não é preciso obter uma solução exacta, mas apenas uma aproximação $x^{(k)}$ para que se possa garantir que o erro é inferior a uma certa tolerância ϵ. Por outro lado, como o erro é desconhecido (uma vez que depende da solução exacta), precisamos de um estimador de erro *a posteriori* que dê uma estimativa do erro a partir dos cálculos já efectuados.

Um primeiro estimador é dado pelo resíduo na k-ésima iteração, definido em (5.42). Mais precisamente, podemos decidir parar o nosso método iterativo na primeira iteração k_{min} para a qual

$$\|r^{(k_{min})}\| \leq \varepsilon\|b\|.$$

Fazendo $\widehat{x} = x^{(k_{min})}$ e $r = r^{(k_{min})}$ em (5.29) obtemos

$$\frac{\|e^{(k_{min})}\|}{\|x\|} \leq \varepsilon K(A),$$

que é uma estimativa do erro relativo. Vê-se assim que o controlo do resíduo só é significativo para as matrizes cujo número de condição é razoavelmente pequeno.

Exemplo 5.16 Consideremos o sistema linear (5.1) onde $A=A_{20}$ é a matriz de Hilbert de dimensão 20 introduzida no Exemplo 5.8 e b é construído de modo que a solução exacta seja $x = [1, 1, \ldots, 1]^T$. Como A é simétrica e definida positiva garante-se que o método de Gauss-Seidel converge. Utilizamos o Programa 5.2 para resolver este sistema, tomando como x0 o vector nulo e uma tolerância de 10^{-5} sobre o resíduo. O método converge em 472 iterações; contudo o erro relativo é muito grande, igual a 0.26. Isto deve-se ao facto de que a matriz A é extremamente mal condicionada, com $K(A) \simeq 10^{17}$. Na Figura 5.7 mostra-se o comportamento do resíduo (normalizado pelo resíduo inicial) e do erro, em função do número de iterações. ■

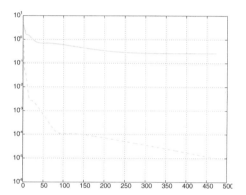

Figura 5.7. Comportamento do resíduo normalizado $\|r^{(k)}\|/\|r^{(0)}\|$ (*linha a tracejado*) e do erro $\|x - x^{(k)}\|$ (*linha contínua*) para as iterações de Gauss-Seidel aplicadas ao sistema do Exemplo 5.16

Um outro estimador é dado pelo *incremento* $\delta^{(k)} = x^{(k+1)} - x^{(k)}$. Mais precisamente, podemos parar o método iterativo na primeira iteração k_{min} para a qual

$$\|\delta^{(k_{min})}\| \leq \varepsilon\|b\|.$$

No caso particular em que B é simétrica e definida positiva, temos

$$\|e^{(k)}\| = \|e^{(k+1)} - \delta^{(k)}\| \leq \rho(B)\|e^{(k)}\| + \|\delta^{(k)}\|.$$

Como $\rho(B)$ deve ser estritamente inferior a 1 para que o método convirja, deduzimos

$$\|e^{(k)}\| \leq \frac{1}{1 - \rho(B)}\|\delta^{(k)}\| \tag{5.57}$$

Da última desigualdade observamos que o controlo sobre o incremento só é significativo se $\rho(B)$ for bastante menor do que 1, uma vez que nesse caso o erro será da mesma ordem de grandeza que o incremento. Com efeito, chega-se à mesma conclusão se B não for simétrica e definida positiva (como para os métodos de Jacobi e de Gauss-Seidel); contudo, neste caso (5.57) não se verifica.

Exemplo 5.17 Consideremos um sistema cuja matriz $A \in \mathbb{R}^{50 \times 50}$ é tridiagonal e simétrica, com coeficientes iguais a 2.001 na diagonal principal e 1 nas outras duas diagonais inferior e superior. Como é hábito, escolhe-se o segundo membro **b** de modo que o vector unitário $[1, \ldots, 1]^T$ seja a solução exacta. Dado que A é tridiagonal com diagonal estritamente dominante, o método de Gauss-Seidel converge cerca de duas vezes mais rápido do que o método de Jacobi (tendo em conta a Proposição 5.4). Usamos o Programa 5.2 para resolver o sistema, substituindo o critério de paragem baseado no resíduo pelo que se baseia no incremento. Com um vector inicial nulo e fixando a tolerância tol$= 10^{-5}$, depois de 1604 iterações o programa dá uma solução cujo erro 0.0029 é bastante grande. Isto deve-se ao facto de que o raio espectral da matriz de iteração é igual a 0.9952, que é muito próximo de 1. Se os coeficientes diagonais forem iguais a 3, só depois de 17 iterações é que se irá obter um erro da ordem de 10^{-5}. De facto, neste caso, o raio espectral da matriz de iteração é igual a 0.428.   ∎

Em resumo

1. Um método iterativo para a resolução de um sistema linear consiste em construir, a partir de um dado vector inicial $\mathbf{x}^{(0)}$, uma sucessão de vectores $\mathbf{x}^{(k)}$ que converge para a solução exacta quando $k \to \infty$;
2. um método iterativo converge para todo o dado inicial $\mathbf{x}^{(0)}$ sse o raio espectral da matriz de iteração for estritamente inferior a 1;
3. os métodos iterativos clássicos são os de Jacobi e de Gauss-Seidel. Uma condição suficiente de convergência é que a matriz do sistema seja de diagonal estritamente dominante por linhas (ou simétrica e definida positiva no caso de Gauss-Seidel);
4. no método de Richardson a convergência é acelerada à custa de um parâmetro e (eventualmente) de uma matriz de precondicionamento conveniente;
5. com o método do gradiente conjugado a solução exacta de um sistema simétrico e definido positivo é calculada num número finito de iterações (em aritmética exacta). Este método pode-se generalizar ao caso não simétrico;
6. existem dois possíveis critérios de paragem para um método iterativo: controlar o resíduo ou controlar o incremento. O primeiro é pertinente se a matriz do sistema for bem condicionada, o último quando o raio espectral da matriz de iteração não for próximo de 1.

5.11 Para resumir: método directo ou iterativo?

Nesta secção comparamos métodos directos e iterativos em diversos casos teste simples. Para sistemas lineares de pequena dimensão, a escolha não tem muita importância uma vez que qualquer dos métodos servirá para determinar a solução. No entanto, para os grandes sistemas, a escolha irá depender principalmente das propriedades da matriz (tais como a simetria, o carácter definido positivo, a estrutura esparsa, o número de condição) mas também dos recursos informáticos disponíveis (acesso à memória, processadores rápidos, etc.). Temos de admitir que nos nossos testes a comparação não será completamente honesta. Os métodos directos que usaremos são implementados na função interna de MATLAB \ que está compilada e optimizada, enquanto que o mesmo não acontece com os métodos iterativos. Os nossos cálculos são efectuados num processador Intel Pentium M 1.60 GHz com 2048KB de memória cache e 1GByte de RAM.

Um sistema linear com matriz banda esparsa e de pequena largura

O primeiro caso teste refere-se a sistemas lineares que surgem na discretização por diferenças finitas com 5 pontos, do problema de Poisson no quadrado $(-1, 1)^2$ (ver Secção 8.1.3). Consideram-se malhas uniformes de passo $h = 1/N$ em ambas as coordenadas espaciais, para diferentes valores de N. As matrizes de diferenças finitas correspondentes, com N^2 linhas e colunas, são geradas pelo Programa 8.2. Na Figura 5.8, à esquerda, representa-se a estrutura da matriz para $N^2 = 256$: a matriz é esparsa, em banda, só com 5 termos não nulos por linha. Estas matrizes são simétricas e definidas positivas mas mal condicionadas: o seu número de condição espectral em função de h comporta-se como uma constante a multiplicar por h^{-2}. Para resolver os sistemas lineares associados utiliza-se a factorização de Cholesky, o método do gradiente conjugado precondicionado (PCG) com precondicionador dado pela factorização de Cholesky incompleta (disponível através do comando cholinc) e o comando \ de MATLAB que, no caso presente, é de facto um algoritmo *ad hoc* para matrizes simétricas pentadiagonais. O critério de paragem para o método PCG é que a norma do resíduo relativo seja inferior a 10^{-14}; o tempo de cálculo CPU inclui também o tempo necessário à construção do precondicionador.

Na Figura 5.8, à direita, compara-se o tempo de CPU para os três métodos, em função da dimensão da matriz. O método directo, oculto no comando \ é de longe o mais rápido: de facto, baseia-se numa variante da eliminação de Gauss que é particularmente eficiente para matrizes em banda esparsas, com pequena largura de banda.

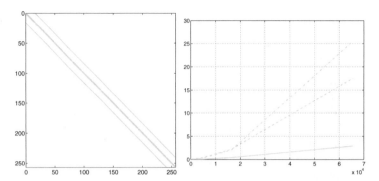

Figura 5.8. Estrutura da matriz para o primeiro caso teste (*à esquerda*), e tempo de CPU necessário para resolver o sistema linear associado (*à direita*): a *linha contínua* corresponde ao comando \, a *linha a traço-ponto* à factorização de Cholesky, a *linha a tracejado* ao método iterativo PCG

O método PCG é, por seu lado, mais conveniente do que a factorização de Cholesky, desde que se use um precondicionador bem adaptado. Por exemplo, se $N^2 = 4096$ o método PCG converge em 19 iterações, enquanto que o método CG (sem precondicionador) necessita de 325 iterações, o que o torna menos eficiente do que a factorização de Cholesky.

O caso de uma banda larga

Consideremos de novo a equação de Poisson, desta vez com discretização baseada em métodos espectrais com fórmulas de quadratura de Gauss-Lobatto-Legendre (ver, por exemplo [CHQZ06], [CHQZ07]). Apesar do número de nós da malha ser o mesmo que para as diferenças finitas, os métodos espectrais utilizam muito mais nós para aproximar as derivadas (com efeito em cada nó as derivadas na direcção x são aproximadas usando todos os nós situados na mesma linha, enquanto que todos os nós da mesma coluna se utilizam para calcular as derivadas na direcção y). As matrizes resultantes são ainda esparsas e estruturadas, mas têm um número de coeficientes não nulos muito mais elevado. Isto é claro no exemplo da Figura 5.9, à esquerda, onde a matriz espectral tem sempre $N^2 = 256$ linhas e colunas, mas o número de coeficientes não nulos é de 7936 em vez de 1216, com a matriz das diferenças finitas da Figura 5.8.

O tempo de CPU indicado na Figura 5.9, à direita, mostra que para esta matriz, o algoritmo PCG precondicionado por uma factorização de Cholesky incompleta é muito mais eficiente do que os outros dois métodos.

Uma primeira conclusão a extrair deste teste é que para matrizes simétricas e definidas positivas de banda larga, PCG é mais eficiente do

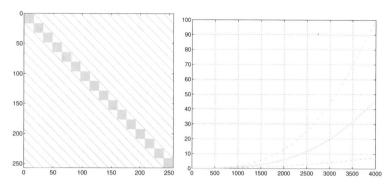

Figura 5.9. Estrutura da matriz usada no segundo caso teste (*à esquerda*), e tempo de CPU necessário para resolver o sistema linear associado (*à direita*): a *linha contínua* refere-se ao comando \, a *linha a traço-ponto* à factorização de Cholesky, a *linha a tracejado* ao método iterativo PCG

que o método directo implementado em MATLAB (que não utiliza a factorização de Cholesky uma vez que a matriz se armazena no formato sparse). Assinalemos que o uso de um bom precondicionador é essencial para que o método seja competitivo.

Finalmente, devemo-nos lembrar que os métodos directos necessitam de mais memória de armazenamento que os métodos iterativos, dificuldade que poderá tornar-se insuperável em aplicações de grande escala.

Sistemas com matrizes plenas

Com o comando gallery de MATLAB podemos ter acesso a uma colecção de matrizes com diferentes estruturas e propriedades. Em particular para o terceiro caso teste, com o comando A=gallery('riemann',n) seleccionamos a chamada matriz de Riemannn de dimensão n, quer dizer uma matriz plena n × n, não simétrica, cujo determinante se comporta da forma $\det(A) = \mathcal{O}(n!n^{-1/2+\epsilon})$ para todo $\epsilon > 0$. O sistema linear associado resolve-se pelo método iterativo GMRES (ver Secção 5.3) e as iterações irão parar logo que a norma do resíduo relativo seja inferior a 10^{-14}. Utilizaremos também o comando \ de MATLAB que, no caso considerado, implementa a factorização LU.

Iremos resolver o sistema linear para diversos valores de n. O segundo membro de cada sistema é tal que a solução exacta é o vector unitário **1**. As iterações de GMRES obtêm-se sem precondicionador ou com um precondicionador diagonal especial. Este último obtém-se com o comando luinc(A,1.e0) e baseia-se na chamada *factorização LU incompleta*, construída a partir de uma manipulação algébrica dos elementos de L e U, ver [QSS07]. Na Figura 5.10, à direita, indicamos o tempo de CPU para n entre 100 e 1000. À esquerda representamos o número de condição de

gallery

luinc

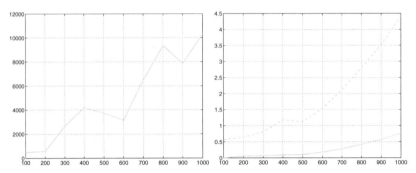

Figura 5.10. À esquerda, o número de condição da matriz de Riemann A. À direita, comparação entre os tempos de CPU necessários para resolver o sistema linear: a *linha contínua* refere-se ao comando \, a *linha a tracejado* ao método iterativo de GMRES sem precondicionador. Os valores em abcissa indicam a dimensão da matriz

A, cond(A). Como se pode verificar, o método da factorização directa é muito menos dispendioso do que o método GMRES não precondicionado; contudo, para grandes valores de n o método directo torna-se mais caro do que o método iterativo utilizado com um bom precondicionador.

Octave 5.2 O comando gallery não existe em Octave. Contudo estão disponíveis algumas matrizes especiais, tais como as matrizes de Hilbert, de Hankel ou de Vandermonde, ver os comandos hankel, hilb, invhilb sylvester_matrix, toeplitz e vander. Além disso, se tiver acesso ao MATLAB, poderá guardar uma matriz definida na *gallery* usando o comando save e carregá-la em Octave usando o comando load. Segue-se um exemplo:

- em MATLAB:

```
riemann10=gallery('riemann',10);
save 'riemann10' riemann10
```

- em Octave:

```
load 'riemann10' riemann10
```

Notar que só a versão 2.9 de Octave poderá carregar correctamente os *Mat-files* da versão 7 de MATLAB.   ■

Sistemas com matrizes esparsas, não simétricas

Consideramos sistemas lineares gerados pela discretização por elementos finitos de problemas de valores na fronteira de difusão-transporte-reacção em dimensão dois. Estes problemas são semelhantes ao descrito em (8.17) para o caso unidimensional. A sua aproximação por elementos

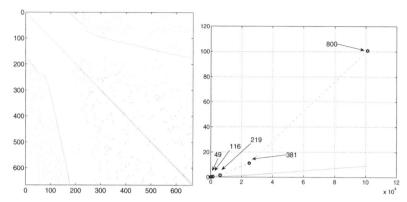

Figura 5.11. Estrutura de uma das matrizes usadas no quarto caso teste (*à esquerda*), e o tempo de CPU necessário à resolução do sistema linear associado (*à direita*): a *linha contínua* corresponde ao comando \, a *linha a tracejado* ao método iterativo Bi-CGStab

finitos, que se ilustra no fim da Secção 8.17 em dimensão um, utiliza polinómios seccionalmente lineares para representar a solução em cada elemento triangular de uma malha que cobre o domínio onde o problema de valores na fronteira está formulado. As incógnitas do sistema algébrico associado são os valores obtidos para a solução nos vértices dos triângulos interiores. Referimos, por exemplo [QV94] para uma descrição deste método, bem como para a determinação dos coeficientes da matriz. Assinalamos apenas que esta matriz é esparsa, mas não tem estrutura de banda (a sua estrutura esparsa depende da numeração dos vérticies) e não é simétrica devido à presença do termo de transporte. No entanto, a falta de simetria não é evidente a partir da representação da sua estrutura na Figura 5.11, à esquerda.

Quanto menor for o *diâmetro h* dos triângulos (isto é, o comprimento do seu maior lado), tanto maior é a dimensão da matriz. Comparámos o tempo de CPU necessário para resolver o sistema linear para $h = 0.1$, 0.05, 0.025, 0.0125 e 0.0063. Usámos o comando \ de MATLAB que, neste caso usa a biblioteca UMFPACK e a (implementação em MAT-LAB do) método iterativo Bi-CGStab que pode ser considerado como uma generalização do método do gradiente conjugado para sistemas não simétricos. Em abcissa, indicamos o número de incógnitas que vai desde 64 (para $h = 0.1$) a 101124 (para $h = 0.0063$). Também neste caso, o método directo é mais económico do que o iterativo. Se utilizássemos como precondicionador para o método de Bi-CGStab a factorização LU incompleta, o número de iterações seria reduzido, mas o tempo de CPU seria superior ao do caso não precondicionado.

Em conclusão

As comparações que acabámos de efectuar, apesar de muito limitadas, permitem assinalar alguns aspectos relevantes. Em geral, os métodos directos (sobretudo se implementados nas suas versões mais sofisticadas, tais como no comando \ de MATLAB) são mais eficientes do que os métodos iterativos, quando estes se usam sem precondicionadores adequados. Contudo, eles são mais sensíveis ao mau condicionamento da matriz (ver Exemplo 5.15) e podem necessitar de uma memória importante.

Outro aspecto que interessa mencionar é que os métodos directos requerem o conhecimento dos elementos da matriz, enquanto que o mesmo não acontece com os métodos iterativos. De facto, basta calcular em cada iteração o produto matriz-vector para vectores dados. Este aspecto torna os métodos iterativos especialmente interessantes para os problemas em que a matriz não é construída explicitamente.

5.12 O que não vos foi dito

Existem numerosas variantes muito eficientes da factorização LU de Gauss para sistemas esparsos de grande dimensão. Entre as mais avançadas, citamos o chamado *método multifrontal* que reeordena as incógnitas do sistema de modo a tornar as matrizes triangulares L e U o mais esparsas possível. O método multifrontal está implementado na biblioteca UMFPACK. Mais informação sobre este assunto pode ver-se em [GL96] e [DD99].

No que se refere aos métodos iterativos, tanto os métodos do gradiente conjugado como o GMRES são casos particulares dos métodos de Krylov. Para uma descrição dos métodos de Krylov ver, por exemplo [Axe94], [Saa96] e [vdV03].

Tal como foi assinalado, os métodos iterativos convergem lentamente se a matriz do sistema for muito mal condicionada. Tem-se desenvolvido várias estratégias de precondicionamento (ver, por exemplo [dV89] e [vdV03]). Algumas são puramente algébricas, isto é, baseiam-se em factorizações incompletas (ou inexactas) da matriz do sistema, e estão implementadas na função `luinc` de MATLAB ou na já citada `cholinc`. Outras estratégias de precondicionamento desenvolveram-se *ad hoc* tirando partido da origem física ou da estrutura do problema que conduziu ao sistema linear considerado.

Finalmente, importa mencionar os *métodos multimalha* que se baseiam na resolução sequencial de uma hierarquia de sistemas de dimensão variável que "se parecem" com o sistema original, permitindo reduzir o erro de forma astuciosa (ver, por exemplo [Hac85], [Wes04] e [Hac94]).

Octave 5.3 Em Octave, cholinc não está ainda disponível. Só luinc
é que foi implementado.   ∎

5.13 Exercícios

Exercício 5.1 Para uma dada matriz $A \in \mathbb{R}^{n \times n}$ determinar o número de
operações (em função de n) necessárias ao cálculo do seu determinante pela
fórmula de recorrência (1.8).

Exercício 5.2 Usar o comando magic(n), de MATLAB para construir os
quadrados mágicos de ordem n, n=3,4,...,500, isto é, as matrizes cujas so-   magic
mas dos elementos por linhas, colunas ou diagonais são idênticas. Calcular o
respectivo determinante mediante o comando det introduzido na Secção 1.3
e determinar o tempo de CPU necessário para o seu cálculo, usando o comando cputime. Finalmente, aproximar estes dados pelo método dos mínimos
quadrados e deduzir que o tempo the CPU cresce aproximadamente como n^3.

Exercício 5.3 Determinar para que valores de ε a matriz definida em (5.13)
não satisfaz as hipóteses da Proposição 5.1. Para que valor de ε é que esta
matriz se torna singular? Será possível calcular a factorização LU neste caso?

Exercício 5.4 Verificar que o número necessário de operações para calcular
a factorização LU de uma matriz quadrada de ordem n é aproximadamente
$2n^3/3$.

Exercício 5.5 Mostrar que a factorização LU de A pode ser usada para calcular a matriz inversa A^{-1}.(Observar que o j-ésimo vector coluna de A^{-1} é
solução do sistema linear $Ay_j = e_j$, sendo e_j o vector cujas componentes são
todas nulas, excepto a j-ésima que é igual a 1).

Exercício 5.6 Calcular os factores L e U da matriz do Exemplo 5.7 e verificar
que a factorização LU não tem boa precisão.

Exercício 5.7 Explicar porque é que a estratégia de *pivot* parcial por linhas
não é conveniente para matrizes simétricas.

Exercício 5.8 Considerar o sistema linear $Ax = b$ com

$$A = \begin{bmatrix} 2 & -2 & 0 \\ \varepsilon - 2 & 2 & 0 \\ 0 & -1 & 3 \end{bmatrix},$$

e b tal que a solução correspondente é $x = [1,1,1]^T$, sendo ε um número real
positivo. Calcular a factorização de Gauss de A e notar que $l_{32} \to \infty$ quando
$\varepsilon \to 0$. Verificar que apesar disso a solução calculada tem boa precisão.

Exercício 5.9 Considerar os sistemas lineares $A_i x_i = b_i$, $i = 1, 2, 3$, com

$$A_1 = \begin{bmatrix} 15 & 6 & 8 & 11 \\ 6 & 6 & 5 & 3 \\ 8 & 5 & 7 & 6 \\ 11 & 3 & 6 & 9 \end{bmatrix}, A_i = (A_1)^i, \ i = 2, 3,$$

e b_i tal que a solução é sempre dada por $x_i = [1, 1, 1, 1]^T$. Resolver o sistema com a factorização de Gauss usando uma estratégia de *pivot* parcial por linhas, e comentar os resultados obtidos.

Exercício 5.10 Mostrar que para uma matriz simétrica e definida positiva A se tem $K(A^2) = (K(A))^2$.

Exercício 5.11 Analisar as propriedades de convergência dos métodos de Jacobi e de Gauss-Seidel para a resolução de um sistema linear cuja matriz é

$$A = \begin{bmatrix} \alpha & 0 & 1 \\ 0 & \alpha & 0 \\ 1 & 0 & \alpha \end{bmatrix}, \quad \alpha \in \mathbb{R}.$$

Exercício 5.12 Dar uma condição suficiente sobre β para que os métodos de Jacobi e de Gauss-Seidel sejam ambos convergentes quando aplicados à resolução de um sistema associado à matriz

$$A = \begin{bmatrix} -10 & 2 \\ \beta & 5 \end{bmatrix}. \tag{5.58}$$

Exercício 5.13 Considera-se o *método de relaxação*: para a resolução do sistema linear $Ax = b$ com $A \in \mathbb{R}^{n \times n}$: dado $x^{(0)} = [x_1^{(0)}, \ldots, x_n^{(0)}]^T$, para $k = 0, 1, \ldots$ calcular

$$r_i^{(k)} = b_i - \sum_{j=1}^{i-1} a_{ij} x_j^{(k+1)} - \sum_{j=i+1}^{n} a_{ij} x_j^{(k)}, \ x_i^{(k+1)} = (1 - \omega) x_i^{(k)} + \omega \frac{r_i^{(k)}}{a_{ii}},$$

para $i = 1, \ldots, n$, onde ω é um parâmetro real. Explicitar a matriz de iteração correspondente e verificar que a condição $0 < \omega < 2$ é necessária para a convergência deste método. Notar que se $\omega = 1$ este método reduz-se ao método de Gauss-Seidel. Se $1 < \omega < 2$ o método é conhecido como *SOR* (*sobre-relaxação sucessiva*).

Exercício 5.14 Considerar o sistema linear $Ax = b$ com $A = \begin{bmatrix} 3 & 2 \\ 2 & 6 \end{bmatrix}$ e dizer se o método de Gauss-Seidel converge, sem calcular explicitamente o raio espectral da matriz de iteração.

Exercício 5.15 Calcular a primeira iteração dos métodos de Jacobi, Gauss-Seidel e do gradiente precondicionado (com precondicionador dado pela diagonal de A) para o sistema (5.52) com $x^{(0)} = [1, 1/2]^T$.

Exercício 5.16 Mostrar (5.48) e ainda que

$$\rho(B_{\alpha_{opt}}) = \frac{\lambda_{max} - \lambda_{min}}{\lambda_{max} + \lambda_{min}} = \frac{K(P^{-1}A) - 1}{K(P^{-1}A) + 1}. \tag{5.59}$$

Exercício 5.17 Consideremos um conjunto de $n = 20$ fábricas que produzem 20 bens diferentes. Com referência ao modelo de Leontieff introduzido no Problema 5.3, suponhamos que a matriz C Tem os seguintes coeficientes inteiros: $c_{ij} = i + j - 1$ para $i, j = 1, \ldots, n$, enquanto que $b_i = i$, para $i = 1, \ldots, 20$. Será possível resolver este sistema pelo método do gradiente? Propor um método baseado no método do gradiente notando que, se A for não singular, a matriz $A^T A$ é simétrica e definida positiva.

Valores próprios e vectores próprios

Dada uma matriz quadrada $A \in \mathbb{C}^{n \times n}$, o problema de valores próprios consiste em determinar um escalar λ (real ou complexo) e um vector não nulo $\mathbf{x}$ tal que

$$\boxed{A\mathbf{x} = \lambda \mathbf{x}} \tag{6.1}$$

Um tal λ chama-se um *valor próprio* de A, e $\mathbf{x}$ é o *vector próprio* associado. Este último não é único; com efeito todos os seus múltiplos $\alpha \mathbf{x}$, com $\alpha \neq 0$ real ou complexo, são também vectores próprios associados a λ. Se $\mathbf{x}$ for conhecido, pode-se determinar λ usando o *quociente de Rayleigh* $\mathbf{x}^H A\mathbf{x}/\|\mathbf{x}\|^2$, onde $\mathbf{x}^H$ é o vector cuja i-ésima componente é igual a $\bar{x}_i$.

Um número λ é um valor próprio de A se for uma raiz do seguinte polinómio de grau n (chamado *polinómio característico* de A):

$$p_A(\lambda) = \det(A - \lambda I).$$

Assim, uma matriz quadrada de dimensão n tem exactamente n valores próprios (reais ou complexos), não necessariamente distintos. Se A tiver todos os seus coeficientes reais, o mesmo acontecerá a $p_A(\lambda)$, e por conseguinte, os valores próprios complexos de A aparecem necessariamente como pares de complexos conjugados. Uma matriz $A \in \mathbb{C}^{n \times n}$ é diagonizável se existir uma matriz não singular $U \in \mathbb{C}^{n \times n}$ tal que

$$U^{-1} A U = \Lambda = \text{diag}(\lambda_1, \ldots, \lambda_n). \tag{6.2}$$

As colunas de U são os vectores próprios de A e formam uma base de $\mathbb{C}^n$.

Se $A \in \mathbb{C}^{m \times n}$, existem duas matrizes unitárias $U \in \mathbb{C}^{m \times m}$ e $V \in \mathbb{C}^{n \times n}$ tais que

$$U^H A V = \Sigma = \text{diag}(\sigma_1, \ldots, \sigma_p) \in \mathbb{R}^{m \times n}, \tag{6.3}$$

onde $p = \min(m, n)$ e $\sigma_1 \geq \ldots \geq \sigma_p \geq 0$.

(Uma matriz U diz-se unitária se $U^H U = UU^H = I$).

A relação (6.3) chama-se *decomposição em valores singulares* (SVD) de A e os números σ_i (or $\sigma_i(A)$) designam-se por *valores singulares* de A.

Problema 6.1 (Molas elásticas) Consideremos o sistema da Figura 6.1 constituído por dois corpos pontuais P_1 e P_2 de massa m, ligados por duas molas e com movimento livre ao longo de uma linha que une P_1 e P_2. Seja $x_i(t)$ a posição de P_i no tempo t, para $i = 1, 2$. Então, da segunda lei da dinâmica obtemos

$$m\,\ddot{x}_1 = K(x_2 - x_1) - Kx_1, \qquad m\,\ddot{x}_2 = K(x_1 - x_2),$$

onde K é o coeficiente de rigidez das duas molas. Estamos interessados em oscilações livres $x_i = a_i \sin(\omega t + \phi)$, $i = 1, 2$, com $a_i \neq 0$. Neste caso obtemos

$$-ma_1\omega^2 = K(a_2 - a_1) - Ka_1, \qquad -ma_2\omega^2 = K(a_1 - a_2). \quad (6.4)$$

Trata-se de um sistema homogéneo 2×2 que tem uma solução não trivial a_1, a_2 sse o número $\lambda = m\omega^2/K$ for um valor próprio da matriz

$$A = \begin{bmatrix} 2 & -1 \\ -1 & 1 \end{bmatrix}.$$

Com esta definição de λ, (6.4) converte-se em $A\mathbf{a} = \lambda\mathbf{a}$. Como $p_A(\lambda) = (2 - \lambda)(1 - \lambda) - 1$, os dois valores próprios são $\lambda_1 \simeq 2.618$ e $\lambda_2 \simeq 0.382$ e correspondem às frequências de oscilação $\omega_i = \sqrt{K\lambda_i/m}$ admitidas pelo sistema. ∎

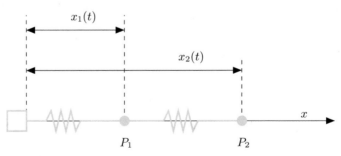

Figura 6.1. Sistema de dois corpos pontuais com a mesma massa, ligados por molas

Problema 6.2 (Dinâmica de populações) Têm sido propostos vários modelos matemáticos com o objectivo de prever a evolução de certas espécies (humanas ou animais). O modelo de população mais simples, introduzido por Lotka em 1920 e formalizado por Leslie 20 anos mais tarde, baseia-se nas taxas de mortalidade e de fecundidade para diferentes intervalos de idade, digamos $i = 0, \ldots, n$. Seja $x_i^{(t)}$ o número de fêmeas (os machos não intervêm neste contexto) cujas idades no tempo t pertencem ao i-ésimo intervalo. Os valores de $x_i^{(0)}$ são conhecidos. Além disso, seja s_i a taxa de sobrevivência das fêmeas que pertencem ao i-ésimo intervalo, e m_i o número médio de fêmeas geradas por uma fêmea no i-ésimo intervalo de idade.

O modelo de Lotka e Leslie é definido pelas equações

$$x_{i+1}^{(t+1)} = x_i^{(t)} s_i \qquad i = 0, \ldots, n-1,$$
$$x_0^{(t+1)} = \sum_{i=0}^{n} x_i^{(t)} m_i.$$

As n primeiras equações descrevem o desenvolvimento da população, a última a sua reprodução. Em forma matricial temos

$$\mathbf{x}^{(t+1)} = A\mathbf{x}^{(t)},$$

onde $\mathbf{x}^{(t)} = [x_0^{(t)}, \ldots, x_n^{(t)}]^T$ e A é a *matriz de Leslie*

$$A = \begin{bmatrix} m_0 & m_1 & \ldots \ldots & & m_n \\ s_0 & 0 & \ldots \ldots & & 0 \\ 0 & s_1 & \ddots & & \vdots \\ \vdots & \ddots & \ddots & \ddots & \vdots \\ 0 & 0 & 0 & s_{n-1} & 0 \end{bmatrix}.$$

Veremos na Secção 6.1 que a dinâmica desta população é determinada pelo valor próprio de módulo máximo de A, digamos λ_1, enquanto que a distribuição dos indivíduos nos diferentes intervalos de idade (normalizada pela população total), obtém-se como o limite de $\mathbf{x}^{(t)}$ para $t \to \infty$ e verifica $A\mathbf{x} = \lambda_1 \mathbf{x}$. Este problema será resolvido no Exercício 6.2. ■

Problema 6.3 (Ligações interurbanas) Dadas n cidades, designemos por A a matriz cujos coeficientes a_{ij} são iguais a 1, se a i-ésima cidade estiver directamente ligada à j-ésima cidade, e iguais a 0 no caso contrário. Podemos mostrar que as componentes do vector próprio $\mathbf{x}$ (de comprimento unitário) associado ao maior valor próprio dão as taxas de acessibilidade (que é uma medida da facilidade de acesso) às várias cidades. No Exemplo 6.2 calcularemos este vector no caso das ligações ferroviárias entre as onze cidades mais importantes da Lombardia (ver Figura 6.2). ■

Figura 6.2. Representação esquemática da rede ferroviária entre as principais cidades da Lombardia

Problema 6.4 (Compressão de imagens) O problema da compressão de imagens pode-se abordar usando a decomposição em valores singulares de uma matriz. Com efeito, uma imagem a preto e branco pode ser representada por uma matriz real A rectangular $m \times n$, onde m e n são, respectivamente, o número de *pixeis* nas direcções horizontal e vertical e o coeficiente a_{ij} representa o nível de cinzento do (i, j)-ésimo pixel. Efectuando a decomposição em valores singulares (6.3) de A, e designando por $\mathbf{u}_i$ e $\mathbf{v}_i$ os i-ésimos vectores coluna de U e V, respectivamente, obtemos

$$A = \sigma_1 \mathbf{u}_1 \mathbf{v}_1^T + \sigma_2 \mathbf{u}_2 \mathbf{v}_2^T + \ldots + \sigma_p \mathbf{u}_p \mathbf{v}_p^T. \tag{6.5}$$

Podemos aproximar A pela matriz A_k obtida truncando a soma (6.5) nos k primeiros termos, para $1 \leq k \leq p$. Se os valores singulares σ_i estiverem por ordem decrescente, $\sigma_1 \geq \sigma_2 \geq \ldots \geq \sigma_p$ e se os $p - k$ últimos forem desprezados, isso não deverá afectar significativamente a qualidade da imagem. Para transferir a imagem "comprimida" A_k (por exemplo de um computador para outro) bastará apenas transferir os vectores $\mathbf{u}_i$, $\mathbf{v}_i$ e os valores singulares σ_i para $i = 1, \ldots, k$, e não todos os elementos de A. No Exemplo 6.9 veremos uma aplicação desta técnica. ■

No caso particular de A ser diagonal ou triangular, os valores próprios são os seus elementos diagonais. Contudo, se A for uma matriz qualquer de ordem n, suficientemente grande, não será fácil determinar os zeros de $p_A(\lambda)$. Os algoritmos *ad hoc* de procura de valores próprios são mais adequados. Um deles irá ser descrito na próxima secção.

6.1 O método da potência

Como se observou nos Problemas 6.2 e 6.3, o conhecimento do *espectro* de A (isto é, o conjunto de todos os seus valores próprios) nem sempre é necessário. Muitas vezes, só interessam os valores próprios *extremos*, quer dizer, aqueles que têm os módulos máximo e mínimo.

Seja A uma matriz quadrada de ordem n, com elementos reais e valores próprios ordenados da seguinte maneira

$$|\lambda_1| > |\lambda_2| \geq |\lambda_3| \geq \ldots \geq |\lambda_n|. \tag{6.6}$$

Note-se em particular, que $|\lambda_1|$ é distinto dos outros módulos dos valores próprios de A. Indiquemos por $\mathbf{x}_1$ o vector próprio (com comprimento unitário) associado a λ_1. Se os vectores próprios de A forem linearmente independentes, λ_1 e $\mathbf{x}_1$ podem ser calculados pelo seguinte método iterativo, chamado *método da potência*:

dado um vector inicial arbitrário $\mathbf{x}^{(0)} \in \mathbb{C}^n$ e definindo $\mathbf{y}^{(0)} = \mathbf{x}^{(0)}/\|\mathbf{x}^{(0)}\|$, calcular

$$
\boxed{
\begin{array}{l}
\text{para } k = 1, 2, \ldots \\[2mm]
\mathbf{x}^{(k)} = A\mathbf{y}^{(k-1)}, \quad \mathbf{y}^{(k)} = \dfrac{\mathbf{x}^{(k)}}{\|\mathbf{x}^{(k)}\|}, \quad \lambda^{(k)} = (\mathbf{y}^{(k)})^H A\mathbf{y}^{(k)}
\end{array}
}
\tag{6.7}
$$

Note-se que, por recorrência, encontramos $\mathbf{y}^{(k)} = \beta^{(k)} A^k \mathbf{y}^{(0)}$ onde $\beta^{(k)} = (\Pi_{i=1}^{k} \|\mathbf{x}^{(i)}\|)^{-1}$ para $k \geq 1$. A presença das potências de A justifica o nome dado a este método.

Na secção seguinte veremos que este método consiste em construir uma sucessão de vectores $\{\mathbf{y}^{(k)}\}$ de comprimento unitário que, quando $k \to \infty$, se alinham na direcção do vector próprio $\mathbf{x}_1$. Os erros $\|\mathbf{y}^{(k)} - \mathbf{x}_1\|$ e $|\lambda^{(k)} - \lambda_1|$ são proporcionais à razão $|\lambda_2/\lambda_1|^k$ no caso de uma matriz arbitrária. Se a matriz A for real e simétrica pode-se provar que $|\lambda^{(k)} - \lambda_1|$ é de facto proporcional a $|\lambda_2/\lambda_1|^{2k}$ (ver [GL96, Capítulo 8]). Em todos os casos tem-se $\lambda^{(k)} \to \lambda_1$ para $k \to \infty$.

Uma implementação do método da potência é dada no Programa 6.1. O algoritmo pára na primeira iteração k para a qual

$$|\lambda^{(k)} - \lambda^{(k-1)}| < \varepsilon|\lambda^{(k)}|,$$

onde ε é uma tolerância fixada. Os parâmetros de entrada são a matriz A, o vector inicial x0, a tolerância tol para o teste de paragem e o número máximo de iterações admissíveis nmax. Os parâmetros de saída são o valor próprio de módulo máximo lambda, o vector próprio associado e o número de iterações efectuadas.

Programa 6.1. eigpower: método da potência

```
function [lambda,x,iter,err]=eigpower(A,tol,nmax,x0)
%EIGPOWER Calcular numericamente um valor próprio de
%  uma matriz.
%  LAMBDA=EIGPOWER(A) calcula com o método da potência
%  o valor próprio de A de módulo máximo a partir de um
%  dado inicial que por defeito é o vector com todos os
%  elementos iguais a 1.
%  LAMBDA=EIGPOWER(A,TOL,NMAX,X0) usa uma tolerância
%  sobre o valor absoluto do erro TOL (por defeito
%  1.e-6) e o número máximo de iterações NMAX (por
%  defeito 100), partindo do vector inicial X0.
%  [LAMBDA,V,ITER]=EIGPOWER(A,TOL,NMAX,X0) também
%  devolve o vector próprio V tal que A*V=LAMBDA*V
%  e o número da iteração na qual V foi calculado.
[n,m] = size(A);
if n ~= m, error('Só para matrizes quadradas'); end
if nargin == 1
    tol = 1.e-06;
    x0 = ones(n,1);
    nmax = 100;
end
x0 = x0/norm(x0);
pro = A*x0;
lambda = x0'*pro;
err = tol*abs(lambda) + 1;
iter = 0;
while err>tol*abs(lambda)&abs(lambda)~=0&iter<=nmax
    x = pro; x = x/norm(x);
    pro = A*x; lambdanew = x'*pro;
    err = abs(lambdanew - lambda);
    lambda = lambdanew;
    iter = iter + 1;
end
return
```

Exemplo 6.1 Consideremos a família de matrizes

$$A(\alpha) = \begin{bmatrix} \alpha & 2 & 3 & 13 \\ 5 & 11 & 10 & 8 \\ 9 & 7 & 6 & 12 \\ 4 & 14 & 15 & 1 \end{bmatrix}, \qquad \alpha \in \mathbb{R}.$$

Queremos aproximar o valor próprio de maior módulo pelo método da potência. Quando $\alpha = 30$, os valores próprios da matriz são dados por $\lambda_1 = 39.396$, $\lambda_2 = 17.8208$, $\lambda_3 = -9.5022$ e $\lambda_4 = 0.2854$ (mostram-se apenas os primeiros quatro algarismos significativos). O método aproxima λ_1 em 22 iterações com uma tolerância $\varepsilon = 10^{-10}$ e $x^{(0)} = 1$. No entanto, se $\alpha = -30$ precisamos de 708 iterações. Esta diferença de comportamento pode-se explicar notando que no último caso se tem $\lambda_1 = -30.643$, $\lambda_2 = 29.7359$, $\lambda_3 = -11.6806$ e $\lambda_4 = 0.5878$. Portanto, $|\lambda_2|/|\lambda_1| = 0.9704$, é próximo da unidade. ∎

Exemplo 6.2 (Ligações interurbanas) Seja $A \in \mathbb{R}^{11 \times 11}$ a matriz associada ao sistema ferroviário da Figura 6.2, ou seja, a matriz cujos coeficientes a_{ij} são iguais a um, se existir uma ligação directa entre as i-ésima e j-ésima cidades, e igual a zero no caso contrário. Fazendo `tol=1.e-12` e `x0=ones(11,1)`, depois de 26 iterações o Programa 6.1 dá a seguinte aproximação do vector próprio (de comprimento unitário) associado ao valor próprio de módulo máximo de A:

```
» x' =
   Columns 1 through 6
   0.5271   0.1590   0.2165   0.3580   0.4690   0.3861
   Columns 7 through 11
   0.1590   0.2837   0.0856   0.1906   0.0575
```

A cidade mais acessível é Milão, que está associada à primeira componente de x (a de maior módulo), a menos acessível é Mantua, que está associada à última componente de x, a de módulo mínimo. É claro que a nossa análise baseia-se apenas na existência de ligações entre as cidades e não na sua frequência. ∎

6.1.1 Análise da convergência

Dado que os vectores próprios $x_1, \ldots, x_n$ de A são linearmente independentes, eles formam uma base de $\mathbb{C}^n$. Deste modo os vectores $x^{(0)}$ e $y^{(0)}$ podem-se escrever na forma

$$x^{(0)} = \sum_{i=1}^{n} \alpha_i x_i, \quad y^{(0)} = \beta^{(0)} \sum_{i=1}^{n} \alpha_i x_i, \quad \text{com } \beta^{(0)} = 1/\|x^{(0)}\| \text{ e } \alpha_i \in \mathbb{C}.$$

Na primeira iteração o método da potência dá

$$x^{(1)} = A y^{(0)} = \beta^{(0)} A \sum_{i=1}^{n} \alpha_i x_i = \beta^{(0)} \sum_{i=1}^{n} \alpha_i \lambda_i x_i$$

e, do mesmo modo,

$$y^{(1)} = \beta^{(1)} \sum_{i=1}^{n} \alpha_i \lambda_i x_i, \quad \beta^{(1)} = \frac{1}{\|x^{(0)}\| \, \|x^{(1)}\|}.$$

Na iteração k, tem-se

$$y^{(k)} = \beta^{(k)} \sum_{i=1}^{n} \alpha_i \lambda_i^k x_i, \quad \beta^{(k)} = \frac{1}{\|x^{(0)}\| \cdots \|x^{(k)}\|}$$

e, por conseguinte

$$y^{(k)} = \lambda_1^k \beta^{(k)} \left(\alpha_1 x_1 + \sum_{i=2}^{n} \alpha_i \frac{\lambda_i^k}{\lambda_1^k} x_i \right).$$

Como $|\lambda_i/\lambda_1| < 1$ para $i = 2, \ldots, n$, o vector $y^{(k)}$ tende a alinhar-se na mesma direcção que o vector próprio x_1 quando k tende para $+\infty$, desde que $\alpha_1 \neq 0$. Esta condição sobre α_1, impossível de assegurar na prática uma vez que x_1 é desconhecido, não é de facto restritiva. Com efeito, os erros de arredondamento conduzem ao aparecimento de uma componente não nula na direcção de x_1, mesmo se isso não acontecer com o vector inicial $x^{(0)}$. (Podemos dizer que este é um dos raros casos em que os erros de arredondamento nos ajudam!)

Exemplo 6.3 Consideremos a matriz $A(\alpha)$ do Exemplo 6.1, com $\alpha = 16$. O vector próprio x_1 de comprimento unitário associado a λ_1 é $[1/2, 1/2, 1/2, 1/2]^T$. Escolhamos (de propósito!) o vector inicial $[2, -2, 3, -3]^T$, que é ortogonal a x_1. Na Figura 6.3 mostram-se os valores de $\cos(\theta^{(k)}) = (y^{(k)})^T x_1 / (\|y^{(k)}\| \ \|x_1\|)$. Podemos ver que depois de cerca de 30 iterações do método da potência, o coseno tende para -1 e o ângulo tende para π, enquanto que a sucessão $\lambda^{(k)}$ se aproxima de $\lambda_1 = 34$. Com o método da potência construíu-se, graças aos erros de arredondamento, uma sucessão de vectores $y^{(k)}$ cujas componentes na direcção de x_1 são cada vez mais significativas. ∎

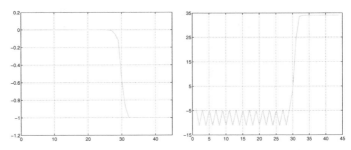

Figura 6.3. Valores de $(y^{(k)})^T x_1 / (\|y^{(k)}\| \ \|x_1\|)$ (*à esquerda*) e de $\lambda^{(k)}$ (*à direita*), para $k = 1, \ldots, 44$

É possível provar que o método da potência converge mesmo se λ_1 for uma raiz múltipla de $p_A(\lambda)$. Pelo contrário ele não irá convergir se existirem dois valores próprios distintos, ambos com módulo máximo. Neste caso, a sucessão $\lambda^{(k)}$ oscila entre dois valores e não tem limite.

Ver os Exercícios 6.1-6.3.

6.2 Generalização do método da potência

Uma primeira generalização do método da potência consiste em aplicá-lo à inversa da matriz A (desde que A seja não singular!). Como os valores próprios de A^{-1} são os inversos dos de A, o método da potência permite neste caso aproximar o valor próprio de A de módulo mínimo. Obtemos assim o chamado *método da potência inversa*:

dado um vector inicial $\mathbf{x}^{(0)}$, define-se $\mathbf{y}^{(0)} = \mathbf{x}^{(0)}/\|\mathbf{x}^{(0)}\|$ e calcula-se

$$
\boxed{
\begin{array}{l}
\text{para } k = 1, 2, \ldots \\[2mm]
\mathbf{x}^{(k)} = A^{-1}\mathbf{y}^{(k-1)}, \ \mathbf{y}^{(k)} = \dfrac{\mathbf{x}^{(k)}}{\|\mathbf{x}^{(k)}\|}, \ \mu^{(k)} = (\mathbf{y}^{(k)})^H A^{-1}\mathbf{y}^{(k)}
\end{array}
}
\tag{6.8}
$$

Se A admitir vectores próprios linearmente independentes, e se só existir um valor próprio λ_n de módulo mínimo, então

$$\lim_{k \to \infty} \mu^{(k)} = 1/\lambda_n,$$

isto é, $(\mu^{(k)})^{-1}$ tende para λ_n quando $k \to \infty$.

Em cada passo k, temos que resolver um sistema linear da forma $A\mathbf{x}^{(k)} = \mathbf{y}^{(k-1)}$. É por isso conveniente efectuar uma só factorização LU de A (ou a sua factorização de Cholesky, se A for simétrica e definida positiva) e resolver apenas dois sistemas triangulares em cada iteração.

Importa observar que o comando lu (de MATLAB e Octave) pode construir a decomposição LU mesmo para matrizes complexas.

Exemplo 6.4 Quando se aplica à matriz A(30) do Exemplo 6.1, o método da potência dá o valor 3.5037, depois de 7 iterações. Assim, o valor próprio de A(30) de módulo mínimo é aproximadamente igual a $1/3.5037 \simeq 0.2854$. ∎

Pode-se igualmente generalizar o método da potência procedendo do seguinte modo. Seja λ_μ o valor próprio (desconhecido) de A, mais próximo de um dado número (real ou complexo) μ. Para aproximar λ_μ podemos, em primeiro lugar, aproximar o valor próprio de módulo mínimo, digamos $\lambda_{min}(A_\mu)$, da matriz transladada $A_\mu = A - \mu I$, e depois fazer $\lambda_\mu = \lambda_{min}(A_\mu) + \mu$. Podemos então aplicar o método da potência inversa a A_μ para obter uma aproximação de f $\lambda_{min}(A_\mu)$. Esta técnica é conhecida por *método da potência com translação*, e o número μ chama-se *translação* (em inglês, *shift*).

No Programa 6.2 implementa-se o método da potência inversa com translação. O método da potência inversa é obtido fazendo simplesmente $\mu = 0$. Os quatro primeiros parâmetros de entrada são os mesmos do Programa 6.1, e mu é a translação. Os parâmetros de saída são o valor próprio λ_μ de A, o seu vector próprio associado x e o número de iterações efectuadas.

Programa 6.2. invshift: método da potência inversa com translação

```
function [lambda,x,iter]=invshift(A,mu,tol,nmax,x0)
%INVSHIFT Calcula numericamente um valor próprio de
%    uma matriz.
%    LAMBDA=INVSHIFT(A) calcula o valor próprio de A de
%    módulo mínimo com o método da potência inversa.
```

```
%   LAMBDA=INVSHIFT(A,MU) calcula o valor próprio de A
%   mais próximo de um número dado(real ou complexo) MU.
%   LAMBDA=INVSHIFT(A,MU,TOL,NMAX,X0) utiliza uma
%   tolerância sobre o erro absoluto TOL (1.e-6 por
%   defeito) e um número máximo de iterações NMAX (100
%   por defeito), partindo de um vector inicial X0.
%   [LAMBDA,V,ITER]=INVSHIFT(A,MU,TOL,NMAX,X0) também
%   devolve o vector próprio V tal que A*V=LAMBDA*V
%   e o número de iterações para calcular V.
[n,m]=size(A);
if n ~= m, error('Só para matrizes quadradas'); end
if nargin == 1
    x0 = rand(n,1); nmax = 100; tol = 1.e-06; mu = 0;
elseif nargin == 2
    x0 = rand(n,1); nmax = 100; tol = 1.e-06;
end
[L,U]=lu(A-mu*eye(n));
if norm(x0) == 0
    x0 = rand(n,1);
end
x0=x0/norm(x0);
z0=L\x0;
pro=U\z0;
lambda=x0'*pro;
err=tol*abs(lambda)+1;          iter=0;
while err>tol*abs(lambda)&abs(lambda)~=0&iter<=nmax
    x = pro; x = x/norm(x);
    z=L\x;    pro=U\z;
    lambdanew = x'*pro;
    err = abs(lambdanew - lambda);
    lambda = lambdanew;
    iter = iter + 1;
end
lambda = 1/lambda + mu;
return
```

Exemplo 6.5 Para a matriz A(30) do Exemplo 6.1 procuramos o valor próprio mais próximo do valor 17. Para isso utiliza-se o Programa 6.2 com mu=17, tol =10^{-10} e x0=[1;1;1;1]. Depois de 8 iterações o programa devolve o valor lambda=17.82079703055703. Um conhecimento menos preciso da *translação* teria envolvido mais iterações. Por exemplo, se fizermos mu=13 o programa dá o valor 17.82079703064106 depois de 11 iterações.   ■

O valor da translação pode ser modificado durante as iterações, fazendo $\mu = \lambda^{(k)}$. Isto conduz a uma convergência mais rápida; contudo o custo computacional cresce substancialmente já que agora a matriz de iteração A_μ muda para cada valor de μ.

Ver os Exercícios 6.4-6.6.

6.3 Como calcular a translação

Para aplicar eficazmente o método da potência com translação é preciso localizar (com maior ou menor precisão) os valores próprios de A no plano complexo. Para isso introduzimos a seguinte definição.

Seja A uma matriz quadrada de ordem n. Os *círculos de Gershgorin* $C_i^{(r)}$ e $C_i^{(c)}$ associados à i-ésima linha e à i-ésima coluna são, respectivamente, definidos por

$$C_i^{(r)} = \{z \in \mathbb{C} : |z - a_{ii}| \leq \sum_{j=1, j \neq i}^{n} |a_{ij}|\},$$

$$C_i^{(c)} = \{z \in \mathbb{C} : |z - a_{ii}| \leq \sum_{j=1, j \neq i}^{n} |a_{ji}|\}.$$

$C_i^{(r)}$ é o i-ésimo *círculo por linhas* e $C_i^{(c)}$ o i-ésimo *círculo por colunas*.

Através do Programa 6.3 podemos visualizar em duas janelas diferentes (que se abrem com o comando figure) os círculos por linhas e por colunas de uma matriz. O comando hold on permite a sobreposição de gráficos sucessivos (no nosso caso, os diferentes círculos que foram calculados de modo sequencial). Este comando pode ser anulado pelo comando hold off. Os comandos title, xlabel e ylabel permitem visualizar o título e as legendas dos eixos na figura.

O comando patch serve para colorir os círculos e o comando axis permite escolher, para o gráfico corrente, a sua escala nos eixos x e y.

figure
hold on/off

title
xlabel
ylabel

patch
axis

Programa 6.3. gershcircles: círculos de Gershgorin

```
function gershcircles(A)
%GERSHCIRCLES traça os círculos de Gershgorin
%  GERSHCIRCLES(A) traça os círculos de Gershgorin para
%  a matriz quadrada A e para a sua transposta.
n = size(A);
if n(1) ~= n(2)
   error('Só para matrizes quadradas');
else
   n = n(1); circler = zeros(n,201); circlec = circler;
end
center = diag(A);
radiic = sum(abs(A-diag(center)));
radiir = sum(abs(A'-diag(center)));
one = ones(1,201); cosisin = exp(i*[0:pi/100:2*pi]);
figure(1); title('Row circles');
xlabel('Re'); ylabel('Im');
figure(2); title('Column circles');
xlabel('Re'); ylabel('Im');
for k = 1:n
   circlec(k,:) = center(k)*one + radiic(k)*cosisin;
   circler(k,:) = center(k)*one + radiir(k)*cosisin;
   figure(1);
   patch(real(circler(k,:)),imag(circler(k,:)),'red');
   hold on
   plot(real(circler(k,:)),imag(circler(k,:)),'k-',...
      real(center(k)),imag(center(k)),'kx');
   figure(2);
   patch(real(circlec(k,:)),imag(circlec(k,:)),'green');
```

```
    hold on
    plot(real(circlec(k,:)),imag(circlec(k,:)),'k-',...
        real(center(k)),imag(center(k)),'kx');
end
for k = 1:n
  figure(1);
  plot(real(circler(k,:)),imag(circler(k,:)),'k-',...
      real(center(k)),imag(center(k)),'kx');
  figure(2);
  plot(real(circlec(k,:)),imag(circlec(k,:)),'k-',...
      real(center(k)),imag(center(k)),'kx');
end
figure(1); axis image; hold off;
figure(2); axis image; hold off
return
```

Exemplo 6.6 Na Figura 6.4 traçámos os círculos de Gershgorin associados à matriz

$$A = \begin{bmatrix} 30 & 1 & 2 & 3 \\ 4 & 15 & -4 & -2 \\ -1 & 0 & 3 & 5 \\ -3 & 5 & 0 & -1 \end{bmatrix}.$$

Os centros dos discos são indicados por uma cruz.   ∎

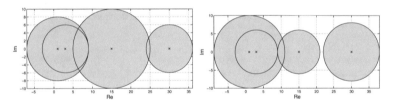

Figura 6.4. Círculos por linhas (à esquerda) e círculos por colunas (à direita) para a matriz do Exemplo 6.6

Como já referimos, os círculos de Gershgorin podem servir para localizar os valores próprios de uma matriz, como se estabelece na proposição seguinte.

Proposição 6.1 *Todos os valores próprios de uma matriz $A \in \mathbb{C}^{n \times n}$ pertencem à região do plano complexo definido pela intersecção das duas regiões constituídas, respectivamente, pela união dos círculos por linhas e pela união dos círculos por colunas.*
Além disso, se os m círculos por linhas (ou por colunas), com $1 \leq m \leq n$, forem disjuntos da união dos restantes $n - m$ círculos, então a sua união contém exactamente m valores próprios.

Nada garante que um círculo contenha os valores próprios, a não ser que esteja isolado dos outros. Pode-se usar o resultado anterior para obter uma primeira estimativa da translação, como se mostra no exemplo seguinte.

Exemplo 6.7 Da análise dos círculos por linhas da matriz $A(30)$ do Exemplo 6.1 deduzimos que as partes reais dos valores próprios de A estão entre -32 e 48. Podemos assim utilizar o Programa 6.2 para calcular o valor próprio de módulo máximo escolhendo o valor da translação μ igual a 48. O método converge em 16 iterações, sendo necessárias 24 iterações quando se aplica o método da potência com o mesmo dado inicial x0=[1;1;1;1] e a mesma tolerância tol=1.e-10. ∎

Em resumo

1. O método da potência é um algoritmo iterativo para calcular o valor próprio de módulo máximo de uma matriz dada;
2. o método da potência inversa permite o cálculo do valor próprio de módulo mínimo; necessita da factorização da matriz dada;
3. o método da potência com translação permite o cálculo do valor próprio mais próximo de um número dado; para ser eficiente necessita um conhecimento *a priori* da localização dos valores próprios da matriz, que se consegue analisando os círculos de Gershgorin.

Ver os Exercícios 6.7-6.8.

6.4 Cálculo de todos os valores próprios

Duas matrizes quadradas A e B com a mesma dimensão dizem-se *semelhantes* se existir uma matriz não singular P tal que

$$P^{-1}AP = B.$$

As matrizes semelhantes têm os mesmos valores próprios. Com efeito, se λ for um valor próprio de A e $\mathbf{x} \neq \mathbf{0}$ um vector próprio associado, tem-se

$$BP^{-1}\mathbf{x} = P^{-1}A\mathbf{x} = \lambda P^{-1}\mathbf{x},$$

isto é, λ é também um valor próprio de B e o seu vector próprio associado é agora $\mathbf{y} = P^{-1}\mathbf{x}$.

Os métodos que permitem uma aproximação simultânea de todos os valores próprios de uma matriz baseiam-se geralmente na transformação de A (depois de uma infinidade de iterações) numa matriz semelhante, diagonal ou triangular, cujos valores próprios são os seus coeficientes diagonais.

eig   Entre estes métodos referimos o *método QR* que está implementado na função eig de MATLAB. Mais precisamente, o comando D=eig(A) dá um vector D que contém todos os valores próprios de A. Contudo, escrevendo [X,D]=eig(A), obtemos duas matrizes: a matriz diagonal D formada pelos valores próprios de A, e a matriz X cujos vectores coluna são os vectores próprios de A. Deste modo, A*X=X*D.

O nome do método QR para o cálculo de valores próprios de uma matriz A provém do uso repetido da factorização QR introduzida na Secção 5.5. Apresentamos aqui o método QR só para matrizes reais e na sua forma mais elementar (cuja convergência nem sempre está garantida). Para uma descrição mais completa deste método, refira-se [QSS07, Capítulo 5] e, para uma extensão ao caso complexo, ver [GL96, Secção 5.2.10] e [Dem97, Secção 4.2.1].

A ideia consiste em construir uma sucessão de matrizes $A^{(k)}$, todas semelhantes a A. Depois de fazer $A^{(0)} = A$, usa-se a factorização QR para calcular as matrizes $Q^{(k+1)}$ e $R^{(k+1)}$ para $k = 1, 2, \ldots$, tais que

$$Q^{(k+1)}R^{(k+1)} = A^{(k)},$$

e em seguida faz-se $A^{(k+1)} = R^{(k+1)}Q^{(k+1)}$.

As matrizes $A^{(k)}$, $k = 0, 1, 2, \ldots$ são todas semelhantes e, deste modo, têm os mesmos valores próprios que A (ver Exercício 6.9). Além disso, se $A \in \mathbb{R}^{n \times n}$ e os seus valores próprios verificarem $|\lambda_1| > |\lambda_2| > \ldots > |\lambda_n|$, então

$$\lim_{k \to +\infty} A^{(k)} = T = \begin{bmatrix} \lambda_1 & t_{12} & \cdots & t_{1n} \\ 0 & \ddots & \ddots & \vdots \\ \vdots & & \lambda_{n-1} & t_{n-1,n} \\ 0 & \cdots & 0 & \lambda_n \end{bmatrix}. \tag{6.9}$$

A taxa de decaimento para zero dos coeficientes triangulares inferiores, $a_{i,j}^{(k)}$ para $i > j$, quando k tende para infinito, depende do $\max_i |\lambda_{i+1}/\lambda_i|$. Na prática, as iterações param quando $\max_{i>j} |a_{i,j}^{(k)}| \leq \epsilon$, em que $\epsilon > 0$ é uma tolerância dada.

Admitindo como hipótese adicional que A é simétrica, a sucessão $\{A^{(k)}\}$ converge para uma matriz diagonal.

O Programa 6.4 implementa o método das iterações QR. Os parâmetros de entrada são a matriz A, a tolerância tol e o número máximo de iterações nmax.

Programa 6.4. qrbasic: método das iterações QR

```
function D=qrbasic(A,tol,nmax)
%QRBASIC calcula os valores próprios da matriz A.
%   D=QRBASIC(A,TOL,NMAX) calcula por iterações QR todos
%   os valores próprios de A com uma tolerância TOL e um
%   número máximo de iterações NMAX. A convergência
%   deste método nem sempre está garantida.
[n,m]=size(A);
if n ~= m, error('A matriz deve ser quadrada'); end
T = A; niter = 0; test = norm(tril(A,-1),inf);
while niter <= nmax & test >= tol
    [Q,R]=qr(T);    T = R*Q;
    niter = niter + 1;
    test = norm(tril(T,-1),inf);
end
if niter > nmax
  warning(['O método não converge'
            'no número máximo de iterações fixado']);
else
  fprintf(['O método converge em ' ...
            '%i iterações n'],niter);
end
D = diag(T);
return
```

Exemplo 6.8 Consideremos a matriz A(30) do Exemplo 6.1 e chamemos o Programa 6.4 para calcular os seus valores próprios. Obtemos

» D=qrbasic(A(30),1.e-14,100)

```
O método converge em 56 iterações
D =
    39.3960
    17.8208
    -9.5022
     0.2854
```

Estes valores próprios estão em boa concordância com os obtidos no Exemplo 6.1, usando o comando **eig**. A taxa de convergência decresce se os valores próprios tiverem módulos quase idênticos. É o caso da matriz que corresponde a $\alpha = -30$: dois valores próprios têm quase o mesmo módulo e o método precisa de 1149 iterações para convergir com a mesma tolerância

» D=qrbasic(A(-30),1.e-14,2000)

```
O método converge em 1149 iterações
D =
   -30.6430
    29.7359
   -11.6806
     0.5878
```
∎

As grandes matrizes esparsas constituem um caso especial. Nestas condições, se A for armazenada em modo esparso o comando eigs(A,k)   *eigs* permite calcular os k primeiros valores próprios de maior módulo de A.

Finalmente, vamos explicar como se calculam os valores singulares de uma matriz rectangular. Em MATLAB existem duas funções disponíveis:

184   6 Valores próprios e vectores próprios

Figura 6.5. Imagem original (*à esquerda*) e imagens obtidas usando os primeiros 20 valores singulares (*ao centro*) e com os primeiros 40 valores singulares 40 (*à direita*), respectivamente

svd   svd e svds. A primeira calcula todos os valores singulares de uma ma-
svds   triz, a última calcula só os primeiros k maiores. O inteiro k deve fixar-se
       à entrada (por defeito k=6). Referimos [ABB+99] para uma dicussão
       completa do algoritmo utilizado.

Exemplo 6.9 (Compressão de imagens) Com o comando de MATLAB
imread   A= imread('pout.tif') carrega-se uma imagem a preto e branco que está
presente na *toolbox* de MATLAB *Image Processing*. A variável A é uma matriz
de 291 por 240 números inteiros de oito bits (uint8) que representam o nível
de cinzento.
imshow   O comando imshow(A) cria a imagem representada à esquerda da Figura
6.5. Para calcular a SVD de A devemos primeiro converter A numa matriz
cujos coeficientes estão em dupla precisão (os números em vírgula flutuante
usados habitualmente em MATLAB), com o comando A=double(A). Agora,
fazemos [U,S,V]=svd(A). No centro da Figura 6.5 representa-se a imagem que
se obtém usando apenas os primeiros 20 valores singulares de S, mediante os
comandos

```
» X=U(:,1:20)*S(1:20,1:20)*(V(:,1:20))';
» imshow(uint8(X));
```

A imagem à direita da Figura 6.5 obtém-se com os primeiros 40 valores
singulares. Requer o armazenamento de 21280 coeficientes (duas matrizes de
dimensões 291 × 40 e 240 × 40 e os primeiros quarenta valores singulares) em
vez dos 69840 coeficientes que seriam necessários para armazenar a imagem
original. ∎

Octave 6.1 Os comandos svds e eigs para calcular os valores singulares e os valores próprios de matrizes esparsas não estão ainda
disponíveis em Octave. ∎

Em resumo

1. O método das iterações QR permite aproximar todos os valores próprios de uma matriz A;
2. na sua versão básica, este método converge se A tiver coeficientes reais e valores próprios distintos;
3. a sua taxa assimptótica de convergência depende do maior quociente entre os módulos de dois valores próprios consecutivos.

Ver os Exercícios 6.9-6.10.

6.5 O que não vos foi dito

Não abordámos a questão do número de condição do problema de valores próprios, que mede a sensibilidade dos valores próprios à variação dos elementos da matriz. Aconselha-se o leitor interessado a consultar, por exemplo, [Wil65], [GL96] e [QSS07, Capítulo 5].

Observemos simplesmente que o cálculo dos valores próprios não é necessariamente um problema mal condicionado quando o número de condição da matriz for grande. É o caso, por exemplo, da matriz de Hilbert (ver Exemplo 5.9): apesar do número de condição ser extremamente elevado, o cálculo dos valores próprios da matriz de Hilbert é bem condicionado pelo facto da matriz ser simétrica e definida positiva.

Para calcular simultaneamente todos os valores próprios de uma matriz simétrica podemos utilizar, para além do método QR, o método de Jacobi que transforma uma matriz simétrica numa matriz diagonal, eliminando passo a passo, à custa de transformações de semelhança, todos os termos fora da diagonal. Este método não converge num número finito de iterações já que, cada vez que se anula um termo fora da diagonal, os termos que se igualaram a zero nas iterações anteriores podem retomar valores não nulos.

Existem ainda outros métodos tais como o método de Lanczos e o método que usa as chamadas sucessões de Sturm. Para uma apresentação destes métodos ver [Saa92].

A biblioteca ARPACK de MATLAB (disponível através do comando arpackc) utiliza-se para calcular os valores próprios das grandes ma-   arpackc
trizes. A função eigs é um comando de MATLAB que utiliza esta biblioteca.

Finalmente, refira-se que o uso apropriado da técnica de *deflação* (que consiste na eliminação sucessiva dos valores próprios já calculados) permite a aceleração da convergência dos métodos anteriores e, por conseguinte, a redução do seu custo computacional.

6.6 Exercícios

Exercício 6.1 Fixando a tolerância igual a $\varepsilon = 10^{-10}$ e partindo do dado inicial $\mathbf{x}^{(0)} = [1, 2, 3]^T$, usar o método da potência para aproximar o valor próprio de módulo máximo das seguintes matrizes

$$A_1 = \begin{bmatrix} 1 & 2 & 0 \\ 1 & 0 & 0 \\ 0 & 1 & 0 \end{bmatrix}, A_2 = \begin{bmatrix} 0.1 & 3.8 & 0 \\ 1 & 0 & 0 \\ 0 & 1 & 0 \end{bmatrix}, A_3 = \begin{bmatrix} 0 & -1 & 0 \\ 1 & 0 & 0 \\ 0 & 1 & 0 \end{bmatrix}.$$

Comentar em seguida sobre a convergência do método nos três casos.

Exercício 6.2 (Dinâmica de populações) As características de uma população de peixes são descritas pela seguinte matriz de Leslie introduzida no Problema 6.2:

Intervalo de idade (meses)	$\mathbf{x}^{(0)}$	m_i	s_i
0-3	6	0	0.2
3-6	12	0.5	0.4
6-9	8	0.8	0.8
9-12	4	0.3	–

Determinar o vector $\mathbf{x}$ da distribuição normalizada desta população para diferentes intervalos de idade, tendo em conta o que foi visto no Problema 6.2.

Exercício 6.3 Provar que o método da potência não converge para matrizes que tenham dois valores próprios de módulo máximo $\lambda_1 = \gamma e^{i\vartheta}$ e $\lambda_2 = \gamma e^{-i\vartheta}$, onde $i = \sqrt{-1}$ e $\gamma, \vartheta \in \mathbb{R}$.

Exercício 6.4 Mostrar que os valores próprios de A^{-1} são os inversos dos de A.

Exercício 6.5 Verificar que o método da potência não permite calcular o valor próprio de módulo máximo da seguinte matriz, e explicar porquê:

$$A = \begin{bmatrix} \frac{1}{3} & \frac{2}{3} & 2 & 3 \\ 1 & 0 & -1 & 2 \\ 0 & 0 & -\frac{5}{3} & -\frac{2}{3} \\ 0 & 0 & 1 & 0 \end{bmatrix}.$$

Exercício 6.6 Usando o método da potência com translação, calcular o maior valor próprio positivo e o maior valor próprio negativo de

$$A = \begin{bmatrix} 3 & 1 & 0 & 0 & 0 & 0 & 0 \\ 1 & 2 & 1 & 0 & 0 & 0 & 0 \\ 0 & 1 & 1 & 1 & 0 & 0 & 0 \\ 0 & 0 & 1 & 0 & 1 & 0 & 0 \\ 0 & 0 & 0 & 1 & 1 & 1 & 0 \\ 0 & 0 & 0 & 0 & 1 & 2 & 1 \\ 0 & 0 & 0 & 0 & 0 & 1 & 3 \end{bmatrix}.$$

A é a chamada *matriz de Wilkinson* e pode ser construída com o comando
wilkinson(7) .

Exercício 6.7 Usando os círculos de Gershgorin, dar uma estimativa do
número máximo de valores próprios complexos das seguintes matrizes:

$$A = \begin{bmatrix} 2 & -\frac{1}{2} & 0 & -\frac{1}{2} \\ 0 & 4 & 0 & 2 \\ -\frac{1}{2} & 0 & 6 & \frac{1}{2} \\ 0 & 0 & 1 & 9 \end{bmatrix}, B = \begin{bmatrix} -5 & 0 & \frac{1}{2} & \frac{1}{2} \\ \frac{1}{2} & 2 & \frac{1}{2} & 0 \\ 0 & 1 & 0 & \frac{1}{2} \\ 0 & \frac{1}{4} & \frac{1}{2} & 3 \end{bmatrix}.$$

Exercício 6.8 Utilizar o resultado da Proposição 6.1 para determinar uma
translação que permita o cálculo do valor próprio de módulo máximo de

$$A = \begin{bmatrix} 5 & 0 & 1 & -1 \\ 0 & 2 & 0 & -\frac{1}{2} \\ 0 & 1 & -1 & 1 \\ -1 & -1 & 0 & 0 \end{bmatrix}.$$

Comparar então o número de iterações e o custo computacional do método da
potência, com e sem translação, fixando a tolerância a 10^{-14}.

Exercício 6.9 Mostrar que as matrizes $A^{(k)}$ construídas nas iterações do
método QR são todas semelhantes à matriz A.

Exercício 6.10 Usar o comando eig para calcular todos os valores próprios
das duas matrizes do Exercício 6.7. Verificar em seguida a precisão das conclusões que se podem tirar da Proposição 6.1.

7

Equações diferenciais ordinárias

Uma equação diferencial é uma equação que envolve uma ou mais derivadas de uma função desconhecida. Se todas as derivadas forem consideradas em relação a uma só variável independente chama-se *equação diferencial ordinária*, tratando-se de uma *equação com derivadas parciais* quando existirem derivadas parciais.

Diz-se que uma equação diferencial (ordinária ou com derivadas parciais) tem *ordem p* se p for a maior ordem das derivadas presentes na equação. O próximo capítulo será dedicado ao estudo de equações com derivadas parciais. No presente capítulo iremos considerar equações diferenciais ordinárias de primeira ordem.

As equações diferenciais ordinárias descrevem a evolução de numerosos fenómenos em domínios variados, como se pode ver nos quatro exemplos que se seguem.

Problema 7.1 (Termodinâmica) Consideremos um corpo pontual de massa m e temperatura interna T que se encontra num ambiente a temperatura constante T_e. A transferência de calor entre o corpo e o exterior pode ser descrita pela lei de Stefan-Boltzmann

$$v(t) = \epsilon \gamma S(T^4(t) - T_e^4),$$

onde t é a variável temporal, ϵ a constante de Boltzmann (igual a $5.6 \cdot 10^{-8} \text{J/m}^2 \text{K}^4 \text{s}$, com J a abreviatura de Joule, K de Kelvin e, obviamente, m de metro e s de segundo), γ é a constante de emissividade do corpo, S a área da sua superfície e v é a velocidade de transferência de calor. A taxa de variação de energia $E(t) = mCT(t)$ (onde C designa o calor específico do material que constitui o corpo) é igual, em valor absoluto, à velocidade v. Por conseguinte, fazendo $T(0) = T_0$, o cálculo de $T(t)$ exige a resolução da equação diferencial ordinária

$$\frac{dT}{dt} = -\frac{v(t)}{mC}. \tag{7.1}$$

Ver o Exercício 7.15. ∎

Problema 7.2 (Dinâmica de populações) Consideremos uma população de bactérias num ambiente confinado onde não podem coexistir mais de B indivíduos. Suponhamos que no instante inicial o número de indivíduos é igual a $y_0 \ll B$ e que a taxa de crescimento das bactérias é uma constante positiva C. Neste caso a taxa de crescimento da população é proporcional ao número de bactérias existentes, impondo como restrição que o número total não possa exceder B. Isto traduz-se pela seguinte equação diferencial

$$\frac{dy}{dt} = Cy \left(1 - \frac{y}{B} \right), \tag{7.2}$$

cuja solução $y = y(t)$ representa o número de bactérias no tempo t.

Supondo que as duas populações y_1 e y_2 estão em competição, em vez de (7.2) teríamos

$$\begin{aligned}
\frac{dy_1}{dt} &= C_1 y_1 \left(1 - b_1 y_1 - d_2 y_2 \right), \\
\frac{dy_2}{dt} &= -C_2 y_2 \left(1 - b_2 y_2 - d_1 y_1 \right),
\end{aligned} \tag{7.3}$$

onde C_1 e C_2 representam as taxas de crescimento das duas populações. Os coeficientes d_1 e d_2 governam o tipo de interacção entre as duas populações, enquanto que b_1 e b_2 estão relacionados com a quantidade de nutrientes disponível. As equações (7.3) chamam-se as *equações de Lotka-Volterra* e servem de base a diversos modelos. Para a sua resolução numérica ver o Exemplo 7.7. ∎

Problema 7.3 (Trajectória de uma bola de basebol) Queremos simular a trajectória de uma bola de basebol do lançador até ao receptor. Adoptando o referencial da Figura 7.1, as equações que descrevem o movimento da bola são (ver [Ada90], [Gio97])

$$\frac{d\mathbf{x}}{dt} = \mathbf{v}, \qquad \frac{d\mathbf{v}}{dt} = \mathbf{F},$$

onde $\mathbf{x}(t) = (x(t), y(t), z(t))^T$ designa a posição da bola no tempo t, $\mathbf{v} = (v_x, v_y, v_z)^T$ a sua velocidade, e $\mathbf{F}$ é o vector cujas componentes são

$$\begin{aligned}
F_x &= -F(v)vv_x + B\omega(v_z \sin\phi - v_y \cos\phi), \\
F_y &= -F(v)vv_y + B\omega v_x \cos\phi, \\
F_z &= -g - F(v)vv_z - B\omega v_x \sin\phi.
\end{aligned} \tag{7.4}$$

v é o módulo de $\mathbf{v}$, $B = 4.1 \; 10^{-4}$, ϕ é o ângulo de lançamento, ω é o módulo da velocidade angular aplicado à bola pelo lançador. $F(v)$ é o coeficiente de fricção, normalmente definido por

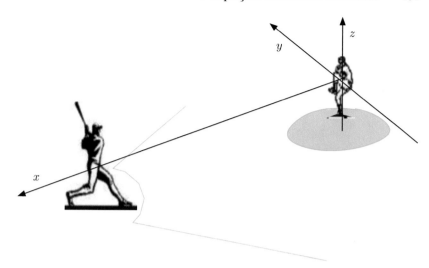

Figura 7.1. Referencial adoptado para o Problema 7.3

$$F(v) = 0.0039 + \frac{0.0058}{1 + e^{(v-35)/5}}.$$

A resolução deste sistema de equações diferenciais ordinárias será tratada no Exercício 7.20. ∎

Problema 7.4 (Circuitos eléctricos) Consideremos o circuito eléctrico da Figura 7.2. Queremos calcular a função $v(t)$ que representa a queda de potencial nos extremos do condensador C, partindo do instante inicial $t = 0$ no qual se desligou o interruptor I. Suponhamos que a indutância L se exprime como uma função explícita da intensidade da corrente i, isto é $L = L(i)$. A lei de Ohm dá

$$e - \frac{d(i_1 L(i_1))}{dt} = i_1 R_1 + v,$$

onde R_1 é a resistência. Supondo que os fluxos de corrente têm a direcção indicada na Figura 7.2, derivando em ordem a t ambos os membros da lei de Kirchoff $i_1 = i_2 + i_3$ e observando que $i_3 = C dv/dt$ e $i_2 = v/R_2$, obtemos a equação adicional

$$\frac{di_1}{dt} = C \frac{d^2 v}{dt^2} + \frac{1}{R_2} \frac{dv}{dt}.$$

Encontrámos assim um sistema de duas equações diferenciais cuja resolução permite descrever o comportamento das duas incógnitas i_1 e v em função do tempo. A segunda equação é de ordem dois. Para a sua resolução ver o Exemplo 7.8. ∎

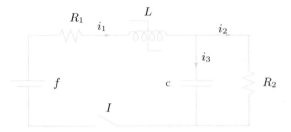

Figura 7.2. Circuito eléctrico do Problema 7.4

7.1 O problema de Cauchy

Limitamo-nos às equações diferenciais de primeira ordem, porque uma equação de ordem $p > 1$ pode sempre reduzir-se a um sistema de p equações de ordem 1. O caso dos sistemas de primeira ordem será abordado na Secção 7.8.

Uma equação diferencial de primeira ordem admite geralmente uma infinidade de soluções. Para seleccionar uma delas devemos impor uma condição suplementar que corresponde ao valor tomado pela solução num dado ponto do intervalo de integração. Por exemplo, a equação (7.2) admite a família de soluções

$$y(t) = B\psi(t)/(1 + \psi(t))$$

com $\psi(t) = e^{Ct+K}$, em que K é uma constante arbitrária. Se impusermos a condição $y(0) = 1$, seleccionamos a única solução que corresponde ao valor $K = \ln[1/(B-1)]$.

Por conseguinte, consideramos a solução do chamado *problema de Cauchy* que se escreve na forma:

determinar $y : I \to \mathbb{R}$ tal que

$$\begin{cases} y'(t) = f(t, y(t)) & \forall t \in I, \\ y(t_0) = y_0, \end{cases} \tag{7.5}$$

onde I é um intervalo de $\mathbb{R}$, $f : I \times \mathbb{R} \to \mathbb{R}$ é uma função dada e y' designa a derivada de y em relação a t. Finalmente, t_0 é um ponto de I e y_0 é um dado valor que se chama *dado inicial*.

Na proposição seguinte apresentamos um resultado clássico de Análise.

Proposição 7.1 *Suponhamos que a função $f(t,y)$ é*

1. *contínua em relação a ambas as variáveis;*
2. *contínua e lipschitziana em relação à sua segunda variável, isto é, existe uma constante positiva L tal que*

$$|f(t,y_1) - f(t,y_2)| \leq L|y_1 - y_2|, \forall t \in I, \ \forall y_1, y_2 \in \mathbb{R}.$$

Então a solução $y = y(t)$ do problema de Cauchy (7.5) existe, é única e pertence a $C^1(I)$.

Infelizmente, só existem soluções explícitas para certos tipos muito especiais de equações diferenciais ordinárias. Em certos casos, só se pode obter a solução na forma implícita. Por exemplo, a solução da equação $y' = (y - t)/(y + t)$ verifica a relação implícita

$$\frac{1}{2}\ln(t^2 + y^2) + \operatorname{arctg}\frac{y}{t} = C,$$

onde C é uma constante arbitrária. Noutros casos, a solução nem sequer se pode representar na forma implícita. Por exemplo, a solução geral da equação $y' = e^{-t^2}$ só se consegue exprimir através de um desenvolvimento em série.

Por todas estas razões, procuram-se métodos numéricos capazes de aproximar a solução de *todas* as equações diferenciais ordinárias que admitam uma solução.

O princípio comum a todos estes métodos consiste em subdividir o intervalo de integração $I = [t_0, T]$, com $T < +\infty$, em N_h intervalos de comprimento $h = (T - t_0)/N_h$; h chama-se o *passo de discretização*. Então, em cada *nó* t_n $(0 \leq n \leq N_h - 1)$ procura-se o valor desconhecido u_n que aproxima $y_n = y(t_n)$. O conjunto dos valores $\{u_0 = y_0, u_1, \ldots, u_{N_h}\}$ é a nossa *solução numérica*.

7.2 Métodos de Euler

Um método clássico, o método de *Euler progressivo*, consiste em construir uma solução numérica do seguinte modo

$$u_{n+1} = u_n + hf_n, \qquad n = 0, \ldots, N_h - 1 \tag{7.6}$$

onde se usou a notação abreviada $f_n = f(t_n, u_n)$. Este método obtém-se considerando a equação diferencial (7.5) em cada nó t_n, $n = 1, \ldots, N_h$ e substituindo a derivada exacta $y'(t_n)$ pela razão incremental (4.4).

De modo análogo, usando desta vez a razão incremental (4.8) para aproximar $y'(t_{n+1})$, obtém-se o método de *Euler regressivo*

$$u_{n+1} = u_n + h f_{n+1}, \qquad n = 0, \ldots, N_h - 1 \qquad (7.7)$$

Ambos os métodos são exemplos de *métodos com um passo* (ou *métodos unipasso*) uma vez que para calcular a solução numérica u_{n+1} no nó t_{n+1} só é necessário ter a informação relativa ao nó anterior t_n.

Mais precisamente, no método de Euler progressivo u_{n+1} depende exclusivamente do valor u_n calculado previamente, enquanto que no método de Euler regressivo depende também de si próprio através do valor de f_{n+1}. Por esta razão o primeiro método designa-se por método de Euler *explícito* e o segundo por método de Euler *implícito*.

Por exemplo, a discretização de (7.2) pelo método de Euler progressivo necessita em cada passo de tempo do simples cálculo de

$$u_{n+1} = u_n + h C u_n \left(1 - u_n / B\right),$$

enquanto que com o método de Euler regressivo é preciso resolver a equação não linear

$$u_{n+1} = u_n + h C u_{n+1} \left(1 - u_{n+1} / B\right).$$

Deste modo, os métodos implícitos são mais dispendiosos do que os métodos explícitos, uma vez que em cada passo de tempo t_{n+1} se deve resolver um problema não linear para calcular u_{n+1}. Contudo, veremos que os métodos implícitos têm melhores propriedades de estabilidade do que os explícitos.

O método de Euler progressivo está implementado no Programa 7.1; o intervalo de integração é `tspan = [t0,tfinal]`, `odefun` é uma cadeia que contém a função $f(t, y(t))$ que depende das variáveis `t` and `y`, ou uma função *inline* em que os dois primeiros argumentos são t e y.

Programa 7.1. feuler: método de Euler progressivo

```
function [t,y]=feuler(odefun,tspan,y,Nh,varargin)
%FEULER Resolve equações diferenciais com o método
%    de Euler progressivo.
%    [T,Y]=FEULER(ODEFUN,TSPAN,Y0,NH) com TSPAN=[T0,TF]
%    integra o sistema de equações diferencais y'=f(t,y)
%    do tempo T0 ao tempo TF com a condição inicial Y0
%    usando o método de Euler progressivo sobre uma malha
%    uniforme de NH intervalos. A função ODEFUN(T,Y)
%    deve devolver um vector coluna correspondente
%    a f(t,y). Cada linha da solução Y corresponde
%    a um tempo do vector coluna T.
%    [T,Y] = FEULER(ODEFUN,TSPAN,Y0,NH,P1,P2,...) passa
%    os parâmetros adicionais P1,P2,... à função
%    ODEFUN escrevendo ODEFUN(T,Y,P1,P2...).
h=(tspan(2)-tspan(1))/Nh;
tt=linspace(tspan(1),tspan(2),Nh+1);
for t = tt(1:end-1)
  y=[y;y(end,:)+...
    h*feval(odefun,t,y(end,:),varargin{:})];
```

```
end
t=tt;
return
```

O método de Euler regressivo está implementado no Programa 7.2.
Note-se que se usou a função **fsolve** para a resolução do problema não
linear em cada passo de tempo. Para o dado inicial de **fsolve** toma-se
o valor da solução calculado na iteração precedente.

Programa 7.2. beuler: método de Euler regressivo

```
function [t,u]=beuler(odefun,tspan,y0,Nh,varargin)
%BEULER Resolve equações diferenciais com o método de
%   Euler regressivo.
%   [T,Y]=BEULER(ODEFUN,TSPAN,Y0,NH) com TSPAN=[T0,TF]
%   integra o sistema de equações diferenciais y'=f(t,y)
%   do tempo T0 ao tempo TF com a condição inicial Y0
%   usando o método de Euler regressivo sobre uma malha
%   uniforme de NH intervalos. A função ODEFUN(T,Y)
%   deve devolver um vector coluna correspondente
%   a f(t,y). Cada linha da solução Y corresponde
%   a um tempo do vector coluna T.
%   [T,Y] = BEULER(ODEFUN,TSPAN,Y0,NH,P1,P2,...) passa
%   os parâmetros adicionais P1,P2,... à função
%   ODEFUN escrevendo ODEFUN(T,Y,P1,P2...).
tt=linspace(tspan(1),tspan(2),Nh+1);
y=y0(:); % gera sempre um vector coluna
u=y.';
global glob_h glob_t glob_y glob_odefun;
glob_h=(tspan(2)-tspan(1))/Nh;
glob_y=y; glob_odefun=odefun;
glob_t=tt(2);

if ( ~exist('OCTAVE_VERSION') )
   options=optimset;
   options.Display='off';
   options.TolFun=1.e-06;
   options.MaxFunEvals=10000;
end

for glob_t=tt(2:end)
   if ( exist('OCTAVE_VERSION') )
      [w info] = fsolve('beulerfun',glob_y);
   else
      w = fsolve(@(w) beulerfun(w),glob_y,options);
   end
   u = [u; w.'];
   glob_y = w;
end
t=tt;
clear glob_h glob_t glob_y glob_odefun;
return

function [z]=beulerfun(w)
global glob_h glob_t glob_y glob_odefun;
z=w-glob_y-glob_h*feval(glob_odefun,glob_t,w);
return
```

7.2.1 Análise da convergência

Um método numérico é *convergente* se

$$\forall n = 0, \ldots, N_h, \qquad |y_n - u_n| \le C(h) \tag{7.8}$$

onde $C(h)$ é um infinitésimo com h, quando h tende para zero. Se $C(h) = \mathcal{O}(h^p)$ para algum $p > 0$, diz-se que a convergência do método é de *ordem* p. Para verificar que o método de Euler progressivo converge, escreve-se o erro do seguinte modo

$$e_n = y_n - u_n = (y_n - u_n^*) + (u_n^* - u_n), \tag{7.9}$$

onde

$$u_n^* = y_{n-1} + hf(t_{n-1}, y_{n-1})$$

designa a solução numérica no tempo t_n que se obteria partindo da solução exacta no tempo t_{n-1}; ver Figura 7.3. O termo $y_n - u_n^*$ em (7.9) representa o erro cometido num só passo do método de Euler progressivo, enquanto que o termo $u_n^* - u_n$ representa a propagação de t_{n-1} a t_n do erro acumulado no passo de tempo anterior t_{n-1}. O método converge desde que estes dois termos tendam para zero quando $h \to 0$. Supondo que a segunda derivada de y existe e é contínua, usando (4.6) obtém-se

$$y_n - u_n^* = \frac{h^2}{2} y''(\xi_n), \text{ para um certo } \xi_n \in (t_{n-1}, t_n). \tag{7.10}$$

A quantidade

$$\tau_n(h) = (y_n - u_n^*)/h$$

chama-se *erro de truncatura local* do método de Euler progressivo. Mais geralmente, o erro de truncatura local de um dado método representa o erro que se obtém forçando a solução exacta a satisfazer esse esquema numérico específico, enquanto que o *erro de truncatura global* é definido por

$$\tau(h) = \max_{n=0,\ldots,N_h} |\tau_n(h)|.$$

Tendo em conta (7.10), o erro de truncatura para o método de Euler progressivo é da forma

$$\tau(h) = Mh/2, \tag{7.11}$$

onde $M = \max_{t \in [t_0, T]} |y''(t)|$.

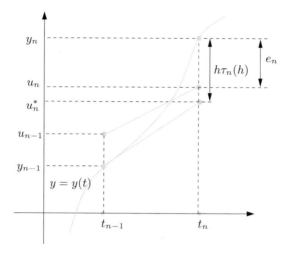

Figura 7.3. Representação geométrica de uma iteração do método de Euler progressivo

De (7.10) deduz-se que $\lim_{h \to 0} \tau(h) = 0$, e o método para o qual esta propriedade se verifica diz-se *consistente*. Além disso, diz-se que é consistente com ordem p se $\tau(h) = \mathcal{O}(h^p)$ para um certo inteiro $p \geq 1$.

Consideremos agora o outro termo em (7.9). Temos

$$u_n^* - u_n = e_{n-1} + h\left[f(t_{n-1}, y_{n-1}) - f(t_{n-1}, u_{n-1})\right]. \qquad (7.12)$$

Como f é contínua e lipschitziana em relação à segunda variável, resulta

$$|u_n^* - u_n| \leq (1 + hL)|e_{n-1}|.$$

Se $e_0 = 0$, as relações anteriores dão

$$\begin{aligned}
|e_n| &\leq |y_n - u_n^*| + |u_n^* - u_n| \\
&\leq h|\tau_n(h)| + (1 + hL)|e_{n-1}| \\
&\leq \left[1 + (1 + hL) + \ldots + (1 + hL)^{n-1}\right] h\tau(h) \\
&= \frac{(1 + hL)^n - 1}{L}\tau(h) \leq \frac{e^{L(t_n - t_0)} - 1}{L}\tau(h).
\end{aligned}$$

Usámos a identidade

$$\sum_{k=0}^{n-1}(1 + hL)^k = [(1 + hL)^n - 1]/hL,$$

a desigualdade $1 + hL \leq e^{hL}$ e o facto que $nh = t_n - t_0$. Assim, tem-se

$$|e_n| \leq \frac{e^{L(t_n - t_0)} - 1}{L}\frac{M}{2}h, \qquad \forall n = 0, \ldots, N_h, \qquad (7.13)$$

e podemos concluir que *o método de Euler progressivo é convergente de ordem 1*. Note-se que a ordem deste método coincide com a ordem do seu erro de truncatura local. Esta propriedade verifica-se para muitos métodos de resolução numérica de equações diferenciais ordinárias.

A estimativa de convergência (7.13) obtém-se supondo apenas que f é contínua e lipschitziana. Pode-se obter uma melhor estimativa, a saber

$$|e_n| \leq Mh(t_n - t_0)/2, \tag{7.14}$$

se $\partial f/\partial y$ existir e verificar $\partial f(t,y)/\partial y \leq 0$ para todo $t \in [t_0, T]$ e todo $-\infty < y < \infty$. Com efeito, neste caso, de (7.12) e usando um desenvolvimento de Taylor, deduz-se

$$u_n^* - u_n = (1 + h\partial f/\partial y(t_{n-1}, \eta_n))e_{n-1},$$

onde η_n pertence ao intervalo cujos extremos são y_{n-1} e u_{n-1}; deste modo $|u_n^* - u_n| \leq |e_{n-1}|$, desde que se verifique a desigualdade

$$h < 2/ \max_{t \in [t_0, T]} |\partial f/\partial y(t, y(t))|. \tag{7.15}$$

Então $|e_n| \leq |y_n - u_n^*| + |e_{n-1}| \leq nh\tau(h) + |e_0|$, e portanto resulta (7.14) graças a (7.11) e porque $e_0 = 0$. A restrição (7.15) sobre o passo de discretização h é de facto uma condição de estabilidade, como veremos em seguida.

Observação 7.1 (Consistência) A propriedade de consistência é necessária para se ter convergência. Com efeito, se o método numérico não for consistente, irá gerar em cada iteração um erro que não será um infinitésimo em h. A acumulação destes erros irá impedir o erro global de convergir para zero quando $h \to 0$.   •

Para o método de Euler regressivo o erro de truncatura local escreve-se

$$\tau_n(h) = \frac{1}{h}[y_n - y_{n-1} - hf(t_n, y_n)].$$

Usando de novo um desenvolvimento de Taylor, obtemos

$$\tau_n(h) = -\frac{h}{2}y''(\xi_n)$$

para um certo $\xi_n \in (t_{n-1}, t_n)$, desde que $y \in C^2$. Deste modo, o método de Euler regressivo também converge com ordem 1 em h.

Exemplo 7.1 Consideremos o problema de Cauchy

$$\begin{cases} y'(t) = \cos(2y(t)) & t \in (0, 1], \\ y(0) = 0, \end{cases} \tag{7.16}$$

cuja solução é $y(t) = \frac{1}{2}\arcsin((e^{4t}-1)/(e^{4t}+1))$. Para a sua resolução usamos o método de Euler progressivo (Programa 7.1) e o método de Euler regressivo (Programa 7.2). Os comandos que se seguem permitem usar diferentes valores de h $(1/2, 1/4, 1/8, \dots, 1/512)$:

```
» tspan=[0,1]; y0=0; f=inline('cos(2*y)','t','y');
» u=inline('0.5*asin((exp(4*t)-1)./(exp(4*t)+1))','t');
» Nh=2;
» for k=1:10
     [t,ufe]=feuler(f,tspan,y0,Nh);
     fe(k)=abs(ufe(end)-feval(u,t(end)));
     [t,ube]=beuler(f,tspan,y0,Nh);
     be(k)=abs(ube(end)-feval(u,t(end)));
     Nh = 2*Nh;
» end
```

Os erros cometidos no ponto $t = 1$ são armazenados na variável fe (Euler progressivo) e be (Euler regressivo), respectivamente. Aplicamos então a fórmula (1.12) para estimar a ordem de convergência. Com os comandos seguintes

```
» p=log(abs(fe(1:end-1)./fe(2:end)))/log(2); p(1:2:end)
```

```
    1.2898   1.0349   1.0080   1.0019   1.0005
```

```
» p=log(abs(be(1:end-1)./be(2:end)))/log(2); p(1:2:end)
```

```
    0.90703   0.97198   0.99246   0.99808   0.99952
```

podemos verificar que os dois métodos convergem com ordem 1.   ∎

Observação 7.2 A estimativa de erro (7.13) foi obtida supondo a solução numérica $\{u_n\}$ calculada em aritmética exacta. Se se considerar os (inevitáveis) erros de arredondamento, o erro poderá explodir como $\mathcal{O}(1/h)$ quando h se aproxima de 0 (ver, por exemplo, [Atk89]). Isto sugere que na prática não será razoável considerar valores de h inferiores a um certo valor h^* (que é extremamente pequeno).   •

Ver os Exercícios 7.1-7.3.

7.3 O método de Crank-Nicolson

Combinando as iterações dos métodos de Euler progressivo e regressivo, obtém-se o chamado *método de Crank-Nicolson*

$$u_{n+1} = u_n + \frac{h}{2}[f_n + f_{n+1}], \quad n = 0, \dots, N_h - 1 \qquad (7.17)$$

Também se pode obter aplicando o teorema fundamental da integração (que recordámos na Secção 1.4.3) ao problema de Cauchy (7.5),

$$y_{n+1} = y_n + \int_{t_n}^{t_{n+1}} f(t, y(t))\, dt, \tag{7.18}$$

e aproximando em seguida o integral sobre $[t_n, t_{n+1}]$ pela regra do trapézio (4.19).

O erro de truncatura local do método de Crank-Nicolson satisfaz

$$\tau_n(h) = \frac{1}{h}[y(t_n) - y(t_{n-1})] - \frac{1}{2}\left[f(t_n, y(t_n)) + f(t_{n-1}, y(t_{n-1}))\right]$$

$$= \frac{1}{h}\int_{t_{n-1}}^{t_n} f(t, y(t))\, dt - \frac{1}{2}\left[f(t_n, y(t_n)) + f(t_{n-1}, y(t_{n-1}))\right].$$

A última igualdade resulta de (7.18) e exprime o erro associado à regra do trapézio para a integração numérica (4.19). Supondo $y \in C^3$ e usando (4.20), deduz-se

$$\tau_n(h) = -\frac{h^2}{12}y'''(\xi_n) \text{ for a suitable } \xi_n \in (t_{n-1}, t_n). \tag{7.19}$$

Deste modo, o método de Crank-Nicolson é consistente com ordem 2, isto é, o seu erro de truncatura local tende para 0 como h^2. Usando um procedimento semelhante ao do método de Euler progressivo, pode-se mostrar que o método de Crank-Nicolson converge com ordem 2 em h.

O método de Crank-Nicolson está implementado no Programa 7.3. Os parâmetros de entrada e de saída são os mesmos que os dos métodos de Euler.

Programa 7.3. cranknic: método de Crank-Nicolson

```
function [t,u]=cranknic(odefun,tspan,y0,Nh,varargin)
%CRANKNIC    Resolve equações diferenciais usando o
%    método de Crank-Nicolson.
%    [T,Y]=CRANKNIC(ODEFUN,TSPAN,Y0,NH) com TSPAN=[T0,TF]
%    integra o sistema de equações diferenciais y'=f(t,y)
%    do tempo T0 ao tempo TF com a condição inicial Y0
%    usando o método de Crank-Nicolson method sobre uma
%    malha uniforme de NH intervalos. A função ODEFUN(T,Y)
%    deve devolver um vector coluna correspondente
%    a f(t,y). Cada linha da solução Y corresponde
%    a um tempo do vector coluna T.
%    [T,Y] = CRANKNIC(ODEFUN,TSPAN,Y0,NH,P1,P2,...)
%    passa os parâmetros adicionais P1,P2,... à função
%    ODEFUN escrevendo ODEFUN(T,Y,P1,P2...).
tt=linspace(tspan(1),tspan(2),Nh+1);
y=y0(:); % gera sempre um vector coluna
u=y.';
global glob_h glob_t glob_y glob_odefun;
glob_h=(tspan(2)-tspan(1))/Nh;
glob_y=y;
glob_odefun=odefun;
```

```
if ( ~exist('OCTAVE_VERSION') )
   options=optimset;
   options.Display='off';
   options.TolFun=1.e-06;
   options.MaxFunEvals=10000;
end

for glob_t=tt(2:end)
   if ( exist('OCTAVE_VERSION') )
      [w info msg] = fsolve('cranknicfun',glob_y);
   else
      w = fsolve(@(w) cranknicfun(w),glob_y,options);
   end
   u = [u; w.'];
   glob_y = w;
end
t=tt;
clear glob_h glob_t glob_y glob_odefun;
return

function z=cranknicfun(w)
global glob_h glob_t glob_y glob_odefun;
z=w - glob_y - ...
   0.5*glob_h*(feval(glob_odefun,glob_t,w) + ...
   feval(glob_odefun,glob_t,glob_y));
return
```

Exemplo 7.2 Resolva-se agora o problema de Cauchy (7.16) com o método de Crank-Nicolson e os valores de h utilizados no Exemplo 7.1. Como podemos ver, os resultados confirmam que os erros estimados tendem para zero com ordem $p = 2$:

```
» y0=0;  tspan=[0 1];  N=2;  f=inline('cos(2*y)','t','y');
» y='0.5*asin((exp(4*t)-1)./(exp(4*t)+1))';
» for k=1:10
     [tt,u]=cranknic(f,tspan,y0,N);
     t=tt(end); e(k)=abs(u(end)-eval(y)); N=2*N;
  end
» p=log(abs(e(1:end-1)./e(2:end)))/log(2); p(1:2:end)
```

1.7940	1.9944	1.9997	2.0000	2.0000

∎

7.4 Zero-estabilidade

Existe um conceito de estabilidade, chamado zero-estabilidade, que garante que, num intervalo limitado, pequenas perturbações nos dados conduzem a perturbações limitadas da solução numérica quando $h \to 0$.

Mais precisamente, um método numérico para aproximar o problema (7.5), onde $I = [t_0, T]$, é *zero-estável* se existirem $\varepsilon > 0$, $h_0 > 0$, $C > 0$ tais que $\forall h \in (0, h_0]$, se $|\rho_n| \leq \varepsilon$, então

$$|z_n - u_n| \leq C\varepsilon, \qquad 0 \leq n \leq N_h. \tag{7.20}$$

A constante C pode depender do comprimento do intervalo de integração I (mas é independente de h), z_n é a solução que se iria obter ao aplicar o método numérico a um problema *perturbado*, ρ_n designa a perturbação introduzida no n-ésimo passo e ε indica a perturbação máxima. Naturalmente, ε deverá ser suficientemente pequeno para garantir que o problema perturbado tenha uma única solução no intervalo de integração.

Por exemplo, no caso do método de Euler progressivo u_n verifica

$$\begin{cases} u_{n+1} = u_n + hf(t_n, u_n), \\ u_0 = y_0, \end{cases} \tag{7.21}$$

enquanto que z_n verifica

$$\begin{cases} z_{n+1} = z_n + h\left[f(t_n, z_n) + \rho_{n+1}\right], \\ z_0 = y_0 + \rho_0 \end{cases} \tag{7.22}$$

para $0 \le n \le N_h - 1$, admitindo que $|\rho_n| \le \varepsilon$, $0 \le n \le N_h$.

Para um método consistente com um passo pode-se provar que a zero-estabilidade é uma consequência do facto de que f é contínua e lipschitziana em relação à segunda variável (ver, por exemplo [QSS07]). Nesse caso, a constante C que aparece em(7.20) depende de $\exp((T - t_0)L)$, onde L é a constante de Lipschitz.

No entanto, isto nem sempre é verdade para outras famílias de métodos. Suponhamos, por exemplo, que um método numérico se pode escrever na forma geral

$$u_{n+1} = \sum_{j=0}^{p} a_j u_{n-j} + h\sum_{j=0}^{p} b_j f_{n-j} + hb_{-1}f_{n+1}, \quad n = p, p+1, \ldots$$

$$\tag{7.23}$$

para certos coeficientes $\{a_k\}$ e $\{b_k\}$ e para um inteiro $p \ge 0$. Trata-se de um *método multipasso* linear e $p + 1$ designa o número de passos. Os valores iniciais $u_0, u_1, \ldots, u_p$ devem ser dados. À parte u_0, que é igual a y_0, os outros valores $u_1, \ldots, u_p$ podem ser obtidos a partir de métodos suficientemente precisos tais como, por exemplo, os métodos de Runge-Kutta que serão estudados na Secção 7.6.

Veremos alguns exemplos de métodos multipasso na Secção 7.6. O polinómio

$$\pi(r) = r^{p+1} - \sum_{j=0}^{p} a_j r^{p-j}$$

chama-se *primeiro polinómio característico* associado ao método numérico (7.23), e as suas raízes designam-se por r_j, $j = 0, \ldots, p$. O método (7.23) é zero-estável sse a seguinte *condição da raiz* se verificar:

$$\begin{cases} |r_j| \le 1 \text{ para todo } j = 0, \dots, p, \\ \text{além disso } \pi'(r_j) \ne 0 \text{ para os } j \text{ tais que } |r_j| = 1. \end{cases} \qquad (7.24)$$

Por exemplo, para o método de Euler progressivo tem-se $p = 0$, $a_0 = 1$, $b_{-1} = 0$, $b_0 = 1$. Para o método de Euler regressivo tem-se $p = 0$, $a_0 = 1$, $b_{-1} = 1$, $b_0 = 0$ e, para o método de Crank-Nicolson tem-se $p = 0$, $a_0 = 1$, $b_{-1} = 1/2$, $b_0 = 1/2$. Em todos os casos, existe apenas uma raiz de $\pi(r)$ que é igual a 1 e, por conseguinte, todos estes métodos são zero-estáveis.

A propriedade que se segue, conhecida como o *teorema de equivalência* de Lax-Ritchmyer, é fundamental na teoria dos métodos numéricos (ver, por exemplo, [IK66]), e põe em evidência o papel essencial da propriedade da zero-estabilidade:

> *Todo o método consistente é convergente sse for zero-estável.*

$$(7.25)$$

Em conformidade com o que foi feito anteriormente, o erro de truncatura local para um método multipasso (7.23) define-se por

$$\tau_n(h) = \frac{1}{h} \left\{ y_{n+1} - \sum_{j=0}^{p} a_j y_{n-j} \right. \\ \left. -h \sum_{j=0}^{p} b_j f(t_{n-j}, y_{n-j}) - h b_{-1} f(t_{n+1}, y_{n+1}) \right\}. \qquad (7.26)$$

O método diz-se consistente se $\tau(h) = \max |\tau_n(h)|$ tender para zero quando h tende para zero. Podemos provar que esta condição é equivalente a

$$\boxed{\sum_{j=0}^{p} a_j = 1, \qquad -\sum_{j=0}^{p} j a_j + \sum_{j=-1}^{p} b_j = 1} \qquad (7.27)$$

que, por sua vez, equivale a dizer que $r = 1$ é uma raiz do polinómio $\pi(r)$ (ver, por exemplo, [QSS07, Capítulo 11]).

Ver os Exercícios 7.4-7.5.

7.5 Estabilidade em intervalos ilimitados

Na secção anterior considerámos a solução do problema de Cauchy em intervalos limitados. Nesse contexto, o número N_h de subintervalos só tende para infinito quando h tende para zero. Por outro lado, existem várias situações em que o problema de Cauchy deve ser integrado em intervalos de tempo muito grandes (virtualmente infinitos). Neste caso, mesmo com h fixo, N_h tende para infinito, e resultados como (7.13) perdem o significado uma vez que o segundo membro da desigualdade contém uma quantidade ilimitada. Estamos por isso interessados em métodos capazes de aproximar a solução em intervalos de tempo arbitrariamente grandes, mesmo com um passo de tempo h relativamente "grande".

Infelizmente, o método de Euler progressivo não goza desta propriedade. Consideremos para isso o seguinte *problema modelo*

$$\begin{cases} y'(t) = \lambda y(t), & t \in (0, \infty), \\ y(0) = 1, \end{cases} \tag{7.28}$$

onde λ é um número real negativo. A solução exacta é $y(t) = e^{\lambda t}$, que tende para 0 quando t tende para infinito. Aplicando o método de Euler progressivo a (7.28) obtemos

$$u_0 = 1, \qquad u_{n+1} = u_n(1 + \lambda h) = (1 + \lambda h)^{n+1}, \qquad n \geq 0. \tag{7.29}$$

Deste modo $\lim_{n \to \infty} u_n = 0$ sse

$$\boxed{-1 < 1 + h\lambda < 1, \quad \text{isto é} \quad h < 2/|\lambda|} \tag{7.30}$$

Esta condição exprime o facto de que, para h *fixo*, a solução numérica deverá reproduzir o comportamento da solução exacta quando t_n tende para infinito. Se $h > 2/|\lambda|$, então $\lim_{n \to \infty} |u_n| = +\infty$; assim (7.30) é uma condição de estabilidade. A propriedade $\lim_{n \to \infty} u_n = 0$ chama-se *estabilidade absoluta*.

Exemplo 7.3 Apliquemos o método de Euler progressivo para resolver o problema (7.28) com $\lambda = -1$. Neste caso devemos ter $h < 2$ para a estabilidade absoluta. Na Figura 7.4 representa-se as soluções obtidas no intervalo $[0, 30]$ para 3 valores diferentes de h: $h = 30/14$ (que viola a condição de estabilidade), $h = 30/16$ (que satisfaz a condição de estabilidade, apenas por uma pequena margem) e $h = 1/2$. Podemos ver que nos dois primeiros casos a solução numérica oscila. Contudo, só no primeiro caso (que viola a condição de estabilidade) é que o valor absoluto da solução numérica não tende para zero no infinito (e na realidade diverge). ∎

Tiram-se conclusões semelhantes quando λ é um número complexo (ver Secção 7.5.1) ou uma função negativa de t em (7.28). Contudo neste caso, $|\lambda|$ deve ser substituído por $\max_{t \in [0, \infty)} |\lambda(t)|$ na condição de estabilidade. Esta condição pode, no entanto, ser relaxada numa condição menos estrita usando um *passo variável* h_n que tem em conta o comportamento local de $|\lambda(t)|$ nos intervalos (t_n, t_{n+1}).

Em particular, pode-se usar o seguinte método de Euler progressivo *adaptativo*:

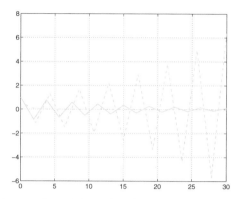

Figura 7.4. Soluções do problema (7.28), com $\lambda = -1$, obtidas pelo método de Euler progressivo, com $h = 30/14(> 2)$ (*linha a tracejado*), $h = 30/16(< 2)$ (*linha contínua*) e $h = 1/2$ (*linha a traço-ponto*)

escolher $u_0 = y_0$ e $h_0 = 2\alpha/|\lambda(t_0)|$; então

$$\text{para } n = 0, 1, \ldots, \text{ fazer}$$

$$t_{n+1} = t_n + h_n,$$
$$u_{n+1} = u_n + h_n \lambda(t_n) u_n, \qquad (7.31)$$
$$h_{n+1} = 2\alpha/|\lambda(t_{n+1})|,$$

onde α é uma constante que deve ser inferior a 1 para se ter um método absolutamente estável.

Por exemplo, consideremos o problema

$$y'(t) = -(e^{-t} + 1)y(t), \qquad t \in (0, 10),$$

com $y(0) = 1$. Como $|\lambda(t)|$ é decrescente, a condição mais restritiva para a estabilidade absoluta do método de Euler progressivo é $h < h_0 = 2/|\lambda(0)| = 1$. Na Figura 7.5, à esquerda, compara-se a solução do método de Euler progressivo com a do método adaptativo (7.31) para três valores de α. Note-se que, apesar de todo o $\alpha < 1$ ser admissível para efeitos de estabilidade, é necessário escolher α suficientemente pequeno para se ter uma solução precisa. Na Figura 7.5, à direita, também se mostra o comportamento de h_n no intervalo $(0, 10]$ correspondente aos três valores de α. Este gráfico mostra claramente que a sucessão $\{h_n\}$ tem crescimento monótono com n.

Contrariamente ao método de Euler progressivo, os métodos de Euler regressivo e de Crank-Nicolson são absolutamente estáveis sem condições sobre h. De facto, com o método de Euler regressivo obtém-se $u_{n+1} = u_n + \lambda h u_{n+1}$ e, por conseguinte

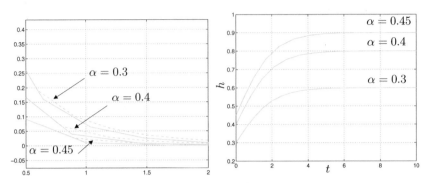

Figura 7.5. À esquerda: solução numérica no intervalo de tempo $(0.5, 2)$ obtida pelo método de Euler progressivo com $h = \alpha h_0$ (*linha a tracejado*) e pelo método de Euler progressivo adaptativo (7.31) (*linha contínua*) para três valores de α. À direita: comportamento do passo de discretização variável h para o método adaptativo (7.31)

$$u_{n+1} = \left(\frac{1}{1 - \lambda h} \right)^{n+1}, \qquad n \geq 0,$$

que tende para zero quando $n \to \infty$ para *todos os valores de* $h > 0$. Analogamente, com o método de Crank-Nicolson tem-se

$$u_{n+1} = \left[\left(1 + \frac{h\lambda}{2} \right) \Big/ \left(1 - \frac{h\lambda}{2} \right) \right]^{n+1}, \qquad n \geq 0,$$

que tende também para zero quando $n \to \infty$ para todos os possíveis valores de $h > 0$. Conclui-se assim que o método de Euler progressivo é *condicionalmente absolutamente estável*, enquanto que os métodos de Euler regressivo e de Crank-Nicolson são *incondicionalmente absolutamente estáveis*.

7.5.1 Região de estabilidade absoluta

Suponhamos agora que em (7.28) λ é um número complexo com parte real negativa. Nesse caso, a solução $u(t) = e^{\lambda t}$ ainda tende para 0 quando t tender para infinito. Chama-se *região de estabilidade absoluta* $\mathcal{A}$ de um método numérico ao conjunto dos números complexos $z = h\lambda$ para os quais o método é absolutamente estável (isto é, $\lim_{n \to \infty} u_n = 0$). A região de estabilidade absoluta do método de Euler progressivo é dada pelos números $h\lambda \in \mathbb{C}$ tais que $|1 + h\lambda| < 1$, e corresponde portanto ao círculo de raio 1 e de centro $(-1, 0)$. Pelo contrário, o método de Euler regressivo é absolutamente estável para todos os valores de $h\lambda$ que são exteriores ao círculo de raio 1 centrado em $(1, 0)$ (ver Figura 7.6). Finalmente, a região de estabilidade absoluta do método de Crank-Nicolson corresponde ao semiplano dos complexos com parte real negativa.

Os métodos que são incondicionalmente estáveis para todo o número complexo λ, em (7.28), com parte real negativa dizem-se *A-estáveis*. Os métodos de Euler regressivo e de Crank-Nicolson são por isso *A-estáveis*, e o mesmo acontece com muitos outros métodos implícitos. Esta propriedade torna atractivos os métodos implícitos apesar de serem mais dispendiosos do que os métodos explícitos.

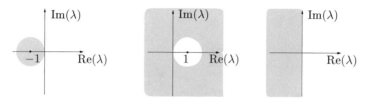

Figura 7.6. Regiões de estabilidade absoluta (*coloridas*) do método de Euler progressivo (*à esquerda*), do método de Euler regressivo (*ao centro*) e do método de Crank-Nicolson (*à direita*)

Exemplo 7.4 Determinemos a restrição sobre h quando se utiliza o método de Euler progressivo para resolver o problema de Cauchy $y'(t) = \lambda y$, com $\lambda = -1 + i$. Este valor de λ situa-se na fronteira da região de estabilidade absoluta $\mathcal{A}$ do método de Euler progressivo. Portanto, para todo $h \in (0,1)$ bastará garantir que $h\lambda \in \mathcal{A}$. Se fosse $\lambda = -2 + 2i$ deveríamos escolher $h \in (0, 1/2)$ para que $h\lambda$ pertencesse à região de estabilidade $\mathcal{A}$.   ∎

7.5.2 A estabilidade absoluta controla as perturbações

Consideremos agora o seguinte *problema modelo generalizado*

$$\begin{cases} y'(t) = \lambda(t)y(t) + r(t), & t \in (0, +\infty), \\ y(0) = 1, \end{cases} \tag{7.32}$$

onde λ e r são duas funções contínuas e $-\lambda_{max} \leq \lambda(t) \leq -\lambda_{min}$ com $0 < \lambda_{min} \leq \lambda_{max} < +\infty$. Neste caso a solução exacta não tende necessariamente para zero quando t tende para infinito; por exemplo se r e λ forem constantes, ter-se-à

$$y(t) = \left(1 + \frac{r}{\lambda}\right) e^{\lambda t} - \frac{r}{\lambda}$$

cujo limite é $-r/\lambda$ quando t tende para infinito. Assim, em geral, não há qualquer razão para exigir que um método numérico seja absolutamente estável quando se aplica ao problema (7.32). Contudo, vamos mostrar que quando um método que é absolutamente estável para o problema modelo (7.28), se aplica ao problema modelo generalizado (7.32), é possível controlar as perturbações quando t tende para infinito (com uma possível restrição no passo de tempo h).

Para simplificar, limitamos a análise ao método de Euler progressivo; quando se aplica a (7.32) escreve-se

$$\begin{cases} u_{n+1} = u_n + h(\lambda_n u_n + r_n), & n \geq 0, \\ u_0 = 1 \end{cases}$$

e a sua solução é (ver Exercício 7.9)

$$u_n = u_0 \prod_{k=0}^{n-1} (1 + h\lambda_k) + h \sum_{k=0}^{n-1} r_k \prod_{j=k+1}^{n-1} (1 + h\lambda_j), \qquad (7.33)$$

onde $\lambda_k = \lambda(t_k)$ e $r_k = r(t_k)$, com a convenção de que o último produto é igual a 1 se $k+1 > n-1$. Consideremos o seguinte método "perturbado"

$$\begin{cases} z_{n+1} = z_n + h(\lambda_n z_n + r_n + \rho_{n+1}), & n \geq 0, \\ z_0 = u_0 + \rho_0, \end{cases} \qquad (7.34)$$

onde $\rho_0, \rho_1, \ldots$ são perturbações dadas, que se introduzem em cada espaço de tempo. Trata-se de um modelo simples em que ρ_0 e ρ_{n+1} implicam que nem u_0 nem r_n possam ser calculados de maneira exacta, respectivamente. (Se se tivessem em conta *todos* os erros de arredondamento que aparecem em cada passo de tempo, o nosso modelo perturbado seria bastante mais complexo e difícil de analisar). A solução de (7.34) obtém-se a partir de (7.33) substituindo u_k por z_k e r_k por $r_k + \rho_{k+1}$, para $k = 0, \ldots, n - 1$. Assim

$$z_n - u_n = \rho_0 \prod_{k=0}^{n-1} (1 + h\lambda_k) + h \sum_{k=0}^{n-1} \rho_{k+1} \prod_{j=k+1}^{n-1} (1 + h\lambda_j). \qquad (7.35)$$

A quantidade $|z_n - u_n|$ chama-se erro de perturbação no passo n. Observemos que esta quantidade não depende da função $r(t)$.

i. Para facilitar a exposição, comecemos por considerar o caso especial em que λ_k e ρ_k são duas constantes iguais a λ e ρ, respectivamente. Suponhamos que $h < h_0(\lambda) = 2/|\lambda|$, que é a condição sobre h que assegura a estabilidade absoluta do método de Euler progressivo aplicado ao problema modelo (7.28). Então, usando a seguinte identidade da soma geométrica

$$\sum_{k=0}^{n-1} a^k = \frac{1 - a^n}{1 - a}, \qquad \text{se } |a| \neq 1, \qquad (7.36)$$

obtém-se

$$z_n - u_n = \rho \left\{ (1 + h\lambda)^n \left(1 + \frac{1}{\lambda} \right) - \frac{1}{\lambda} \right\}. \tag{7.37}$$

Assim, o erro de perturbação verifica (ver Exercício 7.10)

$$|z_n - u_n| \leq \varphi(\lambda)|\rho|, \tag{7.38}$$

com $\varphi(\lambda) = 1$ se $\lambda \leq -1$, enquanto que $\varphi(\lambda) = |1 + 2/\lambda|$ se $-1 \leq \lambda < 0$. Pode-se assim concluir que o erro de perturbação é limitado por $|\rho|$ vezes uma constante que é independente de n e h. Além disso,

$$\lim_{n \to \infty} |z_n - u_n| = \frac{\rho}{|\lambda|}.$$

A Figura 7.7 corresponde ao caso em que $\rho = 0.1$, $\lambda = -2$ (*à esquerda*) e $\lambda = -0.5$ (*à direita*). Em ambos os casos considerámos $h = h_0(\lambda) - 0.01$. Naturalmente, se a condição de estabilidade $h < h_0(\lambda)$ não se verificar, o erro de perturbação explode quando n aumenta.

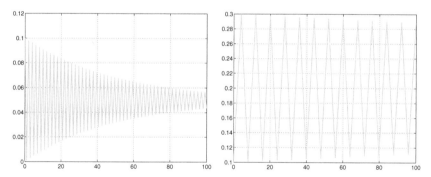

Figura 7.7. Erro de perturbação quando $\rho = 0.1$: $\lambda = -2$ (*à esquerda*) e $\lambda = -0.5$ (*à direita*). Em ambos os casos $h = h_0(\lambda) - 0.01$

ii. No caso geral em que λ e r não são constantes, iremos supor que h verifica a condição $h < h_0(\lambda)$, onde desta vez $h_0(\lambda) = 2/\lambda_{max}$. Então,

$$|1 + h\lambda_k| \leq a(h) = \max\{|1 - h\lambda_{min}|, |1 - h\lambda_{max}|\}.$$

Como $a(h) < 1$, podemos ainda usar a identidade (7.36) em (7.35) e obter

$$|z_n - u_n| \leq \rho_{max} \left([a(h)]^n + h\frac{1 - [a(h)]^n}{1 - a(h)} \right), \tag{7.39}$$

onde $\rho_{max} = \max |\rho_k|$. Note-se que $a(h) = |1-h\lambda_{min}|$ se $h \leq h^*$ enquanto que $a(h) = |1 - h\lambda_{max}|$ se $h^* \leq h < h_0(\lambda)$, onde fizémos $h^* = 2/(\lambda_{min} + \lambda_{max})$. Quando $h \leq h^*$, $a(h) > 0$ e vê-se que

$$|z_n - u_n| \leq \frac{\rho_{max}}{\lambda_{min}} [1 - [a(h)]^n(1 - \lambda_{min})], \qquad (7.40)$$

deste modo

$$\lim_{n \to \infty} \sup |z_n - u_n| \leq \frac{\rho_{max}}{\lambda_{min}}, \qquad (7.41)$$

donde se conclui que o erro de perturbação é limitado por ρ_{max} a multiplicar por uma constante que é independente de n e h (apesar das oscilações já não amortecerem como no caso anterior).

De facto, podemos tirar uma conclusão semelhante quando $h^* \leq h \leq h_0(\lambda)$, mas ela não resulta da nossa majoração (7.40) que é demasiado pessimista neste caso.

Na Figura 7.8 mostram-se os erros de perturbação calculados para o problema (7.32), onde $\lambda_k = \lambda(t_k) = -2 - \sin(t_k)$, $\rho_k = \rho(t_k) = 0.1\sin(t_k)$ com $h < h^*$ (à esquerda) e com $h^* \leq h < h_0(\lambda)$ (à direita).

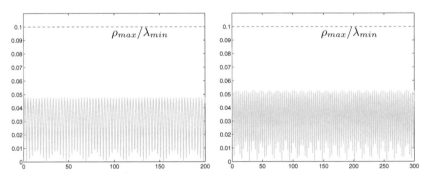

Figura 7.8. Erro de perturbação quando $\rho(t) = 0.1\sin(t)$ e $\lambda(t) = -2 - \sin(t)$ para $t \in (0, nh)$ com $n = 500$: o passo de discretização é $h = h^* - 0.1 = 0.4$ (à esquerda) e $h = h^* + 0.1 = 0.6$ (à direita)

iii. Consideremos agora o problema de Cauchy geral (7.5). Este problema pode considerar-se relacionado com o problema modelo generalizado (7.32), nos casos em que

$$-\lambda_{max} < \partial f/\partial y(t, y) < -\lambda_{min}, \forall t \geq 0, \ \forall y \in (-\infty, \infty),$$

para certos valores $\lambda_{min}, \lambda_{max} \in (0, +\infty)$. Com efeito, para todo o t num intervalo genérico (t_n, t_{n+1}), subtrai-se (7.6) de (7.22) para obter a seguinte equação para o erro de perturbação

$$z_n - u_n = (z_{n-1} - u_{n-1}) + h\{f(t_{n-1}, z_{n-1}) - f(t_{n-1}, u_{n-1})\} + h\rho_n.$$

Aplicando o teorema do valor médio tem-se

$$f(t_{n-1}, z_{n-1}) - f(t_{n-1}, u_{n-1}) = \lambda_{n-1}(z_{n-1} - u_{n-1}),$$

onde $\lambda_{n-1} = f_y(t_{n-1}, \xi_{n-1})$, $f_y = \partial f / \partial y$ e ξ_{n-1} é um ponto do intervalo cujos extremos são u_{n-1} e z_{n-1}. Deste modo

$$z_n - u_n = (1 + h\lambda_{n-1})(z_{n-1} - u_{n-1}) + h\rho_n.$$

A identidade (7.35) obtém-se desta fórmula por recorrência e podem-se tirar as mesmas conclusões de *ii.*, desde que se verifique a condição de estabilidade $0 < h < 2/\lambda_{max}$.

Exemplo 7.5 Consideremos o problema de Cauchy

$$y'(t) = \arctan(3y) - 3y + t, \ t > 0, \ y(0) = 1. \tag{7.42}$$

Como $f_y = 3/(1+9y^2) - 3$ é negativo, podemos escolher $\lambda_{max} = \max|f_y| = 3$ e fazer $h < 2/3$. Deste modo, podemos esperar que as perturbações no método de Euler progressivo sejam controladas desde que $h < 2/3$. Isto confirma-se pelos resultados da Figura 7.9. Notar que neste exemplo, tomando $h = 2/3 + 0.01$ (o que viola a condição de estabilidade anterior) o erro de perturbação explode quando t aumenta. ∎

Exemplo 7.6 Procura-se um limite em h que garanta estabilidade para o método de Euler progressivo aplicado ao problema de Cauchy

$$y' = 1 - y^2, \qquad t > 0, \tag{7.43}$$

com $y(0) = \dfrac{e-1}{e+1}$. A solução exacta é $y(t) = (e^{2t+1}-1)/(e^{2t+1}+1)$ e $f_y = -2y$. Como $f_y \in (-2, -0.9)$ para todo $t > 0$, pode-se fazer h inferior a $h_0 = 1$. Na

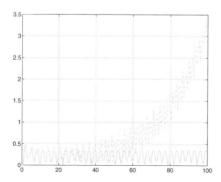

Figura 7.9. Erros de perturbação quando $\rho(t) = \sin(t)$ com $h = 2/\lambda_{max} - 0.01$ (*linha contínua*) e $h = 2/\lambda_{max} + 0.01$ (*linha a ponteado*) para o problema de Cauchy (7.42)

Figura 7.10, à esquerda, mostram-se as soluções obtidas no intervalo $(0,35)$ com $h = 0.95$ (*linha contínua*) e $h = 1.05$ (*linha a ponteado*). Em ambos os casos a solução oscila, mas mantém-se limitada. Além disso, no primeiro caso, que satisfaz a restrição de estabilidade, as oscilações são amortecidas e a solução numérica tende para a solução exacta quando t aumenta. Na Figura 7.10, à direita, mostram-se os erros de perturbação correspondentes a $\rho(t) = \sin(t)$ com $h = 0.95$ (*linha contínua*) e $h = h^* + 0.1$ (*linha a ponteado*). Em ambos os casos os erros de perturbação mantêm-se limitados; além disso, no primeiro caso a majoração (7.41) verifica-se.   ∎

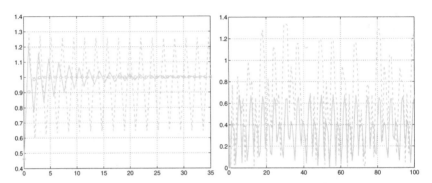

Figura 7.10. *À esquerda*, soluções numéricas do problema (7.43) obtidas pelo método de Euler progressivo com $h = 20/19$ (*linha contínua*) e $h = 20/21$ (*linha a ponteado*). Os valores da solução exacta são indicados por círculos. *À direita*, erros de perturbação correspondentes a $\rho(t) = \sin(t)$ com $h = 0.95$ (*linha contínua*) e $h = h^*$ (*linha a ponteado*)

Nos casos em que não se dispõe de informação sobre y, não é simples determinar o valor de $\lambda_{max} = \max |f_y|$. Nestes casos, um procedimento mais heurístico consiste em adoptar um método com passo de tempo variável. Mais precisamente, pode-se tomar $t_{n+1} = t_n + h_n$, onde

$$h_n < 2\frac{\alpha}{|f_y(t_n, u_n)|},$$

para valores adequados de α estritamente inferiores a 1. Notar que o denominador depende do valor u_n que é conhecido. Na Figura 7.11 mostram-se os erros de perturbação correspondentes ao Exemplo 7.6 para dois valores diferentes de α.

A análise anterior pode ser também efectuada para outros métodos com um passo, em particular para os métodos de Euler regressivo e de Crank-Nicolson. Para estes métodos, que são A-estáveis, pode-se chegar às mesmas conclusões sobre o erro de perturbação, mas sem qualquer limitação no passo de tempo. Com efeito, na análise anterior deve-se substituir cada termo $1 + h\lambda_n$ por $(1 - h\lambda_n)^{-1}$, no caso do método de

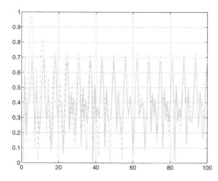

Figura 7.11. Erros de perturbação correspondentes a $\rho(t) = \sin(t)$ com $\alpha = 0.8$ (*linha contínua*) e $\alpha = 0.9$ (*linha a ponteado*) para o Exemplo 7.6, usando uma técnica adaptativa

Euler regressivo, e por $(1 + h\lambda_n/2)/(1 - h\lambda_n/2)$, no caso de Crank-Nicolson.

Em resumo

1. Um método absolutamente estável gera uma solução u_n do problema modelo (7.28) que tende para zero quando t_n tende para infinito;
2. um método diz-se *A-estável* se for absolutamente estável para todo o passo de tempo h (caso contrário diz-se condicionalmente estável, e h deverá ser menor do que uma constante dependente de λ);
3. quando um método absolutamente estável se aplica a um problema modelo generalizado (como (7.32)), o erro de perturbação (isto é, o valor absoluto da diferença entre a solução perturbada e a solução não perturbada) é uniformemente limitado (em relação a h). Em resumo, podemos dizer que os métodos absolutamente estáveis permitem controlar as perturbações;
4. a análise da estabilidade absoluta para o problema modelo linear permite encontrar condições de estabilidade no passo de tempo para um problema de Cauchy não linear (7.5), com uma função f que satisfaz $\partial f / \partial y < 0$. Neste caso a condição de estabilidade impõe a escolha do passo de discretização em função de $\partial f / \partial y$. Mais precisamente, o novo intervalo de integração $[t_n, t_{n+1}]$ é escolhido de forma que $h_n = t_{n+1} - t_n$ satisfaça $h_n < 2\alpha/|\partial f(t_n, u_n)/\partial y|$ para um certo $\alpha \in (0, 1)$.

Ver os Exercícios 7.6-7.13.

7.6 Métodos de ordem elevada

Todos os métodos apresentados até agora são exemplos elementares de métodos com um passo. Existem esquemas mais sofisticados, como os *métodos de Runge-Kutta* e os *métodos multipasso* (cuja fórmula geral foi introduzida em (7.23)), que permitem obter ordens de precisão mais elevadas. Os métodos de Runge-Kutta (abreviadamente, RK) são ainda métodos com um passo; contudo, envolvem vários cálculos da função $f(t,y)$ em cada intervalo $[t_n, t_{n+1}]$. Na sua forma mais geral, o método RK escreve-se na forma

$$u_{n+1} = u_n + h\sum_{i=1}^{s} b_i K_i, \qquad n \geq 0 \qquad (7.44)$$

onde

$$K_i = f(t_n + c_i h, u_n + h\sum_{j=1}^{s} a_{ij} K_j), \quad i = 1, 2, \ldots, s$$

e s designa o número de *etapas* do método. Os coeficientes $\{a_{ij}\}$, $\{c_i\}$ e $\{b_i\}$ caracterizam completamente um método RK e guardam-se em geral no chamado *quadro de Butcher*

$$\begin{array}{c|c} \mathbf{c} & A \\ \hline & \mathbf{b}^T \end{array},$$

onde $A = (a_{ij}) \in \mathbb{R}^{s \times s}$, $\mathbf{b} = (b_1, \ldots, b_s)^T \in \mathbb{R}^s$ e $\mathbf{c} = (c_1, \ldots, c_s)^T \in \mathbb{R}^s$. Se os coeficientes a_{ij} de A forem nulos para $j \geq i$, com $i = 1, 2, \ldots, s$, então cada K_i pode ser explicitamente calculado em função dos $i - 1$ coeficientes $K_1, \ldots, K_{i-1}$ que já foram determinados. Neste caso o método RK é *explícito*. Caso contrário, é *implícito* e é necessário resolver um sistema não linear de dimensão s para calcular os coeficientes K_i.

Um dos mais célebres métodos de Runge-Kutta escreve-se na forma

$$\boxed{u_{n+1} = u_n + \frac{h}{6}(K_1 + 2K_2 + 2K_3 + K_4)} \qquad (7.45)$$

onde

$$K_1 = f_n,$$
$$K_2 = f(t_n + \tfrac{h}{2}, u_n + \tfrac{h}{2}K_1),$$
$$K_3 = f(t_n + \tfrac{h}{2}, u_n + \tfrac{h}{2}K_2),$$
$$K_4 = f(t_{n+1}, u_n + hK_3),$$

$$\begin{array}{c|cccc} 0 & & & & \\ \tfrac{1}{2} & \tfrac{1}{2} & & & \\ \tfrac{1}{2} & 0 & \tfrac{1}{2} & & \\ 1 & 0 & 0 & 1 & \\ \hline & \tfrac{1}{6} & \tfrac{1}{3} & \tfrac{1}{3} & \tfrac{1}{6} \end{array}.$$

Este método pode-se deduzir a partir de (7.18) usando a regra de quadratura de Simpson (4.23) para calcular o integral entre t_n e t_{n+1}. É explícito e de ordem quatro em relação a h; em cada passo de tempo, envolve quatro novos cálculos da função f. Podem-se construir outros métodos de Runge-Kutta, explícitos ou implícitos, com ordem arbitrária. Por exemplo, no quadro de Butcher que se segue define-se um método implícito RK de ordem 4 com 2 etapas

$$
\begin{array}{c|cc}
\frac{3-\sqrt{3}}{6} & \frac{1}{4} & \frac{3-2\sqrt{3}}{12} \\
\frac{3+\sqrt{3}}{6} & \frac{3+2\sqrt{3}}{12} & \frac{1}{4} \\
\hline
& \frac{1}{2} & \frac{1}{2}
\end{array}.
$$

A região de estabilidade absoluta $\mathcal{A}$ dos métodos RK, incluindo os explícitos, pode aumentar em superfície em função da sua ordem: ver, por exemplo, o gráfico da Figura 7.13 (à esquerda), onde se representa $\mathcal{A}$ para alguns métodos RK explícitos de ordem crescente: RK1 é o método de Euler progressivo, RK2 é o método de Euler melhorado (7.52), RK3 corresponde ao seguinte quadro de Butcher

$$
\begin{array}{c|ccc}
0 & & & \\
\frac{1}{2} & \frac{1}{2} & & \\
1 & -1 & 2 & \\
\hline
& \frac{1}{6} & \frac{2}{3} & \frac{1}{6}
\end{array}
\tag{7.46}
$$

e RK4 é o método (7.45) já introduzido.

Os métodos RK servem de base a uma família de programas de MATLAB cujos nomes contêm a raiz ode seguida de números e letras. Em particular, ode45 baseia-se num par de métodos explícitos de Runge-Kutta (o chamado par de Dormand-Prince) de ordem 4 e 5, respectivamente. ode23 implementa um outro par de métodos explícitos de Runge-Kutta (o par de Bogacki-Shampine). Nestes métodos o passo de integração varia para garantir que o erro se mantenha inferior a uma certa tolerância (por defeito, a tolerância sobre o erro relativo RelTol é igual a 10^{-3}). O programa ode23tb implementa uma fórmula de Runge-Kutta implícita cuja primeira etapa é a fórmula do trapézio, e a segunda etapa é a fórmula de derivação regressiva de ordem dois (ver (7.49)).

Os métodos multipasso (ver (7.23)) oferecem uma ordem de precisão elevada, ao envolverem os valores $u_n, u_{n-1}, \ldots, u_{n-p}$ para a determinação de u_{n+1}. Podem-se obter partindo da fórmula (7.18) e aproximando depois o integral por uma fórmula de quadratura aplicada a uma interpolação de f sobre um certo conjunto de nós. A fórmula (explícita) de Adams-Bashforth (AB3) é um exemplo notável de método com três passos ($p = 2$), de terceira ordem

ode

ode45

ode23

ode23tb

$$u_{n+1} = u_n + \frac{h}{12}\left(23f_n - 16f_{n-1} + 5f_{n-2}\right) \qquad (7.47)$$

que se obtém substituindo f em (7.18) pelo seu polinómio de interpolação de grau dois nos nós t_{n-2}, t_{n-1}, t_n. Um outro exemplo importante é a fórmula (implícita) de três passos e de quarta ordem de Adams-Moulton (AM4)

$$u_{n+1} = u_n + \frac{h}{24}\left(9f_{n+1} + 19f_n - 5f_{n-1} + f_{n-2}\right) \qquad (7.48)$$

que se obtém substituindo f em (7.18) pelo seu polinómio de interpolação de grau três nos nós $t_{n-2}, t_{n-1}, t_n, t_{n+1}$.

Pode-se obter outra família de métdos multipasso escrevendo a equação diferencial no tempo t_{n+1} e substituindo $y'(t_{n+1})$ por uma razão incremental descentrada de ordem elevada. Um exemplo é o método implícito com dois passos, de segunda ordem, dado pela *fórmula de diferenças regressivas* (BDF2 do inglês *backward difference formula*)

$$u_{n+1} = \frac{4}{3}u_n - \frac{1}{3}u_{n-1} + \frac{2h}{3}f_{n+1} \qquad (7.49)$$

ou a *fórmula de diferenças regressivas* (BDF3) com três passos e de terceira ordem (implícita)

$$u_{n+1} = \frac{18}{11}u_n - \frac{9}{11}u_{n-1} + \frac{2}{11}u_{n-2} + \frac{6h}{11}f_{n+1} \qquad (7.50)$$

Todos estes métodos podem ser escritos na forma geral (7.23). É fácil verificar que todos eles satisfazem as relações (7.27), e por isso são consistentes. Além disso, são também zero-estáveis. Com efeito, nos dois casos (7.47) e (7.48), o primeiro polinómio característico é $\pi(r) = r^3 - r^2$ e as suas raízes são $r_0 = 1$, $r_1 = r_2 = 0$. O primeiro polinómio característico de (7.50) é $\pi(r) = r^3 - 18/11r^2 + 9/11r - 2/11$ e as suas raízes são $r_0 = 1$, $r_1 = 0.3182 + 0.2839i$, $r_2 = 0.3182 - 0.2839i$, onde i é a unidade imaginária. Em todos os casos, verifica-se a condição da raiz (7.24).

Quando se aplica ao problema modelo (7.28), AB3 é absolutamente estável se $h < 0.545/|\lambda|$, enquanto que AM4 é absolutamente estável se $h < 3/|\lambda|$. O método BDF3 é incondicionalmente absolutamente estável (quer dizer, A-estável) para todos os reais negativos λ. Contudo, isto já não se verifica se $\lambda \in \mathbb{C}$ (com parte real negativa). Por outras palavras, BDF3 não é A-estável (ver Figura 7.13). Mais geralmente, com base num resultado chamado *segunda barreira de Dahlquist* não existem métodos multipasso A-estáveis e de ordem estritamente superior a dois.

Na Figura 7.12 estão representadas as regiões de estabilidade absoluta de diversos métodos de Adams-Bashforth e de Adams-Moulton. Notar que o seu tamanho se reduz à medida que a ordem aumenta. À direita na Figura 7.13 mostram-se as regiões (não limitadas) de estabilidade absoluta de alguns métodos BDF: estas cobrem uma superfície no plano complexo que diminui quando a ordem aumenta, ao contrário dos métodos de Runge-Kutta (à esquerda, na figura) cuja superfície aumenta com a ordem.

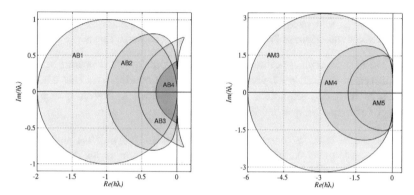

Figura 7.12. Regiões de estabilidade absoluta de diversos métodos de Adams-Basforth (*à esquerda*) e de Adams-Moulton (*à direita*)

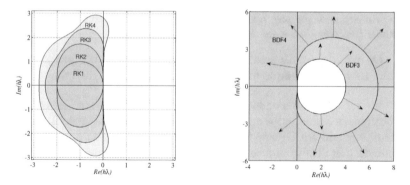

Figura 7.13. Regiões de estabilidade absoluta de diversos métodos explícitos RK (*à esquerda*) e BDF (*à direita*). Neste caso, as regiões são ilimitadas e expandem-se na direcção das setas

Observação 7.3 (Cálculo de regiões de estabilidade absoluta) É possível calcular a fronteira $\partial\mathcal{A}$ da região de estabilidade absoluta $\mathcal{A}$ de um método multipasso com uma pequena astúcia. A fronteira é constituída pelos números complexos $h\lambda$ tais que

$$h\lambda = \left(r^{p+1} - \sum_{j=0}^{p} a_j r^{p-j} \right) \Big/ \left(\sum_{j=-1}^{p} b_j r^{p-j} \right), \tag{7.51}$$

em que r é um número complexo de módulo um. Por conseguinte, para obter uma representação aproximada de $\partial\mathcal{A}$ com MATLAB bastará calcular o segundo membro de (7.51) para diversos valores de r no círculo unitário (pondo, por exemplo, r = exp(i*pi*(0:2000)/1000), onde i é a unidade imaginária). Os gráficos das Figuras 7.12 e 7.13 foram obtidos desta forma.   •

De acordo com a primeira barreira de Dahlquist, a ordem máxima q de um método com $p+1$ passos que satisfaz a condição da raiz é $q = p+1$ para os métodos explícitos e, para os métodos implícitos, $q = p + 2$ se $p + 1$ for ímpar, e $q = p + 3$ se $p + 1$ for par.

Observação 7.4 (Métodos cíclicos compostos) É possível superar os limites impostos pelas barreiras de Dahlquist combinando vários métodos multipasso. Por exemplo, os dois métodos seguintes

$$u_{n+1} = -\frac{8}{11}u_n + \frac{19}{11}u_{n-1} + \frac{h}{33}(30f_{n+1} + 57f_n + 24f_{n-1} - f_{n-2}),$$

$$u_{n+1} = \frac{449}{240}u_n + \frac{19}{30}u_{n-1} - \frac{361}{240}u_{n-2}$$

$$+ \frac{h}{720}(251f_{n+1} + 456f_n - 1347f_{n-1} - 350f_{n-2}),$$

têm ordem cinco, mas são instáveis. Contudo, usando-os de forma combinada (o primeiro se n for par, o segundo se n for ímpar) definem um método A-estável com três passos, de ordem cinco.   •

Os métodos multipasso estão implementados em vários programas de
ode15s   MATLAB, por exemplo em ode15s.

Octave 7.1 ode23 e ode45 estão também disponíveis em Octave-forge. Contudo, os argumentos opcionais são diferentes dos de MATLAB. Notar que ode45 em Octave-forge oferece duas estratégias possíveis: a estratégia por defeito que se baseia no método de Dormand e Prince dá geralmente resultados mais precisos do que a outra opção, que se baseia no método de Fehlberg.   ∎

7.7 Métodos de predição-correcção

Vimos na Secção 7.2 que os métodos implícitos conduzem em cada passo de tempo à resolução de um problema não linear para determinar u_{n+1}.

Esta resolução pode efectuar-se à custa de um dos métodos introduzidos no Capítulo 2, ou ainda utilizando a função `fsolve`, tal como fizémos nos Programas 7.2 e 7.3.

Em alternativa, podemos utilizar iterações de ponto fixo em cada passo de tempo. Por exemplo, para o método de Crank-Nicolson (7.17), para $k = 0, 1, \ldots$, calcula-se até à convergência

$$u_{n+1}^{(k+1)} = u_n + \frac{h}{2}\left[f_n + f(t_{n+1}, u_{n+1}^{(k)})\right].$$

Pode-se provar que se o dado inicial $u_{n+1}^{(0)}$ for escolhido convenientemente, bastará uma só iteração para obter uma solução numérica $u_{n+1}^{(1)}$ cuja precisão é da mesma ordem que a solução u_{n+1} do método implícito original. Mais precisamente, se o método implícito original for de ordem p, o dado inicial $u_{n+1}^{(0)}$ deverá ser obtido por um método explícito de ordem (pelo menos) $p - 1$.

Por exemplo, se usarmos o método de primeira ordem (explícito) de Euler progressivo para inicializar o método de Crank-Nicolson, obtemos o *método de Heun* (também chamado *método de Euler melhorado*), que é um método de Runge-Kutta explícito de segunda ordem:

$$
\boxed{
\begin{aligned}
u_{n+1}^* &= u_n + h f_n, \\
u_{n+1} &= u_n + \frac{h}{2}\left[f_n + f(t_{n+1}, u_{n+1}^*)\right]
\end{aligned}
}
\tag{7.52}
$$

A fase explícita designa-se por *predição*, enquanto que a implícita é chamada de *correcção*. Outro exemplo combina (AB3) (7.47) como método de predição com (AM4) (7.48) como método de correcção. Os métodos deste tipo são por isso chamados métodos de *predição-correcção*. Têm a ordem de precisão do método corrector (ou de correcção). Contudo, como são explícitos, estão sujeitos a uma condição de estabilidade que é tipicamente a do método de predição (ver, por exemplo, as regiões de estabilidade absoluta da Figura 7.14). Assim, estes métodos não são adequados à integração de problemas de Cauchy em intervalos não limitados.

No Programa 7.4 implementamos um método geral de predição-correcção. As cadeias de caracteres `predictor` e `corrector` identificam o tipo de método escolhido. Por exemplo, se usarmos as funções `eeonestep` e `cnonestep`, definidas no Programa 7.5, podemos chamar `predcor` do seguinte modo

```
» [t,u]=predcor(t0,y0,T,N,f,'eeonestep','cnonestep');
```

e obter o método de Heun.

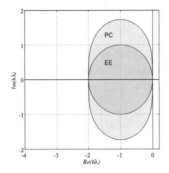
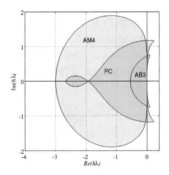

Figura 7.14. Regiões de estabilidade absoluta dos métodos de predição-correcção que se obtêm combinando os métodos de Euler explícito (EE) e de Crank-Nicolson (*à esquerda*) e AB3 e AM4 (*à direita*). Notar a diminuição do tamanho das regiões em relação às dos métodos implícitos correspondentes (no primeiro caso a região do método de Crank-Nicolson não foi indicada por coincidir com todo o plano complexo $Re(h\lambda) < 0$)

Programa 7.4. predcor: método de predição-correcção

```
function [t,u]=predcor(odefun,tspan,y,Nh,...
                  predictor,corrector,varargin)
%PREDCOR   Resolve equações diferenciais com um
%   método de predição-correcção
%   [T,Y]=PREDCOR(ODEFUN,TSPAN,YO,NH,PRED,CORR) com
%   TSPAN=[TO TF] integra o sistema de equações
%   diferenciais y' = f(t,y) do tempo TO ao tempo TF
%   com condição inicial YO usando um método geral de
%   predicção-correcção sobre uma malha uniforme de
%   NH intervalos. A função ODEFUN(T,Y) deve dar um
%   vector coluna correspondente a f(t,y). Cada linha
%   da solução Y corresponde a um tempo do vector
%   coluna T. As funções PRED e CORR identificam
%   o tipo de método escolhido.
%   [T,Y]=PREDCOR(ODEFUN,TSPAN,YO,NH,PRED,CORR,P1,..)
%   passa os parâmetros adicionais P1,... às funções
%   ODEFUN,PRED e CORR como ODEFUN(T,Y,P1,...),
%   PRED(T,Y,P1,P2...), CORR(T,Y,P1,P2...).
h=(tspan(2)-tspan(1))/Nh;   tt=[tspan(1):h:tspan(2)];
u=y; [n,m]=size(u); if n < m, u=u'; end
for t=tt(1:end-1)
    y = u(:,end); fn = feval(odefun,t,y,varargin{:});
    upre = feval(predictor,t,y,h,fn);
    ucor = feval(corrector,t+h,y,upre,h,odefun,...
           fn,varargin{:});
    u = [u, ucor];
end
t = tt;
return
```

Programa 7.5. onestep: uma iteração dos métodos de Euler progressivo (eeonestep), de Euler regressivo (eionestep), de Crank-Nicolson (cnonestep)

```
function [u]=feonestep(t,y,h,f)
u = y + h*f;
return

function [u]=beonestep(t,u,y,h,f,fn,varargin)
u = u + h*feval(f,t,y,varargin{:});
return

function [u]=cnonestep(t,u,y,h,f,fn,varargin)
u = u + 0.5*h*(feval(f,t,y,varargin{:})+fn);
return
```

O programa ode113 de MATLAB implementa um esquema de Adams-Moulton-Bashforth com passo variável.

ode113

Ver os Exercícios 7.14-7.17.

7.8 Sistemas de equações diferenciais

Consideremos o seguinte sistema de equações diferenciais ordinárias de primeira ordem cujas incógnitas são $y_1(t), \ldots, y_m(t)$

$$
\begin{cases}
y_1' = f_1(t, y_1, \ldots, y_m), \\
\vdots \\
y_m' = f_m(t, y_1, \ldots, y_m),
\end{cases}
$$

onde $t \in (t_0, T]$, com condições iniciais

$$
y_1(t_0) = y_{0,1}, \ldots, y_m(t_0) = y_{0,m}.
$$

Para o resolver podemos aplicar a cada equação um dos métodos introduzidos anteriormente para os problemas escalares. Por exemplo, o n-ésimo passo do método de Euler progressivo escreve-se na forma

$$
\begin{cases}
u_{n+1,1} = u_{n,1} + h f_1(t_n, u_{n,1}, \ldots, u_{n,m}), \\
\vdots \\
u_{n+1,m} = u_{n,m} + h f_m(t_n, u_{n,1}, \ldots, u_{n,m}).
\end{cases}
$$

Escrevendo o sistema na forma vectorial $\mathbf{y}'(t) = \mathbf{F}(t, \mathbf{y}(t))$, com notação óbvia, os métodos apresentados para o caso de uma única equação estendem-se directamente aos sistemas de equações. Por exemplo, o método

$$\mathbf{u}_{n+1} = \mathbf{u}_n + h(\vartheta \mathbf{F}(t_{n+1}, \mathbf{u}_{n+1}) + (1 - \vartheta)\mathbf{F}(t_n, \mathbf{u}_n)), \qquad n \geq 0,$$

com $\mathbf{u}_0 = \mathbf{y}_0$, $0 \leq \vartheta \leq 1$, é a forma vectorial do método de Euler explícito se $\vartheta = 0$, do método de Euler regressivo se $\vartheta = 1$ e do método de Crank-Nicolson se $\vartheta = 1/2$.

Exemplo 7.7 (Dinâmica de populações) Apliquemos o método de Euler progressivo para resolver as equações de Lotka-Volterra (7.3) com $C_1 = C_2 = 1$, $b_1 = b_2 = 0$ e $d_1 = d_2 = 1$. A fim de usar o Programa 7.1 para um *sistema* de equações diferenciais ordinárias, cria-se uma função f que contém as componentes de uma função vectorial $\mathbf{F}$, e que se guarda num ficheiro f.m. Para o nosso sistema particular tem-se:

```
function y = f(t,y)
C1=1;  C2=1;  d1=1;  d2=1;  b1=0;  b2=0;
yy(1)=C1*y(1)*(1-b1*y(1)-d2*y(2));    % primeira equação
y(2)=-C2*y(2)*(1-b2*y(2)-d1*y(1));    % segunda equação
y(1)=yy(1);
return
```

Executa-se então o Programa 7.1 com a instrução

```
» [t,u]=feuler('fsys',[0,0.1],[0 0],100);
```

que permite resolver o sistema de Lotka-Volterra no intervalo de tempo $[0, 10]$ com um passo de tempo $h = 0.005$.

O gráfico da Figura 7.15, à esquerda, representa a evolução em tempo das duas componentes da solução. Notar que elas são periódicas de período 2π. O gráfico da Figura 7.15, à direita, mostra as trajectórias partindo do dado inicial, no plano chamado *plano de fase*, quer dizer, no plano cartesiano cujos eixos coordenados são y_1 e y_2. Esta trajectória está contida numa região limitada do plano (y_1, y_2). Partindo do ponto $(1.2, 1.2)$, a trajectória irá ficar numa região ainda mais pequena em torno do ponto $(1, 1)$. Isto pode ser explicado do seguinte modo: o nosso sistema diferencial admite 2 *pontos de equilíbrio* para os quais $y_1' = 0$ e $y_2' = 0$, e um deles é precisamente $(1, 1)$ (o outro é $(0, 0)$). Efectivamente, estes pontos obtêm-se resolvendo o sistema não linear

$$\begin{cases} y_1' = y_1 - y_1 y_2 = 0, \\ y_2' = -y_2 + y_2 y_1 = 0. \end{cases}$$

Se o dado inicial coincidir com um destes pontos, a solução permanece constante no tempo. Além disso, verifica-se que $(0, 0)$ é um ponto de equilíbrio instável, enquanto que $(1, 1)$ é estável, ou seja, todas as trajectórias que partem de um ponto vizinho de $(1, 1)$ ficam numa região limitada do plano de fase. ∎

Ao utilizar um método explícito, o passo de discretização h deverá satisfazer uma condição de estabilidade semelhante à introduzida na Secção 7.5. Quando as partes reais dos valores próprios λ_k da matriz jacobiana $A(t) = [\partial \mathbf{F}/\partial \mathbf{y}](t, \mathbf{y})$ de $\mathbf{F}$ forem todas negativas, podemos

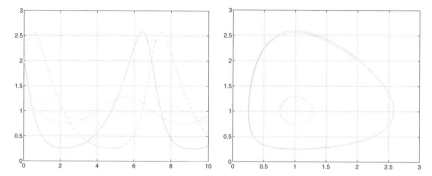

Figura 7.15. Soluções numéricas do sistema (7.3). À esquerda, representa-se y_1 e y_2 no intervalo de tempo $(0, 10)$, a linha contínua refere-se a y_1, a linha a tracejado a y_2. Consideram-se dois dados iniciais: $(2, 2)$ (*traço espesso*) e $(1.2, 1.2)$ (*traço fino*). À direita, representa-se as trajectórias correspondentes no plano de fase

fazer $\lambda = -\max_t \rho(\mathrm{A}(t))$, onde $\rho(\mathrm{A}(t))$ é o raio espectral de $\mathrm{A}(t)$. Este λ é um bom candidato para substituir o que aparece nas condições de estabilidade (como por exemplo, (7.30)) obtidas para os problemas de Cauchy escalares.

Observação 7.5 Os programas de MATLAB (`ode23`, `ode45`, ...) referidos atrás podem ser usados para resolver sistemas de equações diferenciais ordinárias. A sintaxe é `odeXX('f',[t0 tf],y0)`, onde `y0` é o vector das condições iniciais, `f` é uma função dada pelo utilizador e `odeXX` é um dos métodos disponíveis em MATLAB. •

Consideremos agora o caso de uma equação diferencial ordinária de ordem m

$$y^{(m)}(t) = f(t, y, y', \ldots, y^{(m-1)}) \qquad (7.53)$$

para $t \in (t_0, T]$, cujas soluções (se existirem) formam uma família de funções definidas a menos de m constantes arbitrárias. Estas podem ser fixadas prescrevendo m condições iniciais

$$y(t_0) = y_0,\ y'(t_0) = y_1,\ \ldots,\ y^{(m-1)}(t_0) = y_{m-1}.$$

Fazendo

$$w_1(t) = y(t),\ w_2(t) = y'(t),\ \ldots,\ w_m(t) = y^{(m-1)}(t),$$

pode-se transformar a equação (7.53) num sistema de m equações diferenciais de primeira ordem

$$\begin{cases} w_1' = w_2, \\ w_2' = w_3, \\ \vdots \\ w_{m-1}' = w_m, \\ w_m' = f(t, w_1, \dots, w_m), \end{cases}$$

com as condições iniciais

$$w_1(t_0) = y_0, \; w_2(t_0) = y_1, \; \dots, \; w_m(t_0) = y_{m-1}.$$

Assim, podemos sempre aproximar a solução de uma equação diferencial de ordem $m > 1$, passando ao sistema equivalente de m equações de primeira ordem e aplicando em seguida um método de discretização conveniente.

Exemplo 7.8 (Circuitos eléctricos) Consideremos o circuito do Problema 7.4 e suponhamos que $L(i_1) = L$ é constante e que $R_1 = R_2 = R$. Neste caso pode-se calcular v resolvendo o seguinte sistema de duas equações diferenciais:

$$\begin{cases} v'(t) = w(t), \\ w'(t) = -\dfrac{1}{LC}\left(\dfrac{L}{R} + RC\right)w(t) - \dfrac{2}{LC}v(t) + \dfrac{e}{LC}, \end{cases} \tag{7.54}$$

com as condições iniciais $v(0) = 0$, $w(0) = 0$. Este sistema foi obtido a partir da equação diferencial de segunda ordem

$$LC\frac{d^2 v}{dt^2} + \left(\frac{L}{R_2} + R_1 C\right)\frac{dv}{dt} + \left(\frac{R_1}{R_2} + 1\right)v = e. \tag{7.55}$$

Impõe-se $L = 0.1$ Henry, $C = 10^{-3}$ Farad, $R = 10$ Ohm e $e = 5$ Volt, onde Henry, Farad, Ohm e Volt são, respectivamente, as unidades de indutância, capacitância, resistência e voltagem. Aplica-se o método de Euler progressivo com $h = 0.01$ segundos no intervalo de tempo $[0, 0.1]$, usando o Programa 7.1

```
» [t,u]=feuler('fsys',[0,0.1],[0 0],100);
```

onde fsys está definido no ficheiro fsys.m:

```
function y=fsys(t,y)
L=0.1; C=1.e-03; R=10; e=5; LC = L*C;
yy=y(2); y(2)=-(L/R+R*C)/(LC)*y(2)-2/(LC)*y(1)+e/(LC);
y(1)=yy;
return
```

Na Figura 7.16 representa-se os valores aproximados de v e w. Como era esperado, $v(t)$ tende para $e/2 = 2.5$ Volt para grandes valores de t. Neste caso, a parte real dos valores próprios de $A(t) = [\partial \mathbf{F}/\partial \mathbf{y}](t, \mathbf{y})$ é negativa e λ pode tomar-se igual a -141.4214. Assim, uma condição de estabilidade absoluta é dada por $h < 2/|\lambda| = 0.0282$. ∎

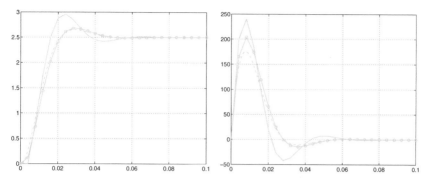

Figura 7.16. Soluções numéricas do sistema (7.54). A queda de potencial $v(t)$ está representada à esquerda, a sua derivada w à direita: as linhas a tracejado representam a solução obtida para $h = 0.001$ com o método de Euler progressivo, as linhas contínuas referem-se à solução obtida pelo mesmo método com $h = 0.004$, e as linhas a ponteado correspondem à solução dada pelo método de Newmark (7.59) (com $\theta = 1/2$ e $\zeta = 1/4$) com $h = 0.004$

Por vezes aproximam-se numericamente equações de ordem elevada sem passar pelo sistema de primeira ordem equivalente. Consideremos por exemplo o caso do problema de Cauchy de segunda ordem

$$\begin{cases} y''(t) = f(t, y(t), y'(t)) & t \in (t_0, T], \\ y(t_0) = \alpha_0, \quad y'(t_0) = \beta_0. \end{cases} \tag{7.56}$$

Pode-se construir um esquema numérico simples do seguinte modo: determinar u_n para $1 \le n \le N_h$ tal que

$$\frac{u_{n+1} - 2u_n + u_{n-1}}{h^2} = f(t_n, u_n, v_n) \tag{7.57}$$

onde $u_0 = \alpha_0$ e $v_0 = \beta_0$. A quantidade v_k representa uma aproximação de segunda ordem de $y'(t_k)$ (uma vez que $(y_{n+1} - 2y_n + y_{n-1})/h^2$ é uma aproximação de segunda ordem de $y''(t_n)$). Uma possibilidade consiste em fazer

$$v_n = \frac{u_{n+1} - u_{n-1}}{2h}, \quad \text{com } v_0 = \beta_0. \tag{7.58}$$

O *método de leap-frog* (7.57)-(7.58) tem precisão de ordem 2 em h.

O *método de Newmark*, é mais geral. Consiste em construir duas sucessões

$$u_{n+1} = u_n + hv_n + h^2 \left[\zeta f(t_{n+1}, u_{n+1}, v_{n+1}) + (1/2 - \zeta) f(t_n, u_n, v_n) \right],$$

$$v_{n+1} = v_n + h \left[(1 - \theta) f(t_n, u_n, v_n) + \theta f(t_{n+1}, u_{n+1}, v_{n+1}) \right], \tag{7.59}$$

com $u_0 = \alpha_0$ e $v_0 = \beta_0$, onde ζ e θ são dois números reais não negativos. Este método é implícito, excepto para $\zeta = \theta = 0$, com precisão de segunda ordem se $\theta = 1/2$, e de primeira ordem se $\theta \neq 1/2$. A condição $\theta \geq 1/2$ é necessária para garantir a estabilidade. Se $\theta = 1/2$ e $\zeta = 1/4$ encontramos um método bastante popular que é incondicionalmente estável. Contudo, este método não é conveniente para as simulações em grandes intervalos de tempo por introduzir soluções com oscilações parasitas. Para este tipo de simulações é preferível usar $\theta > 1/2$ e $\zeta > (\theta + 1/2)^2/4$, apesar do método degenerar e ser apenas de primeira ordem.

No Programa 7.6 implementa-se o método de Newmark. O vector **param** permite especificar os valores dos coeficientes (**param(1)=ζ**, **param(2)=θ**).

Programa 7.6. newmark: método de Newmark

```
function [tt,u]=newmark(odefun,tspan,y,Nh,param,...
                        varargin)
%NEWMARK Resolve equações diferenciais de segunda ordem
%   pelo método de Newmark
%   [T,Y]=NEWMARK(ODEFUN,TSPAN,Y0,NH,PARAM) com TSPAN=
%   [T0 TF] integra o sistema de equações diferenciais
%   y''=f(t,y,y') do tempo T0 ao tempo TF com a
%   condição inicial Y0=(y(t0),y'(t0)) usando o método
%   de Newmark numa malha uniforme de NH intervalos.
%   A função ODEFUN(T,Y) deve devolver um valor escalar
%   correspondente a f(t,y,y').
tt=linspace(tspan(1),tspan(2),Nh+1);
u(1,:)=y;

global glob_h glob_t glob_y glob_odefun;
global glob_zeta glob_theta glob_varargin glob_fn;
glob_h=(tspan(2)-tspan(1))/Nh;
glob_y=y;
glob_odefun=odefun;
glob_t=tt(2);
glob_zeta = param(1);
glob_theta = param(2);
glob_varargin=varargin;

if ( ~exist( 'OCTAVE_VERSION' ) )
   options=optimset;
   options.TolFun=1.e-12;
   options.MaxFunEvals=10000;
end

glob_fn =feval(odefun,tt(1),u(1,:),varargin{:});
for glob_t=tt(2:end)
   if ( exist( 'OCTAVE_VERSION' ) )
      w = fsolve('newmarkfun', glob_y )
   else
      w = fsolve(@(w) newmarkfun(w),glob_y,options);
   end
   glob_fn =feval(odefun,glob_t,w,varargin{:});
   u = [u; w];
   y = w;
end
t=tt;
clear glob_h glob_t glob_y glob_odefun;
```

```
clear glob_zeta glob_theta glob_varargin glob_fn;
return

function z=myfun(w)
global glob_h glob_t glob_y glob_odefun;
global glob_zeta glob_theta glob_varargin glob_fn;
fn1 = feval(glob_odefun,glob_t,glob_w,glob_varargin{:});
z=w - glob_y -...
glob_h*[glob_y(1,2), ...
   (1-glob_theta)*glob_fn+glob_theta*fn1]-...
   glob_h^2*[glob_zeta*fn1+(0.5-glob_zeta)*glob_fn,0];
return
```

Exemplo 7.9 (Circuitos eléctricos) Consideramos de novo o circuito do Problema 7.4 e resolvemos a equação de segunda ordem (7.55) com o esquema de Newmark. Na Figura 7.16 comparam-se as aproximações numéricas da função v calculadas com o esquema de Euler (*linha a tracejado* e *linha contínua*) e com o esquema de Newmark com $\theta = 1/2$ e $\zeta = 1/4$ (*linha a ponteado*), e um passo de tempo $h = 0.04$. A melhor precisão da última solução deve-se ao facto que o método (7.57)-(7.58) é de segunda ordem em h.   ∎

Ver os Exercícios 7.18-7.20.

7.9 Alguns exemplos

Terminamos este capítulo considerando três exemplos não triviais de sistemas de equações diferenciais ordinárias.

7.9.1 O pêndulo esférico

O movimento de um ponto $\mathbf{x}(t) = [x_1(t), x_2(t), x_3(t)]^T$ de massa m sujeito à força da gravidade $\mathbf{F} = [0, 0, -gm]^T$ (com $g = 9.8$ m/s^2) e obrigado a mover-se numa superfície esférica de equação $\Phi(\mathbf{x}) = x_1^2 + x_2^2 + x_3^2 - 1 = 0$, é descrito pelo seguinte sistema de equações diferenciais ordinárias

$$\ddot{\mathbf{x}} = \frac{1}{m}\left(\mathbf{F} - \frac{m\,\dot{\mathbf{x}}^T\,\mathrm{H}\,\dot{\mathbf{x}} + \nabla\Phi^T\mathbf{F}}{|\nabla\Phi|^2}\nabla\Phi\right) \text{ para } t > 0. \qquad (7.60)$$

Designa-se por $\dot{\mathbf{x}}$ a primeira derivada e por $\ddot{\mathbf{x}}$ a segunda derivada em ordem a t, $\nabla\Phi$ é o gradiente espacial de Φ, igual a $2\mathbf{x}^T$, H a matriz hessiana de Φ cujas componentes são $\mathrm{H}_{ij} = \partial^2\Phi/\partial x_i \partial x_j$ para $i, j = 1, 2, 3$. No nosso caso H é uma matriz diagonal com coeficientes iguais a 2. Completa-se o sistema (7.60) com as condições iniciais $\mathbf{x}(0) = \mathbf{x}_0$ e $\dot{\mathbf{x}}(0) = \mathbf{v}_0$.

Para resolver numericamente o sistema (7.60) iremos transformá-lo num sistema de equações diferenciais de primeira ordem na nova variável **y**, que é um vector com 6 componentes. Fazendo $y_i = x_i$ e $y_{i+3} = \dot{x}_i$ com $i = 1, 2, 3$, e

$$\lambda = \left(m(y_4, y_5, y_6)^T H(y_4, y_5, y_6) + \nabla \Phi^T \mathbf{F} \right) / |\nabla \Phi|^2,$$

obtém-se, para $i = 1, 2, 3$,

$$\begin{cases} \dot{y}_i = y_{3+i}, \\ \dot{y}_{3+i} = \dfrac{1}{m} \left(F_i - \lambda \dfrac{\partial \Phi}{\partial y_i} \right). \end{cases} \tag{7.61}$$

Aplicamos os métodos de Euler e de Crank-Nicolson. Começamos por definir uma *função* de MATLAB (`fvinc` no Programa 7.7) que dê a expressão do segundo membro de (7.61). Além disso, suponhamos que as condições iniciais são dadas pelo vector `y0=[0,1,0,.8,0,1.2]` e que o intervalo de integração é `tspan=[0,25]`. Aplica-se o método de Euler explícito do seguinte modo

```
» [t,y]=feuler('fvinc',tspan,y0,nt);
```

(e analogamente para os métodos de Euler implícito `beuler` e de Crank-Nicolson `cranknic`), onde `nt` é o número de intervalos (de comprimento constante) usados para discretizar o intervalo `[tspan(1),tspan(2)]`. Os gráficos da Figura 7.17 mostram as trajectórias obtidas com 10000 e 100000 nós de discretização. No segundo caso, a solução parece razoavelmente precisa. Com efeito, apesar de não conhecermos a solução exacta do problema, podemos ter uma ideia da precisão observando que a solução verifica $r(\mathbf{y}) \equiv y_1^2 + y_2^2 + y_3^2 - 1 = 0$. Assim, pode-se medir o valor máximo do resíduo $r(\mathbf{y}_n)$ quando n varia, sendo $\mathbf{y}_n$ a aproximação da solução exacta no tempo t_n. Usando 10000 nós de discretização obtemos $r = 1.0578$, enquanto que com 100000 nós temos $r = 0.1111$, o que está de acordo com o resultado teórico que prevê que o método de Euler converge com ordem 1.

Usando o método de Euler implícito com 20000 passos obtém-se a solução exacta traçada na Figura 7.18, enquanto que o método de Crank-Nicolson (de ordem 2) só com 2000 passos dá a solução representada na mesma figura (*à direita*) que é sem dúvida mais precisa. Com efeito, obtém-se $r = 0.5816$ para o método de Euler implícito e $r = 0.0966$ para o método de Crank-Nicolson.

A título de comparação, resolvamos o mesmo problema com os métodos adaptativos explícitos de tipo Runge-Kutta `ode23` e `ode45`, programados em MATLAB. Estes métodos (salvo indicação em contrário) modificam o passo de integração para garantir que o erro relativo seja inferior a 10^{-3} e o erro absoluto inferior a 10^{-6}. Executam-se com os seguintes comandos:

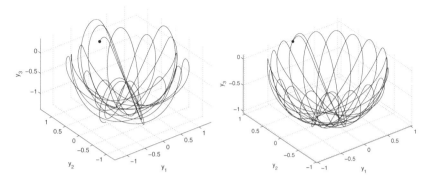

Figura 7.17. Trajectórias obtidas com o método de Euler explícito para $h = 0.0025$ (*à esquerda*) e $h = 0.00025$ (*à direita*). O ponto negro mostra o dado inicial

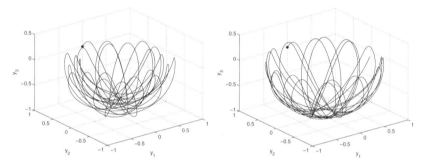

Figura 7.18. Trajectórias obtidas com o método de Euler implícito para $h = 0.00125$ (*à esquerda*) e com o método de Crank-Nicolson para $h = 0.025$ (*à direita*)

```
» [t1,y1]=ode23('fvinc',tspan,y0');
» [t2,y2]=ode45('fvinc',tspan,y0');
```

e obtêm-se as soluções da Figura7.19.

Os dois métodos usaram respectivamente 783 e 537 nós de discretização não uniformemente distribuídos. O resíduo r é igual a 0.0238 para ode23 e 3.2563 para ode45. Constata-se, com grande surpresa, que o resultado obtido com o método de ordem mais elevada é o menos preciso, o que mostra que é necessário ser prudente ao usar os programas ode disponíveis em MATLAB. Este comportamento explica-se pelo facto de que o estimador do erro implementado em ode45 é menos restritivo que o de ode23. Diminuindo ligeiramente a tolerância relativa (basta pôr options=odeset('RelTol',1.e-04)) e mudando o nome do programa para [t,y]=ode45(@fvinc,tspan,y0,options) podemos encontrar resultados comparáveis.

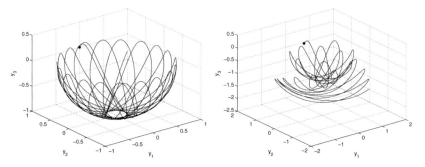

Figura 7.19. Trajectórias obtidas com os métodos ode23 (*à esquerda*) e ode45 (*à direita*) usando o mesmo critério de precisão. No segundo caso o controlo do erro falha e a solução obtida é menos precisa

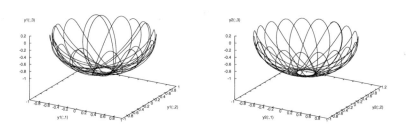

Figura 7.20. Trajectórias obtidas com os métodos ode23 (*à esquerda*) e ode45 (*à direita*) usando o mesmo critério de precisão

Programa 7.7. fvinc: termo de força para o problema do pêndulo esférico

```
function [f]=fvinc(t,y)
[n,m]=size(y);  phix='2*y(1)';
phiy='2*y(2)';  phiz='2*y(3)';  H=2*eye(3);
mass=1;  % Massa
F1='0*y(1)';  F2='0*y(2)';  F3='-mass*9.8';  % Peso
f=zeros(n,m);  xpunto=zeros(3,1);  xpunto(1:3)=y(4:6);
F=[eval(F1);eval(F2);eval(F3)];
G=[eval(phix);eval(phiy);eval(phiz)];
lambda=(m*xpunto'*H*xpunto+F'*G)/(G'*G);
f(1:3)=y(4:6);
for k=1:3;  f(k+3)=(F(k)-lambda*G(k))/mass;  end
return
```

Octave 7.2 ode23 efectua 924 passos enquanto que ode45 efectua 575 passos, para a mesma precisão.

Note-se que ode45 dá resultados semelhantes aos de ode23 contrariamente a ode45 de MATLAB, ver Figura 7.20. ∎

7.9.2 O problema dos três corpos

Pretende-se calcular a evolução de um sistema composto por três corpos, submetidos a forças de atracção gravitacional recíprocas, conhecendo as suas posições e velocidades iniciais e as suas massas. O problema pode ser formulado usando as leis de Newton do movimento. Contudo, contrariamente ao caso de dois corpos, não se conhecem soluções analíticas. Supõe-se que um dos três corpos tem massa muito superior às dos dois restantes, e em particular considera-se o caso do sistema Sol-Terra-Marte, um problema estudado por célebres matemáticos tais como Lagrange no século XVIII, Poincaré no final do século XIX e Levi-Civita no século XX.

Designa-se por M_s a massa do Sol, por M_e a da Terra e por M_m a de Marte. Sendo a massa do Sol cerca de 330000 vezes a da Terra e a massa de Marte cerca de um décimo da massa da Terra, pode-se imaginar que o centro de gravidade dos três corpos coincide aproximadamente com o centro do Sol (que, por conseguinte, se fixa neste modelo) e que os três objectos permanecem no plano descrito pelas suas posições iniciais. Neste caso, a força total exercida sobre a Terra será, por exemplo

$$\mathbf{F}_e = \mathbf{F}_{es} + \mathbf{F}_{em} = M_e \frac{d^2 \mathbf{x}_e}{dt^2}, \tag{7.62}$$

onde $\mathbf{x}_e = [x_e, y_e]^T$ designa a posição da Terra, enquanto que $\mathbf{F}_{es}$ e $\mathbf{F}_{em}$ designam as forças exercidas sobre a Terra pelo Sol e por Marte, respectivamente. Aplicando a lei da gravitação universal, (7.62) converte-se em ($\mathbf{x}_m$ designa a posição de Marte)

$$M_e \frac{d^2 \mathbf{x}_e}{dt^2} = -GM_e M_s \frac{\mathbf{x}_e}{|\mathbf{x}_e|^3} + GM_e M_m \frac{\mathbf{x}_m - \mathbf{x}_e}{|\mathbf{x}_m - \mathbf{x}_e|^3}.$$

Adimensionalizando estas equações e normalizando os comprimentos relativamente ao comprimento do semi-eixo maior da órbita da Terra, obtém-se a seguinte equação

$$M_e \frac{d^2 \mathbf{x}_e}{dt^2} = 4\pi^2 \left(\frac{M_m}{M_s} \frac{\mathbf{x}_m - \mathbf{x}_e}{|\mathbf{x}_m - \mathbf{x}_e|^3} - \frac{\mathbf{x}_e}{|\mathbf{x}_e|^3} \right). \tag{7.63}$$

Procedendo de modo análogo para o planeta Marte, obtém-se

$$M_m \frac{d^2 \mathbf{x}_m}{dt^2} = 4\pi^2 \left(\frac{M_e}{M_s} \frac{\mathbf{x}_e - \mathbf{x}_m}{|\mathbf{x}_e - \mathbf{x}_m|^3} - \frac{\mathbf{x}_m}{|\mathbf{x}_m|^3} \right). \tag{7.64}$$

O sistema de segunda ordem (7.63)-(7.64) reduz-se então a um sistema de oito equações de primeira ordem. O Programa 7.8 implementa uma *função* que contém os termos do segundo membro do sistema (7.63)-(7.64).

Programa 7.8. threebody: segundo membro para o sistema simplificado dos
três corpos

```
function f=threebody(t,y)
f=zeros(8,1);
Ms=330000;
Me=1;
Mm=0.1;
D1 = ((y(5)-y(1))^2+(y(7)-y(3))^2)^(3/2);
D2 = (y(1)^2+y(3)^2)^(3/2);
f(1)=y(2);
f(2)=4*pi^2*(Me/Ms*(y(5)-y(1))/D1-y(1)/D2);
f(3)=y(4);
f(4)=4*pi^2*(Me/Ms*(y(7)-y(3))/D1-y(3)/D2);
D2 = (y(5)^2+y(7)^2)^(3/2);
f(5)=y(6);
f(6)=4*pi^2*(Mm/Ms*(y(1)-y(5))/D1-y(5)/D2);
f(7)=y(8);
f(8)=4*pi^2*(Mm/Ms*(y(3)-y(7))/D1-y(7)/D2);
return
```

Comparemos o método de Crank-Nicolson (implícito) e o método
adaptativo de Runge-Kutta (explícito) implementado em ode23. Normalizando a distância da Terra ao Sol a 1 unidade, Marte estará locali-
zado à distância de 1.52 unidades do Sol: a posição inicial será por isso
$(1, 0)$ para a Terra e $(1.52, 0)$ para Marte. Suponhamos, além disso, que
os dois planetas têm inicialmente velocidade horizontal nula e velocidade
vertical igual a -5.1 unidades (Terra) e -4.6 unidades (Marte): com esta
escolha, deveriam mover-se ao longo de órbitas relativamente estáveis em
torno do Sol. Escolhemos 2000 passos de discretização para o método de
Crank-Nicolson:

```
» [t23,u23]=ode23('threebody',[0 10],...
                  [1.52 0 0 -4.6 1 0 0 -5.1]);
» [tcn,ucn]=cranknic('threebody',[0 10],...
                  [1.52 0 0 -4.6 1 0 0 -5.1],2000);
```

Os gráficos da Figura 7.21 mostram que os dois métodos reproduzem
convenientemente as órbitas elípticas dos dois planetas em torno do Sol.
O método ode23 necessita apenas de 543 iterações (com passos não uniformes) para construir uma solução mais precisa do que a gerada por um
método implícito com a mesma ordem, sem adaptatividade do passo de
tempo.

Octave 7.3 ode23 efectua 847 iterações para construir uma solução com
telerância 1e-6.   ∎

7.9.3 Alguns problemas rígidos (*stiff*)

Consideremos a seguinte equação diferencial, proposta em [Gea71], como
uma variante do problema modelo (7.28):

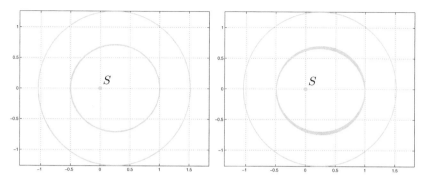

Figura 7.21. Órbitas da Terra (*a interior*) e de Marte em torno do Sol calculadas com o método adaptativo ode23 em 564 iterações (*à esquerda*) e com o método de Crank-Nicolson em 2000 iterações (*à direita*)

$$
\begin{cases}
y'(t) = \lambda(y(t) - g(t)) + g'(t), & t > 0, \\
y(0) = y_0,
\end{cases}
\tag{7.65}
$$

em que g é uma função regular e $\lambda \ll 0$, cuja solução é

$$
y(t) = (y_0 - g(0))e^{\lambda t} + g(t), \qquad t \geq 0.
\tag{7.66}
$$

Esta equação tem duas componentes, $(y_0 - g(0))e^{\lambda t}$ e $g(t)$, sendo a primeira desprezável em relação à segunda, para t suficientemente grande. Por exemplo, faz-se $g(t) = t$, $\lambda = -100$ e resolve-se o problema (7.65) no intervalo $(0, 100)$ usando o método de Euler explícito: dado que neste caso $f(t, y) = \lambda(y(t) - g(t)) + g'(t)$ tem-se $\partial f / \partial y = \lambda$, e a análise de estabilidade efectuada na Secção 7.4 sugere a escolha de $h < 2/100$. Esta restrição resulta da presença de um termo que se comporta como e^{-100t} e parece totalmente injustificada quando se considera o seu peso relativamente a toda a solução (para fixar ideias, para $t = 1$ tem-se $e^{-100} \approx 10^{-44}$). A situação irá ainda agravar-se ao usar um método explícito de ordem mais elevada, como por exemplo o método de Adams-Bashforth (7.47) de ordem 3: a região de estabilidade absoluta reduz-se (ver Figura 7.12) e, por conseguinte, a restrição sobre h torna-se ainda mais forte, $h < 0.00545$. Violar – mesmo ligeiramente – esta restrição, conduz a soluções totalmente inaceitáveis (como se vê na Figura 7.22, à esquerda).

Deste modo estamos perante um problema aparentemente simples, mas que é difícil de resolver com um método explícito (e, mais geralmente, com um método que não seja A-estável) devido à presença de dois termos na solução cujo comportamento é totalmente diferente quando t tende para infinito: um problema deste tipo diz-se *rígido* (em inglês, *stiff*).

Mais precisamente, diz-se que um sistema de equações diferenciais da forma

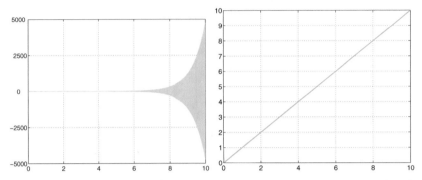

Figura 7.22. Soluções obtidas com o método (7.47) para o problema (7.65) violando a condição de estabilidade ($h = 0.0055$, *à esquerda*) e respeitando-a ($h = 0.0054$, *à direita*)

$$\mathbf{y}'(t) = \mathbf{A}\mathbf{y}(t) + \boldsymbol{\varphi}(t), \qquad \mathbf{A} \in \mathbb{R}^{n \times n}, \quad \boldsymbol{\varphi}(t) \in \mathbb{R}^n, \qquad (7.67)$$

em que A tem n valores próprios distintos $\lambda_j, j = 1, \ldots, n$, com $\text{Re}(\lambda_j) < 0, j = 1, \ldots, n$, é rígido se

$$r_s = \frac{\max_j |\text{Re}(\lambda_j)|}{\min_j |\text{Re}(\lambda_j)|} \gg 1.$$

A solução exacta de (7.67) é dada por

$$\mathbf{y}(t) = \sum_{j=1}^{n} C_j e^{\lambda_j t} \mathbf{v}_j + \boldsymbol{\psi}(t), \qquad (7.68)$$

onde $C_1, \ldots, C_n$ são n constantes e $\{\mathbf{v}_j\}$ é uma base constituída pelos vectores próprios de A, e $\boldsymbol{\psi}(t)$ é uma solução particular da equação diferencial. Se $r_s \gg 1$ constata-se de novo a presença na solução $\mathbf{y}$ de componentes que tendem para zero com diferentes velocidades. A componente que tende mais rapidamente para zero quando t tende para infinito (a que está associada ao maior valor próprio) é a que impõe a restrição mais severa ao passo de integração, a não ser que se use um método que seja absolutamente estável sem quaisquer condições.

Exemplo 7.10 Consideremos o sistema $\mathbf{y}' = \mathbf{A}\mathbf{y}$ para $t \in (0, 100)$ com uma condição inicial $\mathbf{y}(0) = \mathbf{y}_0$, onde $\mathbf{y} = [y_1, y_2]^T$, $\mathbf{y}_0 = [y_{1,0}, y_{2,0}]^T$ e

$$\mathbf{A} = \begin{bmatrix} 0 & 1 \\ -\lambda_1\lambda_2 & \lambda_1 + \lambda_2 \end{bmatrix},$$

sendo λ_1 e λ_2 dois reais negativos distintos tais que $|\lambda_1| \gg |\lambda_2|$. A matriz A tem como valores próprios λ_1 e λ_2 e vectores próprios $\mathbf{v}_1 = [1, \lambda_1]^T$, $\mathbf{v}_2 = [1, \lambda_2]^T$. Graças a (7.68) a solução do sistema é

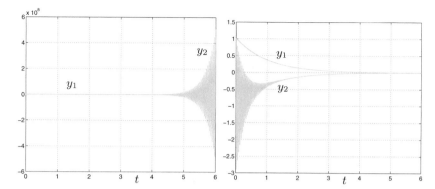

Figura 7.23. Soluções do problema do Exemplo 7.10 para $h = 0.0207$ (*à esquerda*) e $h = 0.0194$ (*à direita*). No primeiro caso a condição $h < 2/|\lambda_1| = 0.02$ é violada e o método é instável. Notar que as escalas são totalmente diferentes nos dois gráficos

$$\mathbf{y}(t) = \left[C_1 e^{\lambda_1 t} + C_2 e^{\lambda_2 t} \quad C_1 \lambda_1 e^{\lambda_1 t} + C_2 \lambda_2 e^{\lambda_2 t} \right]^T. \qquad (7.69)$$

As constantes C_1 e C_2 obtêm-se a partir das condições iniciais:

$$C_1 = \frac{\lambda_2 y_{1,0} - y_{2,0}}{\lambda_2 - \lambda_1}, \qquad C_2 = \frac{y_{2,0} - \lambda_1 y_{1,0}}{\lambda_2 - \lambda_1}.$$

Com base nas observações feitas anteriormente, quando se resolve um sistema deste tipo com um método explícito, o passo de integração depende apenas do valor próprio de módulo máximo, λ_1. Verifiquemos isto experimentalmente usando o método de Euler explícito e escolhendo $\lambda_1 = -100$, $\lambda_2 = -1$, $y_{1,0} = y_{2,0} = 1$. Na Figura 7.23 mostram-se soluções calculadas violando (*à esquerda*) ou respeitando (*à direita*) a condição de estabilidade $h < 1/50$. ∎

A definição de problema rígido pode estender-se, com algumas precauções, ao caso não linear (ver por exemplo [QSS07, Capítulo 11]). Um dos problemas *rígidos* não lineares mais estudados é a *equação de Van der Pol*

$$\frac{d^2 x}{dt^2} = \mu(1 - x^2)\frac{dx}{dt} - x, \qquad (7.70)$$

proposta em 1920 e usada no estudo de circuitos contendo válvulas termoiónicas, os chamados tubos de vácuo, tais como os tubos catódicos nos televisores ou os magnetrons nos fornos de microondas.

Fazendo $\mathbf{y} = [x, y]^T$, (7.70) é equivalente ao sistema não linear de primeira ordem

$$\mathbf{y}' = \begin{bmatrix} 0 & 1 \\ -1 & \mu(1 - x^2) \end{bmatrix} \mathbf{y}. \qquad (7.71)$$

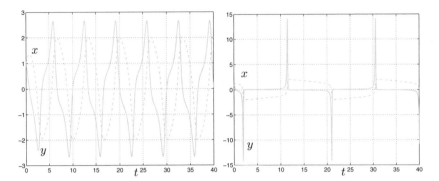

Figura 7.24. Comportamento das componentes das soluções **y** do sistema (7.71), para $\mu = 1$ (*à esquerda*) e $\mu = 10$ (*à direita*)

Este sistema torna-se tanto mais rígido quanto maior for o parâmetro μ. Com efeito, encontramos na solução duas componentes cuja dinâmica é totalmente diferente para grandes valores de μ. A de dinâmica mais rápida impõe uma limitação no passo de integração que se torna tanto mais severa quanto maior for o valor de μ.

Se resolvermos (7.70) usando ode23 e ode45, verificamos que se torna demasiado dispendioso para grandes valores de μ. Com $\mu = 100$ e a condição inicial $\mathbf{y} = [1, 1]^T$, ode23 efectua 7835 iterações e ode45 23473 iterações para resolver a equação entre $t = 0$ e $t = 100$. Com a ajuda do *help* de MATLAB descobre-se que estes métodos não são recomendados para problemas rígidos: para este tipo de problemas sugere-se utilizar, por exemplo, os métodos implícitos ode23s ou ode15s. A diferença em termos do número de iterações é considerável, como se mostra na Tabela 7.1. Importa contudo verificar que o número de iterações para ode23s é menor do que para ode23, apenas para valores de μ suficientemente grandes (isto é, para problemas muito rígidos).

μ	ode23	ode45	ode23s	ode15s
0.1	471	509	614	586
1	775	1065	838	975
10	1220	2809	1005	1077
100	7835	23473	299	305
1000	112823	342265	183	220

Tabela 7.1. Comportamento do número de iterações para vários métodos de aproximação em função do parâmetro μ

7.10 O que não vos foi dito

Para uma dedução completa da família dos métodos de Runge-Kutta referimos [But87], [Lam91] e [QSS07, Capítulo 11].

Para a dedução e análise dos métodos multipasso, ver [Arn73] e [Lam91].

7.11 Exercícios

Exercício 7.1 Aplicar os métodos de Euler regressivo e progressivo à resolução do problema de Cauchy

$$y' = \sin(t) + y,\ t \in (0,1],\ \text{com } y(0) = 0, \qquad (7.72)$$

e verificar que ambos convergem com ordem 1.

Exercício 7.2 Considerar o problema de Cauchy

$$y' = -te^{-y},\ t \in (0,1],\ \text{com } y(0) = 0. \qquad (7.73)$$

Aplicar o método de Euler progressivo com $h = 1/100$ e estimar o número de algarismos significativos exactos da solução aproximada em $t = 1$ (usar o facto de que o valor da solução exacta está compreendido entre -1 e 0).

Exercício 7.3 O método de Euler regressivo aplicado ao problema (7.73) precisa em cada passo da resolução da equação não linear: $u_{n+1} = u_n - ht_{n+1}e^{-u_{n+1}} = \phi(u_{n+1})$. A solução u_{n+1} pode ser obtida com a seguinte iteração de ponto fixo: para $k = 0, 1, \ldots$, calcular $u_{n+1}^{(k+1)} = \phi(u_{n+1}^{(k)})$, com $u_{n+1}^{(0)} = u_n$. Determinar a condição a impor sobre h para que estas iterações convirjam.

Exercício 7.4 Repetir o Exercício 7.1 para o método de Crank-Nicolson.

Exercício 7.5 Verificar que o método de Crank-Nicolson pode ser obtido a partir da forma integral do problema de Cauchy (7.5)

$$y(t) - y_0 = \int_{t_0}^{t} f(\tau, y(\tau))d\tau$$

desde que o integral seja aproximado pela fórmula do trapézio (4.19).

Exercício 7.6 Resolver o problema modelo (7.28) com $\lambda = -1 + i$ pelo método de Euler progressivo e determinar os valores de h para os quais se tem estabilidade absoluta.

Exercício 7.7 Mostrar que o método de Heun definido por (7.52) é consistente. Escrever um programa em MATLAB para o implementar com vista à resolução do problema de Cauchy (7.72) e verificar experimentalmente que a convergência é de ordem 2 em h.

Exercício 7.8 Mostrar que o método de Heun (7.52) é absolutamente estável se $-2 \leq h\lambda \leq 0$ em que λ é um real negativo.

Exercício 7.9 Mostrar a fórmula (7.33).

Exercício 7.10 Mostrar a desigualdade (7.38).

Exercício 7.11 Mostrar a desigualdade (7.39).

Exercício 7.12 Verificar a consistência do método (7.46). Implementá-lo num programa de MATLAB para a resolução do problema de Cauchy (7.72) e verificar experimentalmente que o método é de ordem 3 em h. Os métodos (7.52) e (7.46) estão na base do programa ode23 de MATLAB para a resolução de equações diferenciais ordinárias.

Exercício 7.13 Mostrar que o método (7.46) é absolutamente estável se $-2.5 \leq h\lambda \leq 0$ em que λ é um real negativo.

Exercício 7.14 O *método de Euler modificado* é definido por:

$$u_{n+1}^* = u_n + hf(t_n, u_n), \ u_{n+1} = u_n + hf(t_{n+1}, u_{n+1}^*). \qquad (7.74)$$

Determinar a condição sobre h para que este método seja absolutamente estável.

Exercício 7.15 (Termodinâmica) Resolver a equação (7.1) pelos métodos de Crank-Nicolson e de Heun quando o corpo em questão é um cubo de lado 1 m e massa 1 Kg. Supor que $T_0 = 180K$, $T_e = 200K$, $\gamma = 0.5$ e $C = 100J/(Kg/K)$. Comparar os resultados obtidos usando $h = 20$ e $h = 10$, para t a variar entre 0 e 200 segundos.

Exercício 7.16 Usar MATLAB para calcular a região de estabilidade absoluta do método de Heun.

Exercício 7.17 Resolver o problema de Cauchy (7.16) pelo método de Heun e verificar a sua ordem.

Exercício 7.18 O deslocamento $x(t)$ de um sistema oscilante composto por um corpo de peso dado e por uma mola, submetido a uma força de resistência proporcional à velocidade, é descrito pela equação diferencial de segunda ordem $x'' + 5x' + 6x = 0$. Resolvê-la pelo método de Heun supondo que $x(0) = 1$ e $x'(0) = 0$, para $t \in [0, 5]$.

Exercício 7.19 O movimento de um pêndulo de Foucault sem fricção é descrito pelo sistema de duas equações

$$x'' - 2\omega \sin(\Psi)y' + k^2 x = 0, \ y'' + 2\omega \cos(\Psi)x' + k^2 y = 0,$$

onde Ψ é a latitude do lugar onde se situa o pêndulo, $\omega = 7.29 \cdot 10^{-5} \ \text{sec}^{-1}$ é a velocidade angular da Terra, $k = \sqrt{g/l}$ com $g = 9.8 \ \text{m/sec}^2$ e l é o comprimento do pêndulo. Aplicar o método de Euler progressivo para calcular $x = x(t)$ e $y = y(t)$ com t a variar entre 0 e 300 segundos e $\Psi = \pi/4$.

Exercício 7.20 (Trajectória de uma bola de basebol) Usar ode23 para resolver o Problema 7.3, supondo que a velocidade inicial da bola é $\mathbf{v}(0) = v_0[\cos(\theta), 0, \sin(\theta)]^T$, com $v_0 = 38$ m/s, $\theta = 1$ grau e uma velocidade angular igual a $180 \cdot 1.047198$ radianos por segundo. Se $\mathbf{x}(0) = \mathbf{0}$, depois de quantos segundos (aproximadamente) é que a bola irá tocar o solo (isto é, $z = 0$)?

Métodos numéricos para problemas de valores iniciais e na fronteira

Os problemas de valores na fronteira são problemas diferenciais definidos num intervalo (a, b) da recta real ou num aberto multidimensional $\Omega \subset \mathbb{R}^d$ $(d = 2, 3)$ para os quais os valores da incógnita (ou das suas derivadas) são fixados nos extremos a e b do intervalo, ou na fronteira $\partial\Omega$ do aberto multidimensional.

No caso multidimensional a equação diferencial envolve *derivadas parciais* da solução exacta em relação às coordenadas espaciais. As equações que dependem do tempo (designado por t), como a equação do calor ou a equação das ondas, chamam-se problemas de valores iniciais e na fronteira. Para estas equações é necessário prescrever também as condições iniciais em $t = 0$.

Apresentam-se em seguida alguns exemplos de problemas de valores na fronteira.

1. *Equação de Poisson*:

$$-u''(x) = f(x),\ x \in (a, b), \tag{8.1}$$

ou (em várias dimensões)

$$-\Delta u(\mathbf{x}) = f(\mathbf{x}),\ \mathbf{x} = (x_1, \ldots, x_d)^T \in \Omega, \tag{8.2}$$

onde f é uma função dada e Δ é o chamado *operador de Laplace*:

$$\Delta u = \sum_{i=1}^{d} \frac{\partial^2 u}{\partial x_i^2}.$$

O símbolo $\partial \cdot / \partial x_i$ designa a derivada parcial em relação à variável x_i, isto é, para todo o ponto $\mathbf{x}^0$

$$\frac{\partial u}{\partial x_i}(\mathbf{x}^0) = \lim_{h \to 0} \frac{u(\mathbf{x}^0 + h\mathbf{e}_i) - u(\mathbf{x}^0)}{h}, \tag{8.3}$$

onde $\mathbf{e}_i$ é o i-ésimo vector da base canónica de $\mathbb{R}^d$.

2. *Equação do calor*:

$$\frac{\partial u(x,t)}{\partial t} - \mu \frac{\partial^2 u(x,t)}{\partial x^2} = f(x,t), \; x \in (a,b), \; t > 0, \qquad (8.4)$$

ou (em várias dimensões)

$$\frac{\partial u(\mathbf{x},t)}{\partial t} - \mu \Delta u(\mathbf{x},t) = f(\mathbf{x},t), \; \mathbf{x} \in \Omega, \; t > 0, \qquad (8.5)$$

onde $\mu > 0$ é um coeficiente dado, correspondente à condutividade térmica, e f é uma função dada.

3. *Equação das ondas*:

$$\frac{\partial^2 u(x,t)}{\partial t^2} - c\frac{\partial^2 u(x,t)}{\partial x^2} = 0, \; x \in (a,b), \; t > 0,$$

ou (em várias dimensões)

$$\frac{\partial^2 u(\mathbf{x},t)}{\partial t^2} - c\Delta u(\mathbf{x},t) = 0, \; \mathbf{x} \in \Omega, \; t > 0,$$

onde c é uma constante positiva dada.

Para equações com derivadas parciais mais gerais, indica-se ao leitor por exemplo [QV94], [EEHJ96] ou [Lan03].

Problema 8.1 (Hidrogeologia) O estudo da filtração em águas subterrâneas pode conduzir, em alguns casos, a uma equação da forma (8.2). Consideremos uma região Ω ocupada por um meio poroso (como terra ou argila). De acordo com a lei de Darcy, a velocidade de filtração da água $\mathbf{q} = [q_1, q_2, q_3]^T$ é proporcional ao gradiente do nível da água ϕ no meio, concretamente

$$\mathbf{q} = -K\nabla\phi, \qquad (8.6)$$

onde K é a constante de condutividade hidráulica do meio poroso e $\nabla\phi$ é o gradiente espacial de ϕ. Supondo que a densidade do fluido é constante, o princípio de conservação da massa escreve-se $\mathrm{div}\,\mathbf{q} = 0$, onde $\mathrm{div}\,\mathbf{q}$ é a *divergência* do vector $\mathbf{q}$ definida por

$$\mathrm{div}\,\mathbf{q} = \sum_{i=1}^{3} \frac{\partial q_i}{\partial x_i}.$$

Assim, graças a (8.6) vê-se que ϕ satisfaz o problema de Poisson $\Delta\phi = 0$ (ver Exercício 8.9). ∎

Problema 8.2 (Termodinâmica) Seja $\Omega \subset \mathbb{R}^d$ uma região ocupada por um fluido. Designemos por $\mathbf{J}(\mathbf{x}, t)$ e $T(\mathbf{x}, t)$ o fluxo de calor e a temperatura, respectivamente. A lei de Fourier estabelece que o fluxo de calor é proporcional à variação da temperatura T, isto é

$$\mathbf{J}(\mathbf{x}, t) = -k\nabla T(\mathbf{x}, t),$$

onde k é uma constante positiva que corresponde ao coeficiente de condutividade térmica. Impondo a conservação da energia, isto é, que a variação de energia de uma região é igual ao fluxo de calor que entra nesta região, obtém-se a equação do calor

$$\rho c \frac{\partial T}{\partial t} = k\Delta T, \tag{8.7}$$

onde ρ é a densidade de massa do fluido e c a sua capacidade calorífica específica (por unidade de massa). Se, além disso, se produzir calor à velocidade $f(\mathbf{x}, t)$ por outros meios (por exemplo, um aquecimento eléctrico), (8.7) escreve-se

$$\rho c \frac{\partial T}{\partial t} = k\Delta T + f. \tag{8.8}$$

Para a resolução deste problema ver o Exemplo 8.4.   ■

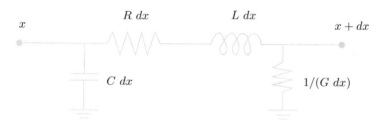

Figura 8.1. Um elemento de cabo de comprimento dx

Problema 8.3 (Telecomunicações) Consideremos um cabo telegráfico de resistência R e indutância L por unidade de comprimento. Supondo que a corrente se pode ligar à terra através de uma capacitância C e de uma condutância G por unidade de comprimento (ver Figura 8.1), a equação para a tensão eléctrica v é dada por

$$\frac{\partial^2 v}{\partial t^2} - c^2 \frac{\partial^2 v}{\partial x^2} = -\alpha \frac{\partial v}{\partial t} - \beta v, \tag{8.9}$$

onde $c^2 = 1/(LC)$, $\alpha = R/L + G/C$ e $\beta = RG/(LC)$. A equação (8.9) é um exemplo de equação hiperbólica de segunda ordem. A solução deste problema é dada no Exemplo 8.7.   ■

8.1 Aproximação de problemas de valores na fronteira

As equações diferenciais apresentadas até agora admitem uma infinidade de soluções. Para ter unicidade é necessário impor condições adequadas na fronteira $\partial\Omega$ de Ω e, para as equações dependentes do tempo, condições iniciais para $t = 0$.

Nesta secção consideramos as equações de Poisson (8.1) ou (8.2). No caso unidimensional (8.1), uma possibilidade para determinar de maneira única a solução consiste em impor o valor de u em $x = a$ e $x = b$, obtendo

$$
\begin{aligned}
&-u''(x) = f(x) \text{ para } x \in (a,b), \\
&u(a) = \alpha, \qquad u(b) = \beta
\end{aligned}
\tag{8.10}
$$

onde α e β são dois números reais dados. Trata-se de um *problema de valores na fronteira de Dirichlet*, e é precisamente o problema que abordaremos na secção seguinte. Integrando duas vezes é fácil ver que se $f \in C^0([a,b])$, a solução u existe e é única; além disso pertence a $C^2([a,b])$.

Apesar de (8.10) ser uma equação diferencial ordinária, não se pode formular como um problema de Cauchy, uma vez que o valor de u está fixado em dois pontos diferentes.

No caso bidimensional, o problema de valores na fronteira de Dirichlet escreve-se na seguinte forma: dadas duas funções $f = f(\mathbf{x})$ e $g = g(\mathbf{x})$, determinar uma função $u = u(\mathbf{x})$ tal que

$$
\begin{aligned}
&-\Delta u(\mathbf{x}) = f(\mathbf{x}) \qquad \text{para } \mathbf{x} \in \Omega, \\
&u(\mathbf{x}) = g(\mathbf{x}) \qquad \text{para } \mathbf{x} \in \partial\Omega
\end{aligned}
\tag{8.11}
$$

Uma alternativa à condição na fronteira (8.11), consiste em fixar um valor para a derivada parcial de u em relação à direcção normal à fronteira $\partial\Omega$, e neste caso obtém-se um *problema de valores na fronteira de Neumann*.

Pode-se mostrar que se f e g forem duas funções contínuas e a região Ω for suficientemente regular, então o problema de valores na fronteira de Dirichlet (8.11) tem uma única solução (enquanto que a solução do problema de valores na fronteira de Neumann é única a menos de uma constante aditiva).

Os métodos numéricos que se utilizam para a sua resolução e para a aproximação de problemas de valores na fronteira unidimensionais, baseiam-se nos mesmos princípios. É por esta razão que nas Secções 8.1.1 e 8.1.2 nos iremos concentrar na resolução numérica do problema (8.10).

Para isso introduzimos em $[a, b]$ uma partição em intervalos $I_j = [x_j, x_{j+1}]$ para $j = 0, \ldots, N$ com $x_0 = a$ e $x_{N+1} = b$. Para simplificar supomos que todos os intervalos têm o mesmo comprimento h.

8.1.1 Aproximação por diferenças finitas

A equação diferencial deve ser satisfeita em particular em todos os pontos x_j (a que chamaremos *nós* a partir de agora) interiores a (a, b), isto é

$$-u''(x_j) = f(x_j), \qquad j = 1, \ldots, N.$$

Podemos aproximar este conjunto de N equações substituindo a segunda derivada por uma fórmula de diferenças finitas, como fizémos no Capítulo 4 para as primeiras derivadas. Em particular, observamos que se $u : [a, b] \to \mathbb{R}$ for uma função suficientemente regular numa vizinhança de um ponto $\bar{x} \in (a, b)$, a expressão

$$\delta^2 u(\bar{x}) = \frac{u(\bar{x} + h) - 2u(\bar{x}) + u(\bar{x} - h)}{h^2} \tag{8.12}$$

é uma aproximação de $u''(\bar{x})$ de ordem 2 em relação a h (ver Exercício 8.3). Isto sugere a seguinte aproximação para o problema (8.10): determinar $\{u_j\}_{j=1}^{N}$ tal que

$$\boxed{-\frac{u_{j+1} - 2u_j + u_{j-1}}{h^2} = f(x_j), \qquad j = 1, \ldots, N} \tag{8.13}$$

com $u_0 = \alpha$ e $u_{N+1} = \beta$. As equações (8.13) formam um sistema linear

$$A\mathbf{u}_h = h^2 \mathbf{f}, \tag{8.14}$$

onde $\mathbf{u}_h = [u_1, \ldots, u_N]^T$ é o vector das incógnitas, $\mathbf{f} = [f(x_1) + \alpha/h^2, f(x_2), \ldots, f(x_{N-1}), f(x_N) + \beta/h^2]^T$, e A é a matriz tridiagonal

$$A = \text{tridiag}(-1, 2, -1) = \begin{bmatrix} 2 & -1 & 0 & \ldots & 0 \\ -1 & 2 & \ddots & & \vdots \\ 0 & \ddots & \ddots & -1 & 0 \\ \vdots & & -1 & 2 & -1 \\ 0 & \ldots & 0 & -1 & 2 \end{bmatrix}. \tag{8.15}$$

Este sistema admite uma única solução já que A é uma matriz simétrica e definida positiva (ver Exercício 8.1). Além disso pode-se resolver com o algoritmo de Thomas introduzido na Secção 5.4. Note-se contudo que, para pequenos valores de h (e portanto, para grandes valores de N), A é mal condicionada. Com efeito, $K(A) = \lambda_{max}(A)/\lambda_{min}(A) = Ch^{-2}$, em que C é uma constante independente de h (ver Exercício 8.2). Por conseguinte, a resolução numérica do sistema (8.14), por métodos directos ou iterativos, exige algumas precauções. Em particular, quando se usarem métodos iterativos, deverão utilizar-se precondicionadores adequados.

É possível mostrar (ver, por exemplo, [QSS07, Capítulo 12]) que se $f \in C^2([a,b])$ então

$$
\max_{j=0,...,N+1} |u(x_j) - u_j| \leq \frac{h^2}{96} \max_{x \in [a,b]} |f''(x)| \tag{8.16}
$$

ou seja, o método das diferenças finitas (8.13) é convergente com ordem dois em relação a h.

No Programa 8.1 resolve-se o problema de valores na fronteira

$$
\begin{cases}
-u''(x) + \delta u'(x) + \gamma u(x) = f(x) \text{ for } x \in (a,b), \\
u(a) = \alpha, \qquad\qquad\qquad u(b) = \beta,
\end{cases} \tag{8.17}
$$

que é uma generalização de (8.10). Para este problema, o método das diferenças finitas, que generaliza (8.13), escreve-se:

$$
\begin{cases}
-\dfrac{u_{j+1} - 2u_j + u_{j-1}}{h^2} + \delta \dfrac{u_{j+1} - u_{j-1}}{2h} + \gamma u_j = f(x_j), \ j = 1, \ldots, N, \\
u_0 = \alpha, \qquad\qquad\qquad\qquad\qquad\qquad u_{N+1} = \beta.
\end{cases}
$$

Os parâmetros de entrada do Programa 8.1 são os extremos a e b do intervalo, o número N de nós interiores, os coeficientes constantes δ e γ e a *função* bvpfun que define a função f. Finalmente, ua e ub representam os valores da solução em x=a e x=b, respectivamente. Os parâmetros de saída são o vector dos nós x e a solução calculada uh. Notar que as soluções podem ser afectadas por oscilações parasitas se $h \geq 2/|\delta|$ (ver Exercício 8.6).

Programa 8.1. bvp: aproximação de um problema de valores na fronteira unidimensional pelo método das diferenças finitas

```
function [x,uh]=bvp(a,b,N,delta,gamma,bvpfun,ua,ub,...
                    varargin)
%BVP Resolve problemas de valores na fronteira 1D.
%  [X,UH]=BVP(A,B,N,DELTA,GAMMA,BVPFUN,UA,UB) resolve
%  com o método das diferenças finitas centradas o
%  problema de valores na fronteira
%      -D(DU/DX)/DX+DELTA*DU/DX+GAMMA*U=BVPFUN
%  no intervalo (A,B) com as condições na fronteira
%  U(A)=UA e U(B)=UB. BVPFUN pode ser uma função
%  inline.
h = (b-a)/(N+1);
z = linspace(a,b,N+2);
e = ones(N,1);
h2 = 0.5*h*delta;
```

```
A = spdiags([-e-h2  2*e+gamma*h^2  -e+h2],-1:1,N,N);
x = z(2:end-1);
f = h^2*feval(bvpfun,x,varargin{:});
f=f';    f(1) = f(1) + ua;    f(end) = f(end) + ub;
uh = A\f;
uh=[ua; uh; ub];
x = z;
```

8.1.2 Aproximação por elementos finitos

O *método dos elementos finitos* é uma alternativa ao método das diferenças finitas e baseia-se numa reformulação conveniente do problema diferencial.

Consideremos de novo (8.10) e multipliquemos ambos os membros da equação diferencial por uma função $v \in C^1([a,b])$. Integrando a igualdade obtida no intervalo (a,b) e efectuando uma integração por partes, obtém-se

$$\int_a^b u'(x)v'(x)\ dx - [u'(x)v(x)]_a^b = \int_a^b f(x)v(x)\ dx.$$

Fazendo a hipótese adicional de que v se anula nos extremos $x = a$ e $x = b$, o problema (8.10) converte-se em: determinar $u \in C^1([a,b])$ tal que $u(a) = \alpha$, $u(b) = \beta$ e

$$\int_a^b u'(x)v'(x)\ dx = \int_a^b f(x)v(x)\ dx \qquad (8.18)$$

para todo $v \in C^1([a,b])$ tal que $v(a) = v(b) = 0$. Esta equação chama-se *formulação fraca* do problema (8.10). (Com efeito, u e a função teste v podem ser menos regulares do que $C^1([a,b])$, ver, por exemplo [QSS07], [QV94].)

A sua aproximação por elementos finitos é então dada por:

determinar $u_h \in V_h$ tal que $u_h(a) = \alpha, u_h(b) = \beta$ e

$$\sum_{j=0}^N \int_{x_j}^{x_{j+1}} u'_h(x)v'_h(x)\ dx = \int_a^b f(x)v_h(x)\ dx, \qquad \forall v_h \in V_h^0 \qquad (8.19)$$

onde

$$V_h = \left\{ v_h \in C^0([a,b]) :\ v_{h|I_j} \in \mathbb{P}_1, j = 0, \ldots, N \right\},$$

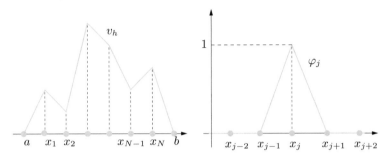

Figura 8.2. À esquerda, uma função genérica $v_h \in V_h^0$. À direita, a função de base de V_h^0 associada ao k-ésimo nó

isto é, V_h é o espaço das funções contínuas em (a,b) cujas restrições a cada subintervalo I_j são polinómios lineares. Além disso, V_h^0 é o subespaço de V_h cujas funções se anulam nos extremos a e b. V_h chama-se espaço de elementos finitos de grau 1.

As funções de V_h^0 são seccionalmente lineares (ver Figura 8.2, à esquerda). Em particular, toda a função v_h de V_h^0 admite a representação

$$v_h(x) = \sum_{j=1}^{N} v_h(x_j)\varphi_j(x),$$

onde para $j = 1, \ldots, N$,

$$\varphi_j(x) = \begin{cases} \dfrac{x - x_{j-1}}{x_j - x_{j-1}} & \text{if } x \in I_{j-1}, \\ \dfrac{x - x_{j+1}}{x_j - x_{j+1}} & \text{if } x \in I_j, \\ 0 & \text{no caso contrário.} \end{cases}$$

Assim, φ_j é nula em todos os nós x_i excepto em x_j onde $\varphi_j(x_j) = 1$ (ver Figura 8.2, à direita). As funções φ_j, $j = 1, \ldots, N$ chamam-se *funções de forma* e constituem uma base do espaço vectorial V_h^0.

Por conseguinte, bastará verificar (8.19) apenas para as funções de forma φ_j, $j = 1, \ldots, N$. Usando o facto de que φ_j se anula fora dos intervalos I_{j-1} e I_j, de (8.19) tem-se

$$\int_{I_{j-1} \cup I_j} u_h'(x)\varphi_j'(x)\, dx = \int_{I_{j-1} \cup I_j} f(x)\varphi_j(x)\, dx, \quad j = 1, \ldots, N. \tag{8.20}$$

Por outro lado, podemos escrever $u_h(x) = \sum_{j=1}^{N} u_j\varphi_j(x) + \alpha\varphi_0(x) + \beta\varphi_{N+1}(x)$, onde $u_j = u_h(x_j)$, $\varphi_0(x) = (a+h-x)/h$ para $a \le x \le a+h$, e $\varphi_{N+1}(x) = (x-b+h)/h$ para $b-h \le x \le b$ (as funções $\varphi_0(x)$ e

$\varphi_{N+1}(x)$ são nulas fora destes intervalos). Substituindo estas expressões em (8.20), obtém-se para $j = 1, \ldots, N$

$$u_{j-1} \int_{I_{j-1}} \varphi'_{j-1}(x)\varphi'_j(x) \, dx + u_j \int_{I_{j-1} \cup I_j} \varphi'_j(x)\varphi'_j(x) \, dx$$

$$+u_{j+1} \int_{I_j} \varphi'_{j+1}(x)\varphi'_j(x) \, dx = \int_{I_{j-1} \cup I_j} f(x)\varphi_j(x) \, dx + B_{1,j} + B_{N,j},$$

onde

$$B_{1,j} = \begin{cases} -\alpha \displaystyle\int_{I_0} \varphi'_0(x)\varphi'_1(x) \, dx = -\dfrac{\alpha}{x_1 - a} & \text{se } j = 1, \\ 0 & \text{no caso contrário,} \end{cases}$$

e

$$B_{N,j} = \begin{cases} -\beta \displaystyle\int_{I_N} \varphi'_{N+1}(x)\varphi'_j(x) \, dx = -\dfrac{\beta}{b - x_N} & \text{se } j = N, \\ 0 & \text{no caso contrário.} \end{cases}$$

No caso particular em que todos os intervalos têm o mesmo comprimento h, verifica-se $\varphi'_{j-1} = -1/h$ em I_{j-1}, $\varphi'_j = 1/h$ em I_{j-1} e $\varphi'_j = -1/h$ em I_j, $\varphi'_{j+1} = 1/h$ em I_j. Por conseguinte, obtém-se para $j = 1, \ldots, N$,

$$-u_{j-1} + 2u_j - u_{j+1} = h \int_{I_{j-1} \cup I_j} f(x)\varphi_j(x) \, dx + B_{1,j} + B_{N,j}.$$

A matriz deste sistema linear coincide com a do método das diferenças finitas (8.14), mas o segundo membro é diferente (assim como a solução, apesar de se usar a mesma notação). As soluções por diferenças finitas e por elementos finitos têm contudo a mesma precisão em h quando se calcula o máximo dos erros nodais.

Pode-se naturalmente estender o método dos elementos finitos a problemas do tipo (8.17) (também no caso em que δ e γ dependem de x). Uma outra generalização consiste em utilizar polinómios que são seccionalmente de grau superior a 1, permitindo alcançar ordens de convergência mais elevadas. Nesses casos, a matriz dos elementos finitos já não coincide com a das diferenças finitas, e a ordem de convergência poderá ser maior do que com os polinómios seccionalmente lineares.

Ver os Exercícios 8.1-8.8.

8.1.3 Aproximação por diferenças finitas de problemas bidimensionais

Consideremos uma equação com derivadas parciais, por exemplo a equação (8.2), numa região bidimensional Ω.

O método das diferenças finitas consiste em aproximar as derivadas parciais presentes na EDP por razões incrementais calculadas numa malha constituída por um número finito de nós. Então, a solução u da EDP será aproximada apenas nestes nós.

Por conseguinte, o primeiro passo consiste em introduzir uma malha computacional. Suponhamos para simplificar que Ω é o rectângulo $(a, b) \times (c, d)$. Introduzamos uma partição $[a, b]$ em subintervalos (x_k, x_{k+1}) para $k = 0, \ldots, N_x$, com $x_0 = a$ e $x_{N_x+1} = b$. Designemos por $\Delta_x = \{x_0, \ldots, x_{N_x+1}\}$ o conjunto dos extremos desses intervalos e por $h_x = \max\limits_{k=0,\ldots,N_x} (x_{k+1} - x_k)$ o seu comprimento máximo.

De modo análogo, introduz-se uma discretização do eixo dos y, $\Delta_y = \{y_0, \ldots, y_{N_y+1}\}$ com $y_0 = c$ e $y_{N_y+1} = d$. O produto cartesiano $\Delta_h = \Delta_x \times \Delta_y$ define a malha computacional sobre Ω (ver Figura 8.3), e $h = \max\{h_x, h_y\}$ é o passo de discretização. Procuram-se valores $u_{i,j}$ que aproximam $u(x_i, y_j)$. Para simplificar iremos supor que os nós estão uniformemente espaçados, isto é, $x_i = x_0 + ih_x$ para $i = 0, \ldots, N_x + 1$ e $y_j = y_0 + jh_y$ para $j = 0, \ldots, N_y + 1$.

As derivadas parciais de segunda ordem de uma função podem ser aproximadas por razões incrementais convenientes, como se fez para as derivadas ordinárias. No caso de uma função de duas variáveis, definem-se as seguintes razões incrementais:

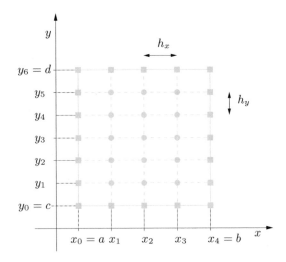

Figura 8.3. Malha computacional Δ_h com apenas 15 nós interiores num domínio rectangular

$$\delta_x^2 u_{i,j} = \frac{u_{i-1,j} - 2u_{i,j} + u_{i+1,j}}{h_x^2},$$
$$\delta_y^2 u_{i,j} = \frac{u_{i,j-1} - 2u_{i,j} + u_{i,j+1}}{h_y^2}. \tag{8.21}$$

Estes quocientes têm precisão de segunda ordem em relação a h_x e h_y, respectivamente, para a aproximação de $\partial^2 u/\partial x^2$ e $\partial^2 u/\partial y^2$ no nó (x_i, y_j). Substituindo as segundas derivadas de u pelas fórmulas (8.21), e impondo que a EDP seja satisfeita em todos os nós interiores de Δ_h, obtém-se o seguinte conjunto de equações:

$$-(\delta_x^2 u_{i,j} + \delta_y^2 u_{i,j}) = f_{i,j}, \quad i = 1, \ldots, N_x, \ j = 1, \ldots, N_y. \tag{8.22}$$

Fizémos $f_{i,j} = f(x_i, y_j)$. Devemos também acrescentar os dados de Dirichlet na fronteira, que são

$$u_{i,j} = g_{i,j} \ \forall i, j \text{ tais que } (x_i, y_j) \in \partial \Delta_h, \tag{8.23}$$

onde $\partial \Delta_h$ indica o conjunto dos nós situados na fronteira $\partial \Omega$ de Ω. Estes nós estão representados por pequenos quadrados na Figura 8.3. Fazendo a hipótese adicional de que a malha computacional é uniforme segundo os dois eixos, isto é, $h_x = h_y = h$, (8.22) escreve-se

$$-\frac{1}{h^2}(u_{i-1,j} + u_{i,j-1} - 4u_{i,j} + u_{i,j+1} + u_{i+1,j}) = f_{i,j},$$
$$i = 1, \ldots, N_x, \ j = 1, \ldots, N_y \tag{8.24}$$

O sistema de equações (8.24) (ou (8.22)) e (8.23) permite calcular os valores nodais $u_{i,j}$ em todos os nós de Δ_h. Para cada par de índices i e j, a equação (8.24) envolve cinco incógnitas nodais, como se vê na Figura 8.4. Por essa razão este esquema de diferenças finitas designa-se por *esquema de cinco pontos* para o operador de Laplace. As incógnitas associadas aos nós da fronteira podem ser eliminadas usando (8.23) (ou (8.22)), e por isso (8.24) envolve apenas $N = N_x N_y$ incógnitas.

O sistema resultante pode ser escrito numa forma mais interessante se se adoptar a ordem *lexicográfica* para numerar os nós (e as incógnitas correspondentes) que consiste em numerar da esquerda para a direita e de cima para baixo. Obtém-se um sistema da forma (8.14), com a seguinte matriz $A \in \mathbb{R}^{N \times N}$ tridiagonal por blocos

$$A = \text{tridiag}(D, T, D). \tag{8.25}$$

Esta matriz tem N_y linhas e N_y colunas, e cada termo (designado por uma letra maiúscula) é uma matriz $N_x \times N_x$. Em particular, $D \in \mathbb{R}^{N_x \times N_x}$ é uma matriz diagonal de coeficientes $-1/h_y^2$, e $T \in \mathbb{R}^{N_x \times N_x}$ é uma matriz tridiagonal e simétrica

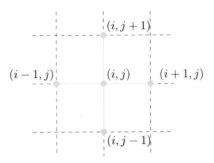

Figura 8.4. Ilustração do esquema de cinco pontos para o operador de Laplace

$$T = \text{tridiag}(-\frac{1}{h_x^2}, \frac{2}{h_x^2} + \frac{2}{h_y^2}, -\frac{1}{h_x^2}).$$

A matriz A é simétrica uma vez que todos os seus blocos diagonais são simétricos. É também definida positiva, isto é $\mathbf{v}^T A\mathbf{v} > 0 \ \forall \mathbf{v} \in \mathbb{R}^N$, $\mathbf{v} \neq \mathbf{0}$. Com efeito, decompondo $\mathbf{v}$ em N_y vectores $\mathbf{v}_i$ de comprimento N_x, obtém-se

$$\mathbf{v}^T A\mathbf{v} = \sum_{k=1}^{N_y} \mathbf{v}_k^T T\mathbf{v}_k - \frac{2}{h_y^2} \sum_{k=1}^{N_y-1} \mathbf{v}_k^T \mathbf{v}_{k+1}. \tag{8.26}$$

Podemos escrever $T = 2/h_y^2 I + 1/h_x^2 K$ onde K é a matriz (simétrica e definida positiva) dada por (8.15). Assim, (8.26) escreve-se

$$(\mathbf{v}_1^T K\mathbf{v}_1 + \mathbf{v}_2^T K\mathbf{v}_2 + \ldots + \mathbf{v}_{N_y}^T K\mathbf{v}_{N_y})/h_x^2$$

que é um número real estritamente positivo, uma vez que K é definida positiva e pelo menos um vector $\mathbf{v}_i$ é não nulo.

Tendo mostrado que a matriz A é não singular podemos concluir que o sistema de diferenças finitas obtido admite uma solução única $\mathbf{u}_h$.

A matriz A é *esparsa*; por isso, ela será armazenada no formato **sparse** de MATLAB (ver Secção 5.4). Na Figura 8.5 (obtida com o comando **spy(A)**) representa-se a estrutura da matriz correspondente a uma malha uniforme de 11×11 nós, depois de se terem eliminado as linhas e as colunas associadas aos nós de $\partial\Delta_h$. Note-se que os únicos elementos não nulos se situam em cinco diagonais.

Dado que a matriz A é simétrica e definida positiva, o sistema associado pode-se resolver eficazmente por métodos directos ou iterativos, como se viu no Capítulo 5. Finalmente, observe-se que, tal como no caso unidimensional, a matriz A é mal condicionada: o seu número de condição cresce como h^{-2} quando h tende para zero, onde $h = \max(h_x, h_y)$.

No Programa 8.2 constrói-se e resolve-se o sistema (8.22)-(8.23) (com o comando \, ver Secção 5.6). Os parâmetros de entrada **a**, **b**, **c** e **d**

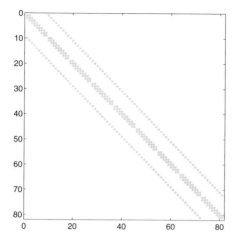

Figura 8.5. Estrutura da matriz associada ao esquema de cinco pontos, usando a ordem lexicográfica para as incógnitas

designam os cantos do domínio rectangular $\Omega = (a,c) \times (b,d)$, nx e ny são os valores de N_x e N_y (admite-se o caso $N_x \neq N_y$). Finalmente, as duas cadeias de caracteres fun e bound representam o segundo membro $f = f(x,y)$ (também chamado de termo fonte) e a condição na fronteira $g = g(x,y)$. A saída é uma tabela bidimensional u cuja componente i,j é o valor nodal $u_{i,j}$. Pode-se visualizar a solução numérica com o comando mesh(x,y,u). A cadeia (opcional) uex representa a solução exacta do problema original quando a solução existir. Nesses casos (de interesse teórico) o parâmetro de saída error contém o erro relativo nos nós entre a solução exacta e a solução numérica, calculado do seguinte modo:

$$\text{error} = \max_{i,j}|u(x_i,y_j) - u_{i,j}|/\max_{i,j}|u(x_i,y_j)|.$$

Programa 8.2. poissonfd: aproximação do problema de Poisson com dados de Dirichlet pelo método das diferenças finitas com cinco pontos

```
function [u,x,y,error]=poissonfd(a,c,b,d,nx,ny,fun,...
                        bound,uex,varargin)
%POISSONFD resolve o problema de Poisson bidimensional
%   [U,X,Y]=POISSONFD(A,C,B,D,NX,NY,FUN,BOUND) resolve
%   pelo esquema de diferenças finitas de cinco pontos,
%   o problema -LAPL(U) = FUN no rectângulo (A,C)X(B,D)
%   com condições na fronteira de Dirichlet U(X,Y)=
%   BOUND(X,Y) para qualquer (X,Y) na fronteira do
%   rectângulo.
%
%   [U,X,Y,ERROR]=POISSONFD(A,C,B,D,NX,NY,FUN,BOUND,UEX)
%   calcula também o máximo do erro nodal, ERROR, em
%   relação à solução exacta UEX. FUN, BOUND e UEX
%   podem ser funções inline.
if nargin == 8
```

```
        uex = inline('0','x','y');
end
nx=nx+1;    ny=ny+1;    hx=(b-a)/nx;  hy=(d-c)/ny;
nx1=nx+1;   hx2=hx^2;  hy2=hy^2;
kii=2/hx2+2/hy2;          kix=-1/hx2;   kiy=-1/hy2;
dim=(nx+1)*(ny+1);        K=speye(dim,dim);
rhs=zeros(dim,1);
y = c;
for m = 2:ny
    x = a; y = y + hy;
    for n = 2:nx
        i = n+(m-1)*(nx+1);
        x = x + hx;
        rhs(i) = feval(fun,x,y,varargin{:});
        K(i,i) = kii;              K(i,i-1) = kix;
        K(i,i+1) = kix;            K(i,i+nx1) = kiy;
        K(i,i-nx1) = kiy;
    end
end
rhs1 = zeros(dim,1);
x = [a:hx:b];
rhs1(1:nx1) = feval(bound,x,c,varargin{:});
rhs1(dim-nx:dim) = feval(bound,x,d,varargin{:});
y = [c:hy:d];
rhs1(1:nx1:dim-nx) = feval(bound,a,y,varargin{:});
rhs1(nx1:nx1:dim) = feval(bound,b,y,varargin{:});
rhs = rhs - K*rhs1;
nbound = [[1:nx1],[dim-nx:dim],...
          [1:nx1:dim-nx],[nx1:nx1:dim]];
ninternal = setdiff([1:dim],nbound);
K = K(ninternal,ninternal);
rhs = rhs(ninternal);
utemp = K\rhs;
uh = rhs1;
uh(ninternal) = utemp;
k = 1; y = c;
for j = 1:ny+1
    x = a;
    for i = 1:nx1
        u(i,j) = uh(k);
        k = k + 1;
        ue(i,j) = feval(uex,x,y,varargin{:});
        x = x + hx;
    end
    y = y + hy;
end
x = [a:hx:b];
y = [c:hy:d];
if nargout == 4
  if nargin == 8
     warning('Solução exacta não disponível');
     error = [ ];
  else
     error = max(max(abs(u-ue)))/max(max(abs(ue)));
  end
end
return
```

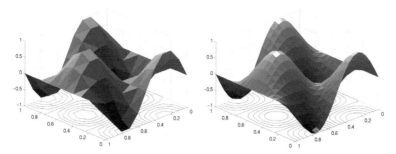

Figura 8.6. Deslocamento transversal de uma membrana elástica calculada em duas malhas uniformes. Representa-se os isovalores da solução numérica no plano horizontal. A triangulação de Ω serve apenas para a visualização dos resultados

Exemplo 8.1 O deslocamento transversal u em relação a um plano de referência $\Omega = (0,1)^2$ de uma membrana elástica submetida a uma carga $f(x,y) = 8\pi^2 \sin(2\pi x) \cos(2\pi y)$ verifica um problema de Poisson (8.2) no domínio Ω. Os dados de Dirichlet do deslocamento sobre $\partial\Omega$ são escolhidos da seguinte maneira: $g = 0$ nos lados $x = 0$ e $x = 1$, e $g(x,0) = g(x,1) = \sin(2\pi x)$, $0 < x < 1$. Este problema admite a solução exacta $u(x,y) = \sin(2\pi x) \cos(2\pi y)$. Na Figura 8.6 representa-se a solução numérica obtida pelo esquema de diferenças finitas com cinco pontos numa malha uniforme. Utilizaram-se dois valores de h: $h = 1/10$ (*à esquerda*) e $h = 1/20$ (*à direita*). Quando h diminui, a solução numérica melhora, sendo o erro nodal relativo 0.0292 para $h = 1/10$ e 0.0081 para $h = 1/20$. ∎

O método dos elementos finitos também se pode estender facilmente ao caso bidimensional. Para isso, o problema (8.2) deve ser reformulado, escrevendo-se em forma integral, e a partição do intervalo (a,b) do caso unidimensional deve ser substituída por uma decomposição de Ω em polígonos (tipicamente triângulos) chamados *elementos*. A função de base φ_k é ainda uma função contínua, cuja restrição a cada elemento é um polinómio de grau 1, que vale 1 no k-ésimo vértice (ou nó) da triangulação e 0 em todos os outros vértices. Para a sua implementação pode-se usar a toolbox pde de MATLAB.   pde

8.1.4 Consistência e convergência

Vimos na secção anterior que a solução do problema de diferenças finitas existe e é única. Passemos agora ao estudo do erro de aproximação. Para simplificar iremos supor que $h_x = h_y = h$. Se

$$\max_{i,j} |u(x_i, y_j) - u_{i,j}| \to 0 \quad \text{quando } h \to 0 \qquad (8.27)$$

o método diz-se convergente.

Como já foi sublinhado, a consistência é uma condição necessária para a convergência. Um método é *consistente* se, quando se introduz a solução exacta no esquema numérico, o resíduo obtido tende para zero quando h tende para zero. Se considerarmos o esquema de diferenças finitas com cinco pontos, em cada ponto interior (x_i, y_j) de Δ_h define-se a quantidade

$$\tau_h(x_i, y_j) = -f(x_i, y_j)$$

$$-\frac{1}{h^2}\left[u(x_{i-1}, y_j) + u(x_i, y_{j-1}) - 4u(x_i, y_j) + u(x_i, y_{j+1}) + u(x_{i+1}, y_j)\right].$$

chamada *erro de truncatura local* no nó (x_i, y_j). De (8.2) obtém-se

$$\tau_h(x_i, y_j) = \left\{ \frac{\partial^2 u}{\partial x^2}(x_i, y_j) - \frac{u(x_{i-1}, y_j) - 2u(x_i, y_j) + u(x_{i+1}, y_j)}{h^2} \right\}$$
$$+ \left\{ \frac{\partial^2 u}{\partial y^2}(x_i, y_j) - \frac{u(x_i, y_{j-1}) - 2u(x_i, y_j) + u(x_i, y_{j+1})}{h^2} \right\}.$$

Segundo a análise efectuada na Secção 8.1.3 conclui-se que ambos os termos tendem para zero quando h tende para 0. Assim,

$$\lim_{h \to 0} \tau_h(x_i, y_j) = 0, \ \forall (x_i, y_j) \in \Delta_h \setminus \partial\Delta_h,$$

ou seja, o método com cinco pontos é consistente. A proposição seguinte estabelece que ele é também convergente (para a demonstração, ver por exemplo [IK66]):

Proposição 8.1 *Suponhamos que a solução exacta $u \in C^4(\bar{\Omega})$, isto é, todas as suas derivadas até à quarta ordem são contínuas no domínio fechado $\bar{\Omega}$. Então, existe uma constante $C > 0$ tal que*

$$\max_{i,j} |u(x_i, y_j) - u_{i,j}| \leq CMh^2 \qquad (8.28)$$

onde M é o máximo em $\bar{\Omega}$ do valor absoluto das quartas derivadas de u.

Exemplo 8.2 Verifiquemos que o esquema com cinco pontos aplicado ao problema de Poisson do Exemplo 8.1 tem uma convergência de ordem 2 em h. Parte-se de $h = 1/4$ e em seguida devide-se o seu valor por dois, até $h = 1/64$, usando as seguintes instruções:

```
» a=0;b=1;c=0;d=1;
» f=inline('8*pi^2*sin(2*pi*x).*cos(2*pi*y)','x','y');
» g=inline('sin(2*pi*x).*cos(2*pi*y)','x','y');
```

```
» uex=g; nx=4; ny=4;
» for n=1:5
    [u,x,y,error(n)]=poissonfd(a,c,b,d,nx,ny,f,g,uex);
    nx = 2*nx; ny = 2*ny;
  end
```

O vector contendo o erro é dado por

```
» format short e; error
```

   1.3565e-01   4.3393e-02   1.2308e-02   3.2775e-03   8.4557e-04

Pode-se verificar usando os seguintes comandos

```
» p=log(abs(error(1:end-1)./error(2:end)))/log(2)
```

   1.6443e+00   1.8179e+00   1.9089e+00   1.9546e+00

que o erro decresce como h^2, quando $h \to 0$.   ∎

Em resumo

1. Os problemas de valores na fronteira são equações diferenciais definidas num domínio $\Omega \subset \mathbb{R}^d$ (um intervalo, quando $d = 1$) que exigem informação sobre a solução na fronteira do domínio;
2. as aproximações por diferenças finitas baseiam-se na discretização da equação diferencial em pontos escolhidos (chamados nós) onde as derivadas são substituídas por fórmulas de diferenças finitas;
3. o método das diferenças finitas dá origem a um vector cujas componentes convergem para os valores nodais da solução exacta. Esta convergência é quadrática em relação ao passo de discretização;
4. o método dos elementos finitos baseia-se numa reformulação integral da equação diferencial original e supõe que a solução aproximada é seccionalmente polinomial;
5. as matrizes que resultam das aproximações por diferenças finitas e por elementos finitos são esparsas e mal condicionadas.

8.2 Aproximação por diferenças finitas da equação do calor

Consideremos a equação do calor unidimensional (8.4) com condições na fronteira de Dirichlet homogéneas $u(a,t) = u(b,t) = 0$ para qualquer $t > 0$ e condição inicial $u(x,0) = u_0(x)$ para $x \in [a,b]$.

Para resolver esta equação numericamente devemos discretizar as variáveis x e t. Comecemos pela variável x, seguindo o mesmo processo da Secção 8.1.1. Designa-se por $u_j(t)$ uma aproximação de $u(x_j,t)$,

$j = 0, \ldots, N$, e aproxima-se o problema de Dirichlet (8.4) pelo esquema: para todo $t > 0$

$$\frac{du_j}{dt}(t) - \frac{\mu}{h^2}(u_{j-1}(t) - 2u_j(t) + u_{j+1}(t)) = f_j(t), \quad j = 1, \ldots, N-1,$$

$$u_0(t) = u_N(t) = 0,$$

onde $f_j(t) = f(x_j, t)$ e, para $t = 0$,

$$u_j(0) = u_0(x_j), \qquad j = 0, \ldots, N.$$

Isto constitui uma *semi-discretização* da equação do calor, e pode-se escrever como um sistema de equações diferenciais ordinárias da seguinte forma:

$$(8.29) \qquad \begin{cases} \dfrac{d\mathbf{u}}{dt}(t) = -\dfrac{\mu}{h^2}A\mathbf{u}(t) + \mathbf{f}(t), \; \forall t > 0, \\ \mathbf{u}(0) = \mathbf{u}_0, \end{cases}$$

onde $\mathbf{u}(t) = [u_1(t), \ldots, u_{N-1}(t)]^T$ é o vector das incógnitas, $\mathbf{f}(t) = [f_1(t), \ldots, f_{N-1}(t)]^T$, $\mathbf{u}_0 = (u_0(x_1), \ldots, u_0(x_{N-1}))^T$ e A é a matriz tri-diagonal introduzida em (8.15). Note-se que para obter (8.29) utilizaram-se as condições na fronteira de Dirichlet homogéneas $u_0(x_0) = u_0(x_N) = 0$.

Um esquema clássico para a integração de (8.29) em ordem ao tempo é o chamado *método θ* (ou *θ-método*). Seja $\Delta t > 0$ um passo de tempo constante, e designemos por v^k o valor da variável v no tempo $t^k = k\Delta t$. Então o *θ-método* escreve-se na forma

$$\boxed{\begin{aligned} &\frac{\mathbf{u}^{k+1} - \mathbf{u}^k}{\Delta t} = -\frac{\mu}{h^2}A(\theta\mathbf{u}^{k+1} + (1-\theta)\mathbf{u}^k) + \theta\mathbf{f}^{k+1} + (1-\theta)\mathbf{f}^k, \\ &\hspace{8cm} k = 0, 1, \ldots \\ &\mathbf{u}^0 = \mathbf{u}_0 \end{aligned}}$$

$$(8.30)$$

ou, de maneira equivalente,

$$\left(I + \frac{\mu}{h^2}\theta\Delta tA\right)\mathbf{u}^{k+1} = \left(I - \frac{\mu}{h^2}\Delta t(1-\theta)A\right)\mathbf{u}^k + \mathbf{g}^{k+1}, \quad (8.31)$$

onde $\mathbf{g}^{k+1} = \Delta t(\theta\mathbf{f}^{k+1} + (1-\theta)\mathbf{f}^k)$ e I é a matriz identidade de ordem $N-1$.

Para valores convenientes do parâmetro θ, podemos obter a partir de (8.31) alguns dos métodos já introduzidos no Capítulo 7. Por exemplo, se $\theta = 0$ o método (8.31) corresponde ao esquema de Euler progressivo que permite obter $\mathbf{u}^{k+1}$ explicitamente; no caso contrário, há que resolver em cada passo de tempo um sistema linear (a que está associado a matriz constante $I + \mu\theta\Delta tA/h^2$).

No que se refere à estabilidade, quando $f = 0$ a solução exacta $u(x, t)$ tende para zero para todo o x quando $t \to \infty$. Espera-se então que a solução discreta tenha o mesmo comportamento, e nesse caso diz-se que o esquema (8.31) é *assimptoticamente estável*, o que é coerente com o que se disse na Secção 7.5 para equações diferenciais ordinárias.

Se $\theta = 0$, de (8.31) tem-se

$$\mathbf{u}^k = (I - \mu\Delta tA/h^2)^k \mathbf{u}^0, \qquad k = 1, 2, \ldots$$

de onde resulta $\mathbf{u}^k \to \mathbf{0}$ quando $k \to \infty$ sse

$$\rho(I - \mu\Delta tA/h^2) < 1. \tag{8.32}$$

Por outro lado, os valores próprios λ_j de A são dados por (ver Exercício 8.2) $\lambda_j = 2 - 2\cos(j\pi/N)$, $j = 1, \ldots, N - 1$. Portanto (8.32) é verificada sse

$$\Delta t < \frac{1}{2\mu} h^2.$$

Como se esperava, o método de Euler progressivo é condicionalmente estável, e o passo de tempo Δt deverá decrescer como o quadrado do passo da malha espacial h.

No caso do método de Euler regressivo ($\theta = 1$), de (8.31) deduz-se

$$\mathbf{u}^k = \left[(I + \mu\Delta tA/h^2)^{-1}\right]^k \mathbf{u}^0, \qquad k = 1, 2, \ldots$$

Como todos os valores próprios da matriz $(I + \mu\Delta tA/h^2)^{-1}$ são reais positivos e estritamente inferiores a 1 para todo o valor de Δt, este esquema é incondicionalmente estável. Mais geralmente, o θ-esquema é incondicionalmente estável para todos os valores $1/2 \leq \theta \leq 1$, e condicionalmente estável se $0 \leq \theta < 1/2$ (ver por exemplo, [QSS07, Capítulo 13]).

No que se refere à precisão do θ-método, o seu erro de truncatura local é da ordem de $\Delta t + h^2$ se $\theta \neq \frac{1}{2}$ e da ordem de $\Delta t^2 + h^2$ se $\theta = \frac{1}{2}$. Este último caso corresponde ao *método de Crank-Nicolson* (ver Secção 7.3) que é, portanto, incondicionalmente estável e com precisão de segunda ordem em Δt e em h.

Estas conclusões são também válidas para a equação do calor num domínio bidimensional. Neste caso, deve-se substituir no esquema (8.30), a matriz A/h^2 pela matriz de diferenças finitas definida em (8.25).

O Programa 8.3 resolve numericamente a equação do calor no intervalo de tempo $(0, T)$ e no domínio quadrado $\Omega = (a, b) \times (c, d)$, usando o θ-método. Os parâmetros de entrada são os vectores xspan=[a,b], yspan=[c,d] e tspan=[0,T], o número de intervalos de discretização em espaço (nstep(1)) e em tempo (nstep(2)), a cadeia de caracteres fun que contém a função $f(t, x_1(t), x_2(t))$, g e u0 que contêm respectivamente, a condição de Dirichlet e o dado inicial $u_0(x_1, x_2)$. Finalmente, o número real theta é o coeficiente θ.

Programa 8.3. heattheta: θ-método para a equação do calor num domínio quadrado

```
function [x,u]=heattheta(xspan,tspan,nstep,theta,mu,...
                          u0,g,f,varargin)
%HEATTHETA resolve a equação do calor com o teta-método.
%   [X,U]=HEATTHETA(XSPAN,TSPAN,NSTEP,THETA,MU,U0,G,F)
%   resolve a equação do calor D U/DT - MU D^2U/DX^2 = F
%   em (XSPAN(1),XSPAN(2)) X (TSPAN(1),TSPAN(2)) usando
%   o teta-método com condição inicial U(X,0)=U0(X) e
%   condições de Dirichlet na fronteira U(X,T)=G(X,T)
%   para X=XSPAN(1) e X=XSPAN(2).
%   MU é uma constante positiva, F, G e U0 são funções
%   inline. NSTEP(1) é o número de intervalos de
%   integração em espaço, NSTEP(2)+1 é o número de
%   intervalos de integração em tempo.
h   = (xspan(2)-xspan(1))/nstep(1);
dt  = (tspan(2)-tspan(1))/nstep(2);
N   = nstep(1)+1;
e   = ones(N,1);
D   = spdiags([-e 2*e -e],[-1,0,1],N,N);
I   = speye(N);
A   = I+mu*dt*theta*D/h^2;
An  = I-mu*dt*(1-theta)*D/h^2;
A(1,:) = 0; A(1,1) = 1;
A(N,:) = 0; A(N,N) = 1;
x = linspace(xspan(1),xspan(2),N);        x = x';
fn  = feval(f,x,tspan(1),varargin{:});
un  = feval(u0,x,varargin{:});
[L,U]=lu(A);
for t = tspan(1)+dt:dt:tspan(2)
    fn1 = feval(f,x,t,varargin{:});
    rhs = An*un+dt*(theta*fn1+(1-theta)*fn);
    temp = feval(g,[xspan(1),xspan(2)],t,varargin{:});
    rhs([1,N]) = temp;
    u = L\rhs;
    u = U\u;
    fn = fn1;
    un = u;
end
return
```

Exemplo 8.3 Considera-se a equação do calor (8.4) em $(a,b) = (0,1)$ com $\mu = 1$, $f(x,t) = -\sin(x)\sin(t)+\sin(x)\cos(t)$, condição inicial $u(x,0) = \sin(x)$ e condições na fronteira $u(0,t) = 0$ e $u(1,t) = \sin(1)\cos(t)$. Neste caso a solução exacta é $u(x,t) = \sin(x)\cos(t)$. Na Figura 8.7 compara-se o comportamento dos erros $\max_{i=0,...,N}|u(x_i,1) - u_i^M|$ fazendo variar o passo de tempo sobre uma malha uniforme em espaço com $h = 0.002$. $\{u_i^M\}$ são os valores da solução de diferenças finitas calculada no tempo $t^M = 1$. Como se esperava, para $\theta = 0.5$ o θ-método é de segunda ordem, pelo menos para passos de tempo "suficientemente grandes", uma vez que para passos de tempo muito pequenos o erro espacial domina o erro de discretização temporal. ∎

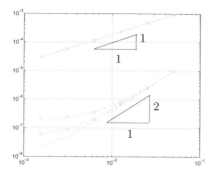

Figura 8.7. Erro em função de Δt do θ-método (para $\theta = 1$, *linha contínua*, e $\theta = 0.5$ *linha a tracejado*), para três valores de h: 0.008 ($\square$), 0.004 ($\circ$) e 0.002 (*sem símbolos*)

Exemplo 8.4 (Termodinâmica) Considera-se uma barra de alumínio (cuja massa volúmica é $\rho = 2700$ Kg/m^3), com três metros de comprimento, e condutividade térmica $k = 273$ W/mK (Watt por metro-Kelvin). Pretende-se analisar a evolução da temperatura na barra, partindo da condição inicial $T(x,0) = 500$ K se $x \in (1,2)$, 250 K no caso contrário, e submetida às seguintes condições de Dirichlet na fronteira: $T(0,t) = T(3,t) = 250$ K. Na Figura 8.8 representa-se a evolução da temperatura a partir dos dados iniciais, calculada com o método de Euler ($\theta = 1$, *à esquerda*) e com o método de Crank-Nicolson ($\theta = 0.5$, *à direita*). Os resultados mostram claramente que o método de Crank-Nicolson é instável o que se deve à fraca regularidade do dado inicial (sobre este assunto ver também [QV94, Capítulo 11]). Pelo contrário, o método de Euler implícito dá uma solução estável que tende correctamente para 250 K quando t aumenta, uma vez que o termo fonte f é nulo.   ■

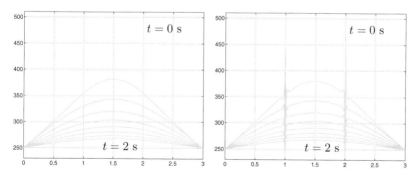

Figura 8.8. Perfis de temperatura numa barra de alumínio para diferentes passos de tempo (de $t = 0$ a $t = 2$ segundos, com passos de 0.25 segundos), obtidos com o método de Euler regressivo (*à esquerda*) e com o método de Crank-Nicolson (*à direita*)

8.3 A equação das ondas

Considera-se a equação hiperbólica de segunda ordem em dimensão um:

$$\frac{\partial^2 u}{\partial t^2} - c\frac{\partial^2 u}{\partial x^2} = f \tag{8.33}$$

Quando $f = 0$, a solução geral de (8.33) corresponde às ondas progressivas de d'Alembert

$$u(x,t) = \psi_1(\sqrt{c}t - x) + \psi_2(\sqrt{c}t + x), \tag{8.34}$$

para funções arbitrárias ψ_1 e ψ_2.

No que se segue considera-se o problema (8.33) para $x \in (a,b)$ e $t > 0$. Completa-se a equação diferencial com os dados iniciais

$$u(x,0) = u_0(x) \text{ e } \frac{\partial u}{\partial t}(x,0) = v_0(x), \ x \in (a,b),$$

e com as condições na fronteira

$$u(a,t) = 0 \text{ e } u(b,t) = 0, \ t > 0. \tag{8.35}$$

Neste caso, u pode representar o deslocamento transversal de uma corda vibrante elástica de comprimento $b - a$, fixada nos extremos e c é um coeficiente positivo que depende da massa específica da corda e da sua tensão. A corda está submetida a uma força vertical de densidade f. As funções $u_0(x)$ e $v_0(x)$ designam respectivamente o deslocamento e a velocidade inicial da corda.

A mudança de variáveis

$$\omega_1 = \frac{\partial u}{\partial x}, \qquad \omega_2 = \frac{\partial u}{\partial t},$$

transforma (8.33) no sistema de primeira ordem

$$\frac{\partial \boldsymbol{\omega}}{\partial t} + A\frac{\partial \boldsymbol{\omega}}{\partial x} = \mathbf{f}, \qquad x \in (a,b), \ t > 0 \tag{8.36}$$

onde

$$\boldsymbol{\omega} = \begin{bmatrix} \omega_1 \\ \omega_2 \end{bmatrix}, A = \begin{bmatrix} 0 & -1 \\ -c & 0 \end{bmatrix}, \mathbf{f} = \begin{bmatrix} 0 \\ f \end{bmatrix},$$

e as condições iniciais são $\omega_1(x,0) = u_0'(x)$ e $\omega_2(x,0) = v_0(x)$ para $x \in (a,b)$.

Mais geralmente, podem-se considerar sistemas da forma (8.36) onde $\boldsymbol{\omega}$, $\mathbf{f} : \mathbb{R} \times [0,\infty) \to \mathbb{R}^p$ e $A \in \mathbb{R}^{p \times p}$ é uma matriz com coeficientes constantes. Este sistema diz-se *hiperbólico* se A for diagonalizável e tiver valores próprios reais, isto é, se existir uma matriz não singular $T \in \mathbb{R}^{p \times p}$ tal que

$$A = T\Lambda T^{-1},$$

onde $\Lambda = \mathrm{diag}(\lambda_1, \ldots, \lambda_p)$ é a matriz diagonal dos valores próprios reais de A, e $T = (\boldsymbol{\omega}^1, \boldsymbol{\omega}^2, \ldots, \boldsymbol{\omega}^p)$ é a matriz cujas colunas são os vectores próprios à direita de A. Assim,

$$A\boldsymbol{\omega}^k = \lambda_k \boldsymbol{\omega}^k, \qquad k = 1, \ldots, p.$$

Introduzindo as *variáveis características* $\mathbf{w} = T^{-1}\boldsymbol{\omega}$, o sistema (8.36) escreve-se

$$\frac{\partial \mathbf{w}}{\partial t} + \Lambda \frac{\partial \mathbf{w}}{\partial x} = \mathbf{g},$$

onde $\mathbf{g} = T^{-1}\mathbf{f}$. Trata-se de um sistema de p equações escalares independentes da forma

$$\frac{\partial w_k}{\partial t} + \lambda_k \frac{\partial w_k}{\partial x} = g_k, \qquad k = 1, \ldots, p.$$

Quando $g_k = 0$, a sua solução é dada por $w_k(x,t) = w_k(x - \lambda_k t, 0)$, $k = 1, \ldots, p$ e assim a solução $\boldsymbol{\omega} = T\mathbf{w}$ do problema (8.36) com $\mathbf{f} = \mathbf{0}$ pode-se escrever:

$$\boldsymbol{\omega}(x,t) = \sum_{k=1}^{p} w_k(x - \lambda_k t, 0)\boldsymbol{\omega}^k.$$

A curva $(x_k(t), t)$ do plano (x,t) que satisfaz $x'_k(t) = \lambda_k$ é, por definição, a k-ésima curva característica e a incógnita w_k é constante ao longo desta curva. Assim $\boldsymbol{\omega}(\overline{x}, \overline{t})$ depende apenas dos dados iniciais nos pontos $\overline{x} - \lambda_k \overline{t}$. Por esta razão ao conjunto dos p pontos que constituem os "pés" das características que saem do ponto $(\overline{x}, \overline{t})$,

$$D(\overline{t}, \overline{x}) = \{x \in \mathbb{R} \; : \; x = \overline{x} - \lambda_k \overline{t} \;, \; k = 1, ..., p\}. \tag{8.37}$$

chama-se *domínio de dependência* da solução $\boldsymbol{\omega}(\overline{x}, \overline{t})$.

Se (8.36) estiver definido num intervalo limitado (a, b) e não em toda a recta real, o ponto de entrada para cada variável característica w_k é determinado pelo sinal de λ_k. Sendo assim, o número de valores próprios positivos determina o número de condições na fronteira que se podem impor em $x = a$, enquanto que em $x = b$ o número de condições admissíveis é igual ao número de valores próprios negativos.

Exemplo 8.5 O sistema (8.36) é hiperbólico uma vez que A é diagonizável com a matriz de passagem

$$T = \begin{bmatrix} -\dfrac{1}{\sqrt{c}} & \dfrac{1}{\sqrt{c}} \\ 1 & 1 \end{bmatrix}$$

e tem dois valores próprios reais distintos $\pm\sqrt{c}$ (que representam as velocidades de propagação da onda). Além disso, deve-se impor uma condição de fronteira em cada extremo, como em (8.35).   ∎

Observação 8.1 Note-se que, substituindo $\partial^2 u/\partial t^2$ por t^2, $\partial^2 u/\partial x^2$ por x^2 e f por um, a equação das ondas conduz a $t^2 - cx^2 = 1$ que representa uma hipérbole no plano (x, t). Procedendo de maneira análoga no caso da equação do calor (8.4), obtemos $t - \mu x^2 = 1$ que representa uma parábola no plano (x, t). Finalmente, para a equação de Poisson em dimensão dois, substituindo $\partial^2 u/\partial x_1^2$ por x_1^2, $\partial^2 u/\partial x_2^2$ por x_2^2 e f por um, obtemos $x_1^2 + x_2^2 = 1$ que representa uma elipse no plano (x_1, x_2). Devido a esta interpretação geométrica, os operadores diferenciais correspondentes classificam-se em hiperbólicos, parabólicos e elípticos, respectivamente.   •

8.3.1 Aproximação por diferenças finitas

Para discretizar em tempo a equação das ondas, utiliza-se o método de Newmark (7.59) proposto no Capítulo 7. Designando de novo por Δt o passo de tempo (uniforme) e usando para a discretização em espaço o método das diferenças finitas clássico numa malha com nós $x_j = x_0 + jh$, $j = 0, \ldots, N$, $x_0 = a$ e $x_N = b$, obtém-se o seguinte esquema: para qualquer $n \geq 1$ determinar $\{u_j^n, v_j^n, j = 1, \ldots, N-1\}$ tais que

$$u_j^{n+1} = u_j^n + \Delta t v_j^n$$

$$+\Delta t^2 \left[\zeta(cw_j^{n+1} + f(t^{n+1}, x_j)) + (1/2 - \zeta)(cw_j^n + f(t^n, x_j))\right], \quad (8.38)$$

$$v_j^{n+1} = v_j^n + \Delta t \left[(1 - \theta)(cw_j^n + f(t^n, x_j)) + \theta(cw_j^{n+1} + f(t^{n+1}, x_j))\right],$$

com $u_j^0 = u_0(x_j)$ e $v_j^0 = v_0(x_j)$ e $w_j^k = (u_{j+1}^k - 2u_j^k + u_{j-1}^k)/h^2$ para $k = n$ ou $k = n + 1$. O sistema (8.38) deve ser completado com as condições na fronteira (8.35).

Este método está implementado no Programa 8.4. Os parâmetros de entrada são os vectores xspan=[a,b] e tspan=[0,T], o número de intervalos de discretização em espaço (nstep(1)) e em tempo(nstep(2)), a cadeia de caracteres fun que define a função $f(t, x(t))$ e as cadeias u0 e v0 que definem os dados iniciais. Finalmente, o vector param permite especificar os valores dos coeficientes (param(1)=θ, param(2)=ζ). O método de Newmark tem precisão de segunda ordem em Δt se $\theta = 1/2$, e de primeira ordem se $\theta \neq 1/2$. Além disso, a condição $\theta \geq 1/2$ é necessária para assegurar a estabilidade (ver Secção 7.8).

Programa 8.4. newmarkwave: método de Newmark para a equação das ondas

```
function  [x,u]=newmarkwave(xspan,tspan,nstep,param,c,...
                 u0,v0,g,f,varargin)
%NEWMARKWAVE  resolve  a  equação  das  ondas  com  o  método
%  de  Newmark.
%   [X,U]=NEWMARKWAVE(XSPAN,TSPAN,NSTEP,PARAM,C,U0,V0,
%   G,F)  resolve  a  equação  das  ondas
%              D^2 U/DT^2 - C D^2U/DX^2 = F
%   em  (XSPAN(1),XSPAN(2))  X  (TSPAN(1),TSPAN(2))  usando
%   o  método  de  Newmark  com  as  condições  iniciais
%        U(X,0)=U0(X),   DU/DX(X,0)=V0(X)
%   e  as  condições  de  Dirichlet  na  fronteira
%   U(X,T)=G(X,T)  para  X=XSPAN(1)  e  X=XSPAN(2).  C  é  uma
%   constante  positiva,  F,G,U0  e  V0  são  funções  inline.
%   NSTEP(1)  é  o  número  de  passos  de  integração
%   em  espaço,  NSTEP(2)+1  é  o  número  de  passos
%   de  integração  em  tempo.
%   PARAM(1)=THETA  e  PARAM(2)=ZETA.
%   [X,U]=NEWMARKWAVE(XSPAN,TSPAN,NSTEP,PARAM,C,U0,V0,G,
%   F P1,P2,...)  passa  os  parâmetros  adicionais
%   P1,P2,...
%   às  funções  U0,V0,G,F.
h   =  (xspan(2)-xspan(1))/nstep(1);
dt  =  (tspan(2)-tspan(1))/nstep(2);
theta = param(1);   zeta = param(2);    N = nstep(1)+1;
e = ones(N,1);  D = spdiags([e -2*e e],[-1,0,1],N,N);
I = speye(N);
lambda = dt/h;
A  =  I-c*lambda^2*zeta*D;
An =  I+c*lambda^2*(0.5-zeta)*D;
A(1,:)  =  0;  A(1,1)  =  1;  A(N,:)  =  0;  A(N,N)  =  1;
x  =  linspace(xspan(1),xspan(2),N);
x  =  x';
fn =  feval(f,x,tspan(1),varargin{:});
un =  feval(u0,x,varargin{:});
vn =  feval(v0,x,varargin{:});
[L,U]=lu(A);
alpha  =  dt^2*zeta;  beta  =  dt^2*(0.5-zeta);
theta1 = 1-theta;
for  t  =  tspan(1)+dt:dt:tspan(2)
     fn1  =  feval(f,x,t,varargin{:});
     rhs  =  An*un+dt*I*vn+alpha*fn1+beta*fn;
     temp  =  feval(g,[xspan(1),xspan(2)],t,varargin{:});
     rhs([1,N])  =  temp;
     u  =  L\rhs;     u  =  U\u;
     v  =  vn  +  dt*((1-theta)*(c*D*un/h^2+fn)+...
          theta*(c*D*u/h^2+fn1));
     fn  =  fn1;     un  =  u;     vn  =  v;
end
return
```

Exemplo 8.6 Usando o Programa 8.4 estuda-se a evolução da condição inicial $u_0(x) = e^{-10x^2}$ para $x \in (-2,2)$. Supõe-se $v_0 = 0$ e condições de Dirichlet homogéneas na fronteira. Na Figura 8.9 comparam-se as soluções obtidas no tempo $t = 3$ usando $h = 0.04$ e passos de tempo iguais a 0.15 (*linha a tracejado*), a 0.075 (*linha contínua*) e a 0.0375 (*linha a traço-ponto*). Os parâmetros do método de Newmark são $\theta = 1/2$ e $\zeta = 0.25$, o que corresponde a um método de segunda ordem incondicionalmente estável.   ∎

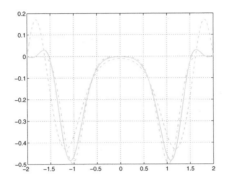

Figura 8.9. Comparação entre as soluções obtidas com o método de Newmark para uma discretização com $h = 0.04$ e $\Delta t = 0.154$ (*linha a tracejado*), $\Delta t = 0.075$ (*linha contínua*) e $\Delta t = 0.0375$ (*linha a traço-ponto*)

Exemplo 8.7 (Telecomunicações) Neste exemplo considera-se a equação (8.9) para modelar a transmissão de um impulso de tensão eléctrica por uma linha telegráfica. A equação, que combina as equações de difusão e das ondas, tem em conta os efeitos dos fenómenos de propagação a velocidade finita. Na Figura 8.10 compara-se a evolução de um impulso sinusoidal obtido com a equação das ondas (8.33) (*linha a ponteado*) e com a equação do telégrafo (8.9) com $c = 1$, $\alpha = 2$ e $\beta = 1$ (*linha contínua*). Na figura vê-se claramente o efeito da difusão.   ∎

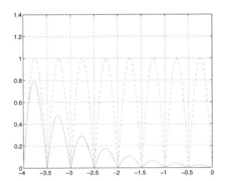

Figura 8.10. Propagação de um impulso de tensão eléctrica usando a equação das ondas (*linha a ponteado*) e a equação do telégrafo (*linha contínua*)

Uma alternativa ao método de Newmark consiste em discretizar o sistema equivalente de primeira ordem (8.36). Considera-se para simplificar o caso em que $(a, b) = \mathbb{R}$ e $\mathbf{f} = \mathbf{0}$. Então, o semiplano $\{(x, t) : -\infty < x < \infty, \ t > 0\}$ discretiza-se escolhendo uma malha espacial de passo h, um passo de tempo Δt e os pontos (x_j, t^n) da malha definidos por

$$x_j = jh, \quad j \in \mathbb{Z}, \qquad t^n = n\Delta t, \quad n \in \mathbb{N}.$$

Fazendo $\lambda = \Delta t/h$, alguns esquemas clássicos para a discretização de (8.36) são dados por:

1. o método de *Euler progressivo/descentrado* (*upwind* em inglês)

$$
\begin{aligned}
\boldsymbol{\omega}_j^{n+1} &= \boldsymbol{\omega}_j^n - \frac{\lambda}{2}\mathrm{A}(\boldsymbol{\omega}_{j+1}^n - \boldsymbol{\omega}_{j-1}^n) \\
&+ \frac{\lambda}{2}|\mathrm{A}|(\boldsymbol{\omega}_{j+1}^n - 2\boldsymbol{\omega}_j^n + \boldsymbol{\omega}_{j-1}^n),
\end{aligned}
\tag{8.39}
$$

onde $|\mathrm{A}| = \mathrm{T}|\Lambda|\mathrm{T}^{-1}$ e $|\Lambda|$ é a matriz diagonal dos módulos dos valores próprios de A;

2. o *método de Lax-Wendroff*

$$
\begin{aligned}
\boldsymbol{\omega}_j^{n+1} &= \boldsymbol{\omega}_j^n - \frac{\lambda}{2}\mathrm{A}(\boldsymbol{\omega}_{j+1}^n - \boldsymbol{\omega}_{j-1}^n) \\
&+ \frac{\lambda^2}{2}\mathrm{A}^2(\boldsymbol{\omega}_{j+1}^n - 2\boldsymbol{\omega}_j^n + \boldsymbol{\omega}_{j-1}^n).
\end{aligned}
\tag{8.40}
$$

O esquema descentrado é de primeira ordem (em tempo e em espaço), enquanto que o de Lax-Wendroff é de segunda ordem.

No que se refere à estabilidade, uma vez que todos estes esquemas são explícitos, só podem ser condicionalmente estáveis. Mais precisamente, o esquema descentrado e o de Lax-Wendroff satisfazem $\|\boldsymbol{\omega}^n\|_\Delta \leq \|\boldsymbol{\omega}^0\|_\Delta$, onde

$$\|\mathbf{v}\|_\Delta = \sqrt{h \sum_{j=-\infty}^{\infty} v_j^2}, \qquad \mathbf{v} = (v_j),$$

é uma norma discreta, desde que

$$\Delta t < \frac{h}{\rho(\mathrm{A})}, \tag{8.41}$$

desigualdade conhecida por condição CFL ou de Courant, Friedrichs e Lewy. Como é habitual $\rho(\mathrm{A})$ designa o raio espectral de A. Para a demonstração, ver, por exemplo, [QV94], [LeV02], [GR96], [QSS07, Capítulo 13].

Ver os Exercícios 8.9-8.10.

8.4 O que não vos foi dito

Poderíamos dizer simplesmente que quase nada foi dito, uma vez que o domínio da análise numérica consagrado à aproximação numérica das equações com derivadas parciais é tão vasto e variado que merece uma monografia completa apenas para abordar os conceitos essenciais (ver por exemplo, [TW98], [EEHJ96]).

Assinalemos que o método dos elementos finitos é hoje em dia provavelmente o método mais difundido para a resolução numérica das equações com derivadas parciais (ver por exemplo, [QV94], [Bra97], [BS01]). Como se referiu anteriormente a *toolbox* pde de MATLAB permite resolver uma vasta família de equações com derivadas parciais por elementos finitos lineares.

Entre outras técnicas populares, refiram-se ainda os métodos espectrais (ver [CHQZ06], [CHQZ07], [Fun92], [BM92], [KS99]) e o método dos volumes finitos (ver [Krö98], [Hir88] e [LeV02]).

Octave 8.1 Nem Octave nem Octave-forge possuem uma *toolbox* pde. Contudo, podem-se encontrar na web numerosos programas Octave para equações com derivadas parciais. ∎

8.5 Exercícios

Exercício 8.1 Verificar que a matriz (8.15) é definida positiva.

Exercício 8.2 Verificar que os valores próprios da matriz $A \in \mathbb{R}^{(N-1)\times(N-1)}$, definida em (8.15), são

$$\lambda_j = 2(1 - \cos(j\theta)), \quad j = 1, \ldots, N-1,$$

e que os vectores próprios correspondentes são

$$\mathbf{q}_j = (\sin(j\theta), \sin(2j\theta), \ldots, \sin((N-1)j\theta))^T,$$

onde $\theta = \pi/N$. Deduzir que $K(A)$ é proporcional a h^{-2}.

Exercício 8.3 Mostrar que a igualdade (8.12) permite obter uma aproximação de segunda ordem de $u''(\bar{x})$ em relação a h.

Exercício 8.4 Calcular a matriz e o segundo membro do esquema numérico que foi proposto para aproximar o problema (8.17).

Exercício 8.5 Usar o método das diferenças finitas para aproximar o problema de valores na fronteira

$$
\begin{cases}
-u'' + \dfrac{k}{T}u = \dfrac{w}{T} & \text{in } (0,1), \\
u(0) = u(1) = 0,
\end{cases}
$$

onde $u = u(x)$ representa o deslocamento vertical de uma corda de comprimento 1, submetida a uma carga transversal de intensidade w por unidade de comprimento. T é a tensão e k é um coeficiente associado à elasticidade da corda. No caso em que $w = 1 + \sin(4\pi x)$, $T = 1$ e $k = 0.1$, calcular a solução correspondente a $h = 1/i$, $i = 10, 20, 40$, e deduzir a ordem de precisão do método.

Exercício 8.6 Considera-se o problema (8.17) no intervalo $(0,1)$ com $\gamma = 0$, $f = 0$, $\alpha = 0$ e $\beta = 1$. Usando o Programa 8.1 determinar o valor máximo h_{crit} de h para o qual a solução é monótona (tal como a solução exacta) quando $\delta = 100$. O que é que se passa se $\delta = 1000$? Sugerir uma fórmula empírica para $h_{crit}(\delta)$ em função de δ, e verificá-la para diversos valores de δ.

Exercício 8.7 Usar o método das diferenças finitas para resolver o problema (8.17) no caso em que se impõe nos extremos as seguintes condições de *Neumann*

$$
u'(a) = \alpha, \ u'(b) = \beta.
$$

Usar as fórmulas (4.11) para discretizar $u'(a)$ e $u'(b)$.

Exercício 8.8 Sobre uma malha uniforme, verificar que o segundo membro do sistema associado ao esquema de diferenças finitas centradas coincide com o do método dos elementos finitos desde que se use a fórmula composta dos trapézios para calcular os integrais sobre os elementos I_{k-1} e I_k.

Exercício 8.9 Verificar que $\operatorname{div}\nabla\phi = \Delta\phi$, onde ∇ é o operador *gradiente* que associa a uma função u o vector cujas componentes são as primeiras derivadas parciais de u.

Exercício 8.10 (Termodinâmica) Considera-se uma placa quadrada de 20 cm de lado e cuja condutividade térmica é $k = 0.2$ cal/sec·cm·C. Designa-se por $Q = 5$ cal/cm^3·sec a produção de calor por unidade de superfície. A temperatura $T = T(x,y)$ da placa verifica a equação $-\Delta T = Q/k$. Supondo que T se anula sobre três lados da placa e é igual a 1 sobre o quarto lado, determinar a temperatura T no centro da placa.

9

Soluções dos exercícios

9.1 Capítulo 1

Solução 1.1 Só os números da forma $\pm 0.1a_2 \cdot 2^e$ com $a_2 = 0, 1$ e $e = \pm 2, \pm 1, 0$ é que pertencem ao conjunto $\mathbb{F}(2, 2, -2, 2)$. Para um expoente dado, só se podem representar neste conjunto os dois números 0.10 e 0.11, e os seus simétricos. Por conseguinte, o número de elementos que pertencem a $\mathbb{F}(2, 2, -2, 2)$ é 20. Finalmente, $\epsilon_M = 1/2$.

Solução 1.2 Para um expoente fixo, cada um dos dígitos $a_2, \ldots, a_t$ pode tomar β valores diferentes, enquanto que a_1 só pode tomar $\beta - 1$ valores. Podem-se assim representar $2(\beta - 1)\beta^{t-1}$ números diferentes (o 2 refere-se aos sinais positivo e negativo). Por outro lado, o expoente pode tomar $U - L + 1$ valores. Deste modo, o conjunto $\mathbb{F}(\beta, t, L, U)$ contém $2(\beta - 1)\beta^{t-1}(U - L + 1)$ elementos diferentes.

Solução 1.3 Pela fórmula de Euler $i = e^{i\pi/2}$; tem-se $i^i = e^{-\pi/2}$, isto é, um número real. Em MATLAB

```
» exp(-pi/2)
ans =
    0.2079
» i^i
ans =
    0.2079
```

Solução 1.4 Usar a instrução U=2*eye(10)-3*diag(ones(8,1),2) (respectivamente, L=2*eye(10)-3*diag(ones(8,1),-2)).

Solução 1.5 Pode-se trocar a terceira e a sétima linhas da matriz anterior usando as instruções: r=[1:10]; r(3)=7; r(7)=3; Lr=L(r,:). Notar que o caracter : em L(r,:) garante que todas as colunas de L são percorridas na ordem crescente usual (do primeiro ao último termo). Para trocar a quarta e a oitava colunas pode-se escrever c=[1:10]; c(8)=4; c(4)=8; Lc=L(:,c). Podem-se usar instruções análogas para a matriz triangular superior.

Solução 1.6 Pode-se definir a matriz A = [v1;v2;v3;v4] onde v1, v2, v3 e v4 são os 4 vectores linha dados. São linearmente independentes se só se o determinante de A for diferente de 0, o que não é verdade no nosso caso.

Solução 1.7 As duas funções consideradas f e g exprimem-se simbolicamente:

```
» syms x
» f=sqrt(x^2+1);  pretty(f)
        2    1/2
     (x   + 1)
» g=sin(x^3)+cosh(x);  pretty(g)
          3
     sin(x ) + cosh(x)
```

pretty   O comando pretty(f) imprime a expressão simbólica f num formato semelhante ao da escrita matemática usual. A expressão simbólica da primeira e segunda derivadas e do integral de f obtêm-se então com as seguintes instruções:

```
» diff(f,x)
     ans =
        1/(x^2+1)^(1/2)*x
» diff(f,x,2)
     ans =
        -1/(x^2+1)^(3/2)*x^2+1/(x^2+1)^(1/2)
» int(f,x)
     ans =
        1/2*x*(x^2+1)^(1/2)+1/2*asinh(x)
```

Podem-se usar instruções semelhantes para a função g.

Solução 1.8 A precisão das raízes calculadas degrada-se quando o grau do polinómio aumenta. Esta experiência mostra que o cálculo preciso das raízes de um polinómio de grau elevado pode tornar-se delicado.

Solução 1.9 Um programa possível para calcular a sucessão é:

```
function I=sequence(n)
I = zeros(n+2,1);  I(1) = (exp(1)-1)/exp(1);
for i = 0:n,  I(i+2) = 1 - (i+1)*I(i+1); end
```

A sucessão calculada por este programa não tende para zero (quando n aumenta), mas diverge com sinal alternado.

Solução 1.10 O comportamento anómalo da sucessão calculada deve-se à propagação de erros de arredondamento nas operações internas. Por exemplo, quando $4^{1-n}z_n^2$ é inferior a $\epsilon_M/2$, os elementos da sucessão são iguais a 0. Isto acontece para $n \geq 29$.

Solução 1.11 O método proposto é um caso particular do método de Monte Carlo e implementa-se no seguinte programa:

```
function mypi=pimontecarlo(n)
x = rand(n,1);  y = rand(n,1);
z = x.^2+y.^2;
v = (z <= 1);
m=sum(v);  mypi=4*m/n;
```

O comando **rand** gera uma sucessão de números pseudoaleatórios. A instrução v = (z <= 1) é uma versão abreviada do seguinte procedimento: verifica-se se z(k) <= 1 para cada componente do vector z; se a desigualdade for satisfeita para a k-ésima componente de z (isto é, se o ponto (x(k),y(k)) pertencer ao interior do círculo unitário) dá-se o valor 1 a v(k), caso contrário dá-se o valor 0. O comando sum(v) calcula a soma de todas as componentes de v, quer dizer, o número de pontos que se encontram no interior do círculo unitário.

sum

Executa-se o programa **mypi=pimontecarlo(n)** para diferentes valores de n. Quanto maior for n, tanto melhor será a aproximação **mypi** de π. Por exemplo, para n=1000 obtém-se **mypi=3.1120**, enquanto que para n=300000 se tem **mypi=3.1406**.

Solução 1.12 Para responder à questão pode-se usar a seguinte *função*:

```
function pig=bbpalgorithm(n)
pig = 0;
for m=0:n
  m8 = 8*m;
  pig = pig + (1/16)^m*(4/(m8+1)-(2/(m8+4)+ ...
        1/(m8+5)+1/(m8+6))));
end
return
```

Para n=10 obtém-se uma aproximação **pig** de π que coincide (para a precisão de MATLAB) com a variável interna **pi** de MATLAB. Com efeito, este algoritmo é extremamente eficiente e permite o cálculo rápido de centenas de algarismos significativos de π.

Solução 1.13 Os coeficientes binomiais podem ser calculados através do programa (ver também a função nchoosek de MATLAB):

nchoosek

```
function bc=bincoeff(n,k)
k = fix(k); n = fix(n);
if k > n, disp('k must be between  0 and n');
  break; end
if k > n/2, k = n-k; end
if k <= 1, bc = n^k; else
  num = (n-k+1):n; den = 1:k; el = num./den;
  bc = prod(el);
end
```

O comando fix(k) arredonda k ao inteiro mais próximo, inferior a k. O comando disp(string) mostra a cadeia de caracteres, sem escrever o seu nome. Em geral, o comando break interrompe a execução dos ciclos **for** e **while**. Se **break** for usado num **if**, a execução será interrompida nesse ponto. Finalmente, prod(el) calcula o produto de todos os elementos do vector **el**.

fix
disp
break

prod

Solução 1.14 As *funções* seguintes calculam f_n usando as relações $f_i = f_{i-1} + f_{i-2}$ (**fibrec**) ou (1.14) (**fibmat**):

```
function f=fibrec(n)
if n == 0
    f = 0;
elseif n == 1
    f = 1;
```

```
else
    f = fibrec(n-1)+fibrec(n-2);
end
return

function f=fibmat(n)
f = [0;1];
A = [1 1; 1 0];
f = A^n*f;
f = f(1);
return
```

Para n=20 obtêm-se os seguintes resultados:

```
» t=cputime; fn=fibrec(20), cpu=cputime-t
    fn =
        6765
    cpu =
        1.3400
» t=cputime; fn=fibmat(20), cpu=cputime-t
    fn =
        6765
    cpu =
        0
```

A *função* recursiva fibrec necessita de mais tempo CPU do que fibmat. Esta última só efectua o cálculo da potência de uma matriz, o que é uma operação simples em MATLAB.

9.2 Capítulo 2

Solução 2.1 O comando fplot permite estudar o gráfico da função f para diversos valores de γ. Para $\gamma = 1$, a função correspondente não tem zeros reais. Para $\gamma = 2$, tem apenas um zero, $\alpha = 0$, com multiplicidade igual a quatro (isto é, $f(\alpha) = f'(\alpha) = f''(\alpha) = f'''(\alpha) = 0$, e $f^{(4)}(\alpha) \neq 0$). Finalmente, para $\gamma = 3$, f admite dois zeros distintos, um no intervalo $(-3, -1)$ e o outro em $(1, 3)$. No caso $\gamma = 2$, o método da bissecção não se pode utilizar por ser impossível determinar um intervalo (a, b) no qual $f(a)f(b) < 0$. Para $\gamma = 3$, partindo do intervalo $[a, b] = [-3, -1]$, o método da bissecção (Programa 2.1) converge em 34 iterações para o valor $\alpha = -1.85792082914850$ (com $f(\alpha) \simeq -3.6 \cdot 10^{-12}$), usando as seguintes instruções:

```
» f=inline('cosh(x)+cos(x)-3'); a=-3; b=-1;
» tol=1.e-10; nmax=200;
» [zero,res,niter]=bisection(f,a,b,tol,nmax)
    zero =
        -1.8579
    res =
        -3.6872e-12
    niter =
        34
```

Analogamente, escolhendo a=1 e b=3, para $\gamma = 3$ o método da bissecção converge depois de 34 iterações para o valor $\alpha = 1.8579208291485$ com $f(\alpha) \simeq -3.6877 \cdot 10^{-12}$.

Solução 2.2 Temos de calcular os zeros da função $f(V) = pV + aN^2/V - abN^3/V^2 - pNb - kNT$. Traçando o gráfico de f, vê-se que esta função só tem um zero simples no intervalo $(0.01, 0.06)$ com $f(0.01) < 0$ e $f(0.06) > 0$. Pode-se calcular este zero pelo método da bissecção da seguinte maneira:

```
» f=inline('35000000*x+401000./x-17122.7./x.^2-1494500');
» [zero,res,niter]=bisection(f,0.01,0.06,1.e-12,100)
  zero =
       0.0427
  res =
       -6.3814e-05
  niter =
       35
```

Solução 2.3 O valor desconhecido de ω é o zero da função $f(\omega) = s(1, \omega) - 1 = 9.8[\sinh(\omega) - \sin(\omega)]/(2\omega^2) - 1$. Do gráfico de f conclui-se que f tem um único zero real no intervalo $(0.5, 1)$. Partindo deste intervalo, o método da bissecção calcula, em 15 iterações, o valor $\omega = 0.61214447021484$ com a tolerância desejada:

```
» f=inline('9.8/2*(sinh(om)- sin(om))./om.^2 -1','om');
» [zero,res,niter]=bisection(f,0.5,1,1.e-05,100)
  zero =
       6.1214e-01
  res =
       3.1051e-06
  niter =
       15
```

Solução 2.4 A desigualdade (2.6) pode ser obtida observando que $|e^{(k)}| < |I^{(k)}|/2$ com $|I^{(k)}| < \frac{1}{2}|I^{(k-1)}| < 2^{-k-1}(b-a)$. Por conseguinte, o erro na iteração k_{min} é inferior a ε se k_{min} for tal que $2^{-k_{min}-1}(b-a) < \varepsilon$, isto é, $2^{-k_{min}-1} < \varepsilon/(b-a)$, o que prova (2.6).

Solução 2.5 A primeira fórmula é menos sensível aos erros de arredondamento.

Solução 2.6 Na Solução 2.1 analisámos os zeros da função dada para diversos valores de γ. Consideremos o caso em que $\gamma = 2$. Partindo do dado inicial $x^{(0)} = 1$, o método de Newton (Programa 2.2) converge para o valor $\bar{a} = 0.0056$ em 18 iterações com `tol=1.e-10` enquanto que a raiz exacta de f é igual a 0. Este desvio deve-se ao facto de f ser quase constante na vizinhança da sua raiz. Efectivamente, o resíduo correspondente calculado por MATLAB é 0. Consideremos agora o caso $\gamma = 3$. O método de Newton com `tol=1.e-16` converge para o valor 1.85792082915020 em 9 iterações partindo de $x^{(0)} = 1$, enquanto que se $x^{(0)} = -1$, converge depois de 10 iterações para o valor -1.85792082915020 (nos dois casos os resíduos calculados por MATLAB são zero).

Solução 2.7 As raízes quadradas e cúbicas de um número a são as soluções das equações $x^2 = a$ e $x^3 = a$, respectivamente. Deste modo, os algoritmos correspondentes são: para um $x^{(0)}$ dado, calcular

$$x^{(k+1)} = \frac{1}{2}\left(x^{(k)} + \frac{a}{x^{(k)}}\right), \ k \geq 0 \qquad \text{para a raiz quadrada,}$$

$$x^{(k+1)} = \frac{1}{3}\left(2x^{(k)} + \frac{a}{(x^{(k)})^2}\right), \ k \geq 0 \quad \text{para a raiz cúbica.}$$

Solução 2.8 Fazendo $\delta x^{(k)} = x^{(k)} - \alpha$, do desenvolvimento de Taylor de f resulta:

$$0 = f(\alpha) = f(x^{(k)}) - \delta x^{(k)} f'(x^{(k)}) + \frac{1}{2}(\delta x^{(k)})^2 f''(x^{(k)}) + \mathcal{O}((\delta x^{(k)})^3).$$

O método de Newton conduz a

$$\delta x^{(k+1)} = \delta x^{(k)} - f(x^{(k)})/f'(x^{(k)}).$$

Combinando as duas equações, tem-se

$$\delta x^{(k+1)} = \frac{1}{2}(\delta x^{(k)})^2 \frac{f''(x^{(k)})}{f'(x^{(k)})} + \mathcal{O}((\delta x^{(k)})^3).$$

Dividindo por $(\delta x^{(k)})^2$ e fazendo $k \to \infty$ mostra-se o resultado de convergência.

Solução 2.9 Para certos valores de β a equação (2.2) pode ter duas raízes que correspondem a diferentes configurações do sistema de barras. Os dois valores iniciais sugeridos foram escolhidos convenientemente para permitir que o método de Newton convirja para uma ou para a outra raiz, respectivamente. Resolve-se o problema para $\beta = k\pi/100$ com $k = 0, \ldots, 80$ (se $\beta > 2.6389$ o método de Newton não converge uma vez que o sistema não tem qualquer configuração admissível). Para obter a solução do problema (representada na Figura 9.1) usam-se as seguintes instruções:

```
» a1=10; a2=13; a3=8; a4=10;
» ss = num2str((a1^2 + a2^2 - a3^2+ a4^2)/(2*a2*a4),15);
» n=100; x01=-0.1; x02=2*pi/3; nmax=100;
» for i=0:80
    w = i*pi/n; k=i+1; beta(k) = w;
    ws = num2str(w,15);
    f   = inline(['10/13*cos(',ws,')-cos(x)-cos(',...
          ws,'-x)+',ss],'x');
    df = inline(['sin(x)-sin(',ws,'-x)'],'x');
    [zero,res,niter]=newton(f,df,x01,1e-12,nmax);
    alpha1(k) = zero; niter1(k) = niter;
    [zero,res,niter]=newton(f,df,x02,1e-12,nmax);
    alpha2(k) = zero; niter2(k) = niter;
  end
```

As componentes dos vectores **alpha1** e **alpha2** são os ângulos calculados para diferentes valores de β, e as componentes dos vectores **niter1** e **niter2** são os números das iterações de Newton (5-7) necessárias ao cálculo dos zeros com a tolerância fixada.

Solução 2.10 Examinando o seu gráfico, vê-se que f tem dois zeros reais positivos ($\alpha_2 \simeq 1.5$ e $\alpha_3 \simeq 2.5$) e um negativo ($\alpha_1 \simeq -0.5$). O método de Newton converge em 4 iterações para o valor α_1 (fazendo $x^{(0)} = -0.5$ e **tol** = 1.e-10):

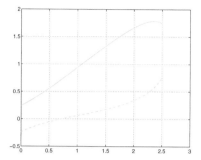

Figura 9.1. Curvas que representam as duas configurações possíveis, associadas à escolha do parâmetro $\beta \in [0, 2\pi/3]$

```
» f=inline('exp(x)-2*x^2'); df=inline('exp(x)-4*x');
» x0=-0.5; tol=1.e-10; nmax=100;
» format long; [zero,res,niter]=newton(f,df,x0,tol,nmax)
  zero =
        -0.53983527690282
  res =
         0
  niter =
         4
```

A função dada tem um máximo em $\bar{x} \simeq 0.3574$ (que se pode obter aplicando o método de Newton à função f'): para $x^{(0)} < \bar{x}$ o método converge para o zero negativo. Se $x^{(0)} = \bar{x}$ o método de Newton não se pode aplicar uma vez que $f'(\bar{x}) = 0$. Para $x^{(0)} > \bar{x}$ o método converge para o zero positivo.

Solução 2.11 Seja $x^{(0)} = 0$ e tol$= 10^{-17}$. O método de Newton converge em 39 iterações para o valor 0.64118239763649, que identificamos como o zero exacto α. Pode-se observar que os erros (aproximados) $x^{(k)} - \alpha$, para $k = 0, 1, \ldots, 29$, diminuem apenas linearmente quando k aumenta. Este comportamento deve-se ao facto de que a multiplicidade de α é superior a 1 (ver Figura 9.2). Para recuperar a ordem 2 pode-se usar o método de Newton modificado.

Solução 2.12 Deve-se calcular o zero da função $f(x) = \sin(x) - \sqrt{2gh/v_0^2}$. Analisando o seu gráfico, deduz-se que f tem um zero no intervalo $(0, \pi/2)$. O método de Newton com $x^{(0)} = \pi/4$ e tol$= 10^{-10}$ converge em 5 iterações para o valor 0.45862863227859.

Solução 2.13 Usando os dados do exercício, pode-se obter a solução com as seguintes instruções:

```
» f=inline('6000-1000*(1+x).*((1+x).^5 - 1)./x');
» df=inline('1000*((1+x).^5.*(1-5*x) - 1)./(x.^2)');
» [zero,res,niter]=bisection(f,0.01,0.1,1.e-12,4);
» [zero,res,niter]=newton(f,df,zero,1.e-12,100);
```

O método de Newton converge para o resultado pretendido em 3 iterações.

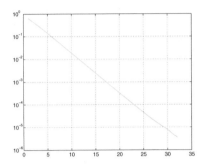

Figura 9.2. Erro em função do número de iterações do método de Newton para o cálculo do zero da função $f(x) = x^3 - 3x^2 2^{-x} + 3x4^{-x} - 8^{-x}$

Solução 2.14 Por um estudo gráfico, vê-se que (2.32) é verificada para um valor de α em $(\pi/6, \pi/4)$. Usando as instruções

```
» f=inline('-12*cos(g+a)/sin(g+a)^2',...
          '-11*cos(a)/sin(a)^2','a','g','11','12');
» df=inline('12/sin(g+a)+2*12*cos(g+a)^2/sin(g+a)^3+...
          11/sin(a)+2*11*cos(a)^2/sin(a)^3','a','g','11','12')
» [zero,res,niter]=newton(f,df,pi/4,...
          1.e-15,100,3*pi/5,8,10);
```

o método de Newton dá um valor aproximado 0.59627992746547 em 6 iterações, partindo de $x^{(0)} = \pi/4$. Deduz-se que o comprimento máximo de uma barra que possa passar no corredor é $L = 30.84$.

Solução 2.15 Se α for um zero de f com multiplicidade m, existe uma função h tal que $h(\alpha) \neq 0$ e $f(x) = h(x)(x - \alpha)^m$. Calculando a primeira derivada da função de iteração do método de Newton, tem-se

$$\phi_N'(x) = 1 - \frac{[f'(x)]^2 - f(x)f''(x)}{[f'(x)]^2} = \frac{f(x)f''(x)}{[f'(x)]^2}.$$

Substituindo f, f' e f'' pelas expressões correspondentes como funções de $h(x)$ e $(x - \alpha)^m$, obtém-se $\lim_{x \to \alpha} \phi_N'(x) = 1 - 1/m$, e portanto $\phi_N'(\alpha) = 0$ se e só se $m = 1$. Por conseguinte, se $m = 1$ o método tem pelo menos convergência quadrática, de acordo com (2.9). Se $m > 1$ o método é convergente e de ordem 1, segundo a Proposição 2.1.

Solução 2.16 Examinando o gráfico de f através dos comandos

```
» f= 'x.^3+4*x.^2-10';  fplot(f,[-10,10]);  grid on;
» fplot(f,[-5,5]);  grid on;
» fplot(f,[0,5]);  grid on
```

verifica-se que f tem um só zero real, aproximadamente igual a 1.36 (ver Figura 9.3). A função de iteração e a sua derivada são dadas por

$$\phi(x) = \frac{2x^3 + 4x^2 + 10}{3x^2 + 8x} = -\frac{f(x)}{3x^2 + 8x} + x,$$

$$\phi'(x) = \frac{(6x^2 + 8x)(3x^2 + 8x) - (6x + 8)(2x^3 + 4x^2 + 10)}{(3x^2 + 8x)^2},$$

e $\phi(\alpha) = \alpha$. Constata-se facilmente que $\phi'(\alpha) = 0$ notando que $\phi'(x) = (6x + 8)f(x)/(3x^2 + 8x)^2$. Por conseguinte, o método proposto converge (pelo menos) quadraticamente.

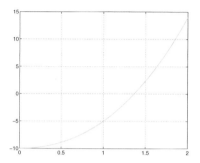

Figura 9.3. Gráfico de $f(x) = x^3 + 4x^2 - 10$, para $x \in [0, 2]$

Solução 2.17 A convergência do método proposto é pelo menos de ordem 2 uma vez que $\phi'(\alpha) = 0$.

Solução 2.18 Mantendo o valor dos restantes parâmetros, o método converge em apenas 3 iterações para o valor 0.64118573649623, que difere em menos de 10^{-9} do resultado previamente calculado. Contudo, o comportamento da função, que é quase constante na vizinhança de $x = 0$, sugere que o resultado calculado previamente poderia ser mais preciso. Na Figura 9.4 mostra-se o gráfico de f em $(0.5, 0.7)$, obtido com as seguintes instruções:

```
> f='x^3-3*x^2*2^(-x) + 3*x*4^(-x) - 8^(-x)';
> fplot(f,[0.5 0.7]); grid on
```

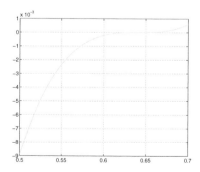

Figura 9.4. Gráfico de $f(x) = x^3 - 3x^2 2^{-x} + 3x4^{-x} - 8^{-x}$, para $x \in [0.5, 0.7]$

9.3 Capítulo 3

Solução 3.1 Como $x \in (x_0, x_n)$, existe um intervalo $I_i = (x_{i-1}, x_i)$ tal que $x \in I_i$. Pode-se ver facilmente que $\max_{x \in I_i} |(x - x_{i-1})(x - x_i)| = h^2/4$. Se majorarmos $|x - x_{i+1}|$ por $2h$, $|x - x_{i-2}|$ por $3h$ e assim por diante, obtemos a desigualdade (3.6).

Solução 3.2 Em todos os casos tem-se $n = 4$ e por isso deverá estimar-se a quinta derivada de cada função no intervalo considerado. Obtém-se: $\max_{x \in [-1,1]} |f_1^{(5)}| < 1.18$, $\max_{x \in [-1,1]} |f_2^{(5)}| < 1.54$, $\max_{x \in [-\pi/2, \pi/2]} |f_3^{(5)}| < 1.41$. Os erros correspondentes são assim limitados por 0.0018, 0.0024 e 0.0211, respectivamente.

Solução 3.3 Usando o comando `polyfit` calculam-se os polinómios interpoladores de grau 3 nos dois casos:

```
» years=[1975 1980 1985 1990];
» east=[70.2 70.2 70.3 71.2];
» west=[72.8 74.2 75.2 76.4];
» ceast=polyfit(years,east,3);
» cwest=polyfit(years,west,3);
» esteast=polyval(ceast,[1970 1983 1988 1995])
esteast =
    69.6000    70.2032    70.6992    73.6000
» estwest=polyval(cwest,[1970 1983 1988 1995])
estwest =
    70.4000    74.8096    75.8576    78.4000
```

Assim, para a Europa Ocidental a esperança de vida estimada em 1970 é igual a 70.4 anos (`estwest(1)`), o que representa um desvio de 1.4 anos em relação ao valor real. A simetria do gráfico do polinómio interpolador sugere que a estimativa da esperança de vida, que é de 78.4 anos para 1995, está sobrestimada do mesmo modo (de facto, a esperança de vida real é de 77.5 anos). A conclusão é diferente para a Europa Oriental. Com efeito, neste caso a estimativa para 1970 coincide exactamente com o valor real, enquanto que a estimativa para 1995 está amplamente sobrestimada (73.6 anos em vez de 71.2).

Solução 3.4 Escolhe-se o mês como unidade de tempo. O tempo inicial $t_0 = 1$ corresponde a Novembro de 1987, e $t_7 = 157$ a Novembro de 2000. Calculam-se os coeficientes do polinómio que interpola os preços dados, usando as seguintes instruções:

```
» time = [1 14 37 63 87 99 109 157];
» price = [4.5 5 6 6.5 7 7.5 8 8];
» [c] = polyfit(time,price,7);
```

Fazendo `[price2002]= polyval(c,181)` vê-se que o preço estimado da revista em Novembro de 2002 é aproximadamente 11.2 euros.

Solução 3.5 O *spline* cúbico de interpolação, calculado com o comando `spline` coincide, neste caso especial, com o polinómio de interpolação. Isto não aconteceria com o *spline* cúbico natural.

Solução 3.6 Utilizam-se as seguintes instruções:

```
» T = [4:4:20];
» rho=[1000.7794,1000.6427,1000.2805,999.7165,998.9700];
» Tnew = [6:4:18]; format long e;
» rhonew = spline(T,rho,Tnew)
  rhonew =
      Columns 1 through 2
        1.000740787500000e+03      1.000488237500000e+03
      Columns 3 through 4
        1.000022450000000e+03      9.993649250000000e+02
```

Uma comparação com as outras medidas mostra que a aproximação é extremamente precisa. Notar que na equação de estado para a água do mar a densidade tem uma dependência de grau quatro da temperatura (UNESCO, 1980). Contudo, o coeficiente da quarta potência de T é da ordem de 10^{-9}.

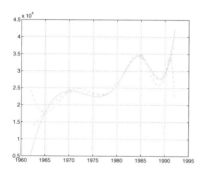

Figura 9.5. *Splines* cúbicos s3 (*linha contínua*), s3d (*linha a tracejado*) e s3n (*linha a ponteado*) para os dados do Exercício 3.7. Os círculos designam os valores usados na interpolação

Solução 3.7 Comparam-se os resultados calculados usando o *spline* cúbico de interpolação obtido com o comando de spline (designado por s3) de MATLAB, o *spline* de interpolação natural e o *spline* de interpolação com as primeiras derivadas nulas nos extremos do intervalo de interpolação (s3d) (calculado com o Programa 3.1). Usam-se as seguintes instruções:

```
» year=[1965 1970 1980 1985 1990 1991];
» production=[17769 24001 25961 34336 29036 33417];
» z=[1962:0.1:1992];
» s3  = spline(year,production,z);
» s3n = cubicspline(year,production,z);
» s3d = cubicspline(year,production,z,0,[0 0]);
```

Na tabela seguinte resumem-se os valores calculados (expressos em milhares de toneladas de bens):

ano	1962	1977	1992
s3	514.6	2264.2	4189.4
s3n	1328.5	2293.4	3779.8
s3d	2431.3	2312.6	2216.6

Uma comparação com os dados reais (1238, 2740.3 and 3205.9 milhares de toneladas, respectivamente) mostra que os valores previstos pelo *spline* natural são igualmente precisos no exterior do intervalo de interpolação (ver Figura 9.5). Pelo contrário, o polinómio interpolador apresenta largas oscilações na vizinhança do extremo e subestima a produção de -7768.5×10^6 Kg para 1962.

Solução 3.8 O polinómio interpolador p e o *spline* s3 podem ser calculados com as seguintes instruções:

```
» pert = 1.e-04;
» x=[-1:2/20:1]; y=sin(2*pi*x)+(-1).^[1:21]*pert;
» z=[-1:0.01:1];
» c=polyfit(x,y,20); p=polyval(c,z); s3=spline(x,y,z);
```

Quando se utilizam dados não perturbados (pert=0) os gráficos de p e s3 não se distinguem do gráfico da função dada. A situação muda completamente quando se consideram os dados perturbados (pert=1.e-04). Em particular, o polinómio de interpolação exibe fortes oscilações nos extremos do intervalo, enquanto que o *spline* permanece praticamente inalterado (ver Figura 9.6). Este exemplo mostra que a aproximação por *splines* é, em geral, menos sensível às perturbações.

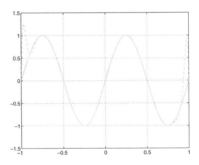

Figura 9.6. Polinómio de interpolação (*linha a ponteado*) e *spline* cúbico de interpolação (*linha contínua*) correspondente aos dados perturbados. Notar as grandes oscilações do polinómio de interpolação próximo dos extremos do intervalo

Solução 3.9 Se $n = m$, fazendo $\tilde{f} = \Pi_n f$ vê-se que o primeiro membro de (3.21) é nulo. Assim neste caso, $\Pi_n f$ é a solução do problema dos mínimos quadrados. Como o polinómio de interpolação é único, deduz-se que esta é a única solução do problema dos mínimos quadrados.

Solução 3.10 Os coeficientes (obtidos com o comando polyfit) dos polinómios que se procuram são (mostram-se apenas os primeiros 4 algarismos significativos):

$K = 0.67$, $a_4 = 6.301 \ 10^{-8}$, $a_3 = -8.320 \ 10^{-8}$, $a_2 = -2.850 \ 10^{-4}$, $a_1 = 9.718 \ 10^{-4}$, $a_0 = -3.032$;

$K = 1.5$, $a_4 = -4.225 \ 10^{-8}$, $a_3 = -2.066 \ 10^{-6}$, $a_2 = 3.444 \ 10^{-4}$, $a_1 = 3.36410^{-3}$, $a_0 = 3.364$;

$K = 2$, $a_4 = -1.012 \ 10^{-7}$, $a_3 = -1.431 \ 10^{-7}$, $a_2 = 6.988 \ 10^{-4}$, $a_1 = -1.060 \ 10^{-4}$, $a_0 = 4.927$;

$K = 3$, $a_4 = -2.323 \ 10^{-7}$, $a_3 = 7.980 \ 10^{-7}$, $a_2 = 1.420 \ 10^{-3}$, $a_1 = -2.605 \ 10^{-3}$, $a_0 = 7.315$.

Na Figura 9.7 representa-se o gráfico do polinómio que se calcula com os dados da coluna $K = 0.67$ da Tabela 3.1.

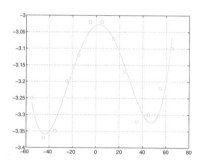

Figura 9.7. Polinómio dos mínimos quadrados de grau 4 (*linha contínua*) comparado com os dados da primeira coluna da Tabela 3.1

Solução 3.11 Repetindo as primeiras 3 instruções da Solução 3.7 e usando o comando `polyfit`, encontram-se os seguintes valores (em 10^5 Kg): 15280.12 em 1962; 27407.10 em 1977; 32019.01 em 1992, que representam boas aproximações dos valores reais (12380, 27403 e 32059, respectivamente).

Solução 3.12 Escrever de novo os coeficientes do sistema (3.23) em função da média e da variância, observando que a variância se escreve na forma $v = \frac{1}{n+1} \sum_{i=0}^{n} x_i^2 - M^2$.

Solução 3.13 A propriedade desejada deduz-se da primeira equação do sistema que dá os coeficientes da recta dos mínimos quadrados.

Solução 3.14 Pode-se utilizar o comando `interpft` como se segue:

```
» discharge = [0 35 0.125 5 0 5 1 0.5 0.125 0];
» y =interpft(discharge ,100);
```

O gráfico da solução está traçado na Figura 9.8.

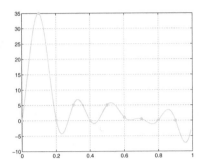

Figura 9.8. Aproximação trigonométrica obtida utilizando as instruções na Solução 3.14. Os pontos referem-se aos dados experimentais disponíveis

9.4 Capítulo 4

Solução 4.1 Consideremos os seguintes desenvolvimentos de Taylor de terceira ordem de f no ponto x_0

$$f(x_1) = f(x_0) + hf'(x_0) + \frac{h^2}{2}f''(x_0) + \frac{h^3}{6}f'''(\xi_1),$$
$$f(x_2) = f(x_0) + 2hf'(x_0) + 2h^2 f''(x_0) + \frac{4h^3}{3}f'''(\xi_2),$$

em que $\xi_1 \in (x_0, x_1)$ e $\xi_2 \in (x_0, x_2)$. Da soma destas duas expressões resulta

$$\frac{1}{2h}\left[-3f(x_0) + 4f(x_1) - f(x_2)\right] = f'(x_0) + \frac{h^2}{3}[f'''(\xi_1) - 2f'''(\xi_2)],$$

e obtém-se o resultado pretendido para um certo $\xi_0 \in (x_0, x_2)$. Procede-se do mesmo modo para a fórmula em x_n.

Solução 4.2 Desenvolvimentos de Taylor conduzem a

$$f(\bar{x} + h) = f(\bar{x}) + hf'(\bar{x}) + \frac{h^2}{2}f''(\bar{x}) + \frac{h^3}{6}f'''(\xi),$$

$$f(\bar{x} - h) = f(\bar{x}) - hf'(\bar{x}) + \frac{h^2}{2}f''(\bar{x}) - \frac{h^3}{6}f'''(\eta),$$

para $\xi \in (\bar{x}, \bar{x}+h)$ e $\eta \in (\bar{x}-h, \bar{x})$. Subtraindo estas duas expressões e dividindo por $2h$ obtém-se (4.10).

Solução 4.3 Supondo que $f \in C^4$ e procedendo como na Solução 4.2 obtemos os erros seguintes (em que ξ_1, ξ_2 e ξ_3 são pontos do intervalo):

$$a. \ -\frac{1}{4}f^{(4)}(\xi_1)h^3, \ b. \ -\frac{1}{12}f^{(4)}(\xi_2)h^3, \ c. \ \frac{1}{30}f^{(4)}(\xi_3)h^4.$$

Solução 4.4 Usando a aproximação (4.9), obtêm-se os seguintes valores:

t (meses)	0	0.5	1	1.5	2	2.5	3
δn	— —	78	45	19	7	3	— —
n'	— —	77.91	39.16	15.36	5.91	1.99	— —

Comparando com os valores exactos de $n'(t)$ concluímos que os valores calculados são bastante precisos.

Solução 4.5 O erro de quadratura pode ser majorado por

$$(b-a)^3/(24M^2) \max_{x \in [a,b]} |f''(x)|,$$

onde $[a,b]$ é o intervalo de integração e M é o número (desconhecido) de subintervalos.

A função f_1 é indefinidamente diferenciável. Do gráfico de f_1'' deduz-se que $|f_1''(x)| \leq 2$ no intervalo de integração. Deste modo, o erro de integração para f_1 será inferior a 10^{-4} desde que $5^3/(24M^2)2 < 10^{-4}$, isto é $M > 322$.

A função f_2 é também indefinidamente diferenciável. Como $\max_{x \in [0,\pi]} |f_2''(x)| = \sqrt{2}e^{3/4\pi}$, o erro de integração será inferior a 10^{-4} desde que $M > 439$. Estas desigualdades conduzem efectivamente a sobrestimar os erros de integração. Com efeito, o número mínimo (efectivo) de intervalos que permite obter um erro inferior à tolerância fixada de 10^{-4} é muito inferior ao previsto por estes resultados (por exemplo, para a função f_1 este número é 51). Finalmente, note-se que como f_3 não é diferenciável no intervalo de integração, as nossas estimativas teóricas de erro não são válidas.

Solução 4.6 Em cada intervalo I_k, $k = 1, \ldots, M$, o erro é igual a $H^3/24 f''(\xi_k)$ com $\xi_k \in (x_{k-1}, x_k)$ e portanto o erro global será $H^3/24 \sum_{k=1}^{M} f''(\xi_k)$. Como f'' é uma função contínua em (a,b) existe um ponto $\xi \in (a,b)$ tal que $f''(\xi) = \frac{1}{M} \sum_{k=1}^{M} f''(\xi_k)$. Usando este resultado e que $MH = b - a$, obtém-se a equação (4.14).

Solução 4.7 Este efeito é devido à acumulação de erros locais em cada subintervalo.

Solução 4.8 Por construção, a fórmula do ponto médio integra exactamente as constantes. Para mostrar que o mesmo acontece com os polinómios lineares, bastará verificar que $I(x) = I_{PM}(x)$. Tem-se efectivamente

$$I(x) = \int_a^b x \, dx = \frac{b^2 - a^2}{2}, \qquad I_{PM}(x) = (b-a)\frac{b+a}{2}.$$

Solução 4.9 Para a função f_1 obtém-se $M = 71$ com a fórmula do trapézio e apenas $M = 7$ com a fórmula de Gauss. O interesse computacional desta última fórmula é evidente.

Solução 4.10 A equação (4.18) estabelece que o erro de quadratura para a fórmula composta do trapézio com $H = H_1$ é igual a CH_1^2, com $C = -\frac{b-a}{12}f''(\xi)$. Se f'' não variar "demasiado", podemos supor que o erro com $H = H_2$ também se comporta como CH_2^2. Então, igualando as duas expressões

$$I(f) \simeq I_1 + CH_1^2, \qquad I(f) \simeq I_2 + CH_2^2, \tag{9.1}$$

conduz a $C = (I_1 - I_2)/(H_2^2 - H_1^2)$. Substituindo este valor numa das expressões (9.1), obtém-se (4.32), quer dizer, uma melhor aproximação do que a dada por I_1 ou I_2.

Solução 4.11 Procura-se o maior inteiro positivo p tal que $I_{approx}(x^p) = I(x^p)$. Para $p = 0, 1, 2, 3$ obtém-se o seguinte sistema não linear de 4 equações a 4 incógnitas $\alpha, \beta, \bar{x}$ e $\bar{z}$:

$$
\begin{aligned}
p = 0 &\to \alpha + \beta = b - a, \\
p = 1 &\to \alpha\bar{x} + \beta\bar{z} = \frac{b^2 - a^2}{2}, \\
p = 2 &\to \alpha\bar{x}^2 + \beta\bar{z}^2 = \frac{b^3 - a^3}{3}, \\
p = 3 &\to \alpha\bar{x}^3 + \beta\bar{z}^3 = \frac{b^4 - a^4}{4}.
\end{aligned}
$$

Pode-se eliminar α e $\bar{z}$ das duas primeiras equações e reduzir o sistema a um novo sistema nas incógnitas β e $\bar{x}$. Em particular, obtém-se uma equação de segunda ordem em β a partir da qual se calcula β em função de $\bar{x}$. Finalmente, pode-se resolver a equação não linear em $\bar{x}$ pelo método de Newton, o que dá dois valores de $\bar{x}$ que são as abcissas dos pontos de quadratura de Gauss.

Solução 4.12 Como

$$
\begin{aligned}
f_1^{(4)}(x) &= \frac{24}{(1 + (x - \pi)^2)^5 (2x - 2\pi)^4} - \frac{72}{(1 + (x - \pi)^2)^4 (2x - 2\pi)^2} \\
&\quad + \frac{24}{(1 + (x - \pi)^2)^3}, \\
f_2^{(4)}(x) &= -4e^x \cos(x),
\end{aligned}
$$

verifica-se que o máximo de $|f_1^{(4)}(x)|$ é limitado por $M_1 \simeq 25$, e o de $|f_2^{(4)}(x)|$ por $M_2 \simeq 93$. Assim, de (4.22) deduz-se $H < 0.21$ no primeiro caso e $H < 0.16$ no segundo caso.

Solução 4.13 Com o comando `int('exp(-x^2/2)',0,2)` obtém-se o valor 1.19628801332261 para o integral considerado. A fórmula de Gauss aplicada no mesmo intervalo dá o valor 1.20278027622354 (com um erro absoluto igual a 6.4923e-03), enquanto que a fórmula de Simpson dá 1.18715264069572 com um erro ligeiramente maior (igual a 9.1354e-03).

Solução 4.14 Note-se que $I_k > 0 \ \forall k$, uma vez que a função integranda é não negativa. Espera-se assim que todos os valores obtidos pela fórmula de recorrência sejam não negativos. Infelizmente, a fórmula de recorrência é sensível à propagação de erros de arredondamneto e dá termos negativos:

```
» I(1)=1/exp(1);   for k=2:20,  I(k)=1-k*I(k-1);  end
» I(20) =
     -30.1924
```

Usando a fórmula composta de Simpson, com $H < 0.25$, pode-se calcular o integral com a precisão desejada.

Solução 4.15 Para a fórmula de Simpson obtém-se

$$I_1 = 1.19616568040561, \quad I_2 = 1.19628173356793, \quad \Rightarrow \quad I_R = 1.19628947044542,$$

com um erro absoluto em I_R igual a -1.4571e-06 (ganham-se duas ordens de grandeza em relação a I_1 e um factor $1/4$ em relação a I_2). Usando a fórmula de Gauss obtemos (os erros estão indicados entre parêntesis):

$$I_1 = 1.19637085545393 \quad (-8.2842e - 05),$$
$$I_2 = 1.19629221796844 \quad (-4.2046e - 06),$$
$$I_R = 1.19628697546941 \quad (1.0379e - 06).$$

O interesse em utilizar o método de extrapolação de Richardson é bem visível.

Solução 4.16 Devemos calcular pela fórmula de Simpson os valores $\gamma(r) = \sigma/(\varepsilon_0 r^2) \int_0^r f(\xi) d\xi$ com $r = k/10$, para $k = 1, \ldots, 10$ e $f(\xi) = e^\xi \xi^2$.

Para estimar o erro de integração é preciso calcular a quarta derivada $f^{(4)}(\xi) = e^\xi(\xi^2 + 8\xi + 12)$. O máximo de $f^{(4)}$ no intervalo de integração $(0, r)$ é atingido em $\xi = r$ uma vez que $f^{(4)}$ é monótona crescente. Obtemos então os seguintes valores:

```
» r=[0.1:0.1:1];
» maxf4=exp(r).*(r.^2+8*r+12);
  maxf4 =
      Columns 1 through 6
       14.1572    16.6599    19.5595    22.9144    26.7917
  31.2676
      Columns 7 through 10
       36.4288    42.3743    49.2167    57.0839
```

Para um dado r o erro é inferior a 10^{-10} desde que $H_r^4 < 10^{-10} 2880/(r f^{(4)}(r))$. Para $r = k/10$ com $k = 1, \ldots, 10$ as instruções seguintes permitem calcular o número mínimo de subintervalos que garanta a verificação das desigualdades anteriores. As componentes do vector M são dadas por:

```
» x=[0.1:0.1:1];  f4=exp(x).*(x.^2+8*x+12);
» H=(10^(-10)*2880./(x.*f4)).^(1/4);  M=fix(x./H)
  M =
      4   11   20   30   41   53   67   83   100   118
```

Por conseguinte, os valores de $\gamma(r)$ são:

```
» sigma=0.36;  epsilon0 = 8.859e-12;
» f = inline('exp(x).*x.^2');
» for k = 1:10
      r = k/10;
      gamma(k)=simpsonc(0,r,M(k),f);
      gamma(k) = gamma(k)*sigma/r*epsilon0;
  end
```

Solução 4.17 Calcula-se $E(213)$ com a fórmula composta de Simpson, aumentando o número de intervalos até que a diferença entre duas aproximações consecutivas (dividida pelo último valor calculado) seja inferior a 10^{-11}:

```
»f=inline('2.39e-11./((x.^5).*(exp(1.432./(T*x))-1))',...
         'x','T');
»a=3.e-04;  b=14.e-04;  T=213;
»i=2;  err = 1;  Iold = 0;  while err >= 1.e-11
    I=simpsonc(a,b,i,f,T);
    err = abs(I-Iold)/abs(I);
    Iold=I;
    i=i+1;
 end
```

O algoritmo dá o valor $i = 59$. Por conseguinte, com 58 intervalos equidistribuídos pode-se calcular o integral $E(213)$ com dez algarismos significativos exactos. A fórmula de Gauss dá o mesmo resultado com 53 intervalos. Notar que seriam necessários 1609 intervalos com a fórmula composta do trapézio.

Solução 4.18 A função dada não é suficintemente regular em todo o intervalo para permitir a aplicação do resultado teórico de convergência (4.22). Uma possibilidade consiste em decompor o integral na soma de dois integrais sobre os intervalos $(0, 0.5)$ e $(0.5, 1)$, nos quais a função é regular (polinómio de grau 3). Em particular, se aplicarmos a regra de Simpson em cada intervalo, podemos mesmo integrar f de maneira exacta.

9.5 Capítulo 5

Solução 5.1 O número r_k de operações algébricas (somas, subtracções e multiplicações) necessárias ao cálculo do determinante de uma matriz de ordem $k \geq 2$ com a regra de Laplace (1.8), satisfaz a seguinte equação com diferenças:

$$r_k - k r_{k-1} = 2k - 1,$$

com $r_1 = 0$. Multiplicando ambos os membros desta equação por $1/k!$, tem-se

$$\frac{r_k}{k!} - \frac{r_{k-1}}{(k-1)!} = \frac{2k-1}{k!}.$$

Somando ambos os termos de 2 a n encontra-se a solução:

$$r_n = n! \sum_{k=2}^{n} \frac{2k-1}{k!} = n! \sum_{k=1}^{n-1} \frac{2k+1}{(k+1)!}, \qquad n \geq 1.$$

Solução 5.2 Utilizamos os seguintes comandos de MATLAB para calcular os determinantes e os correspondentes tempos de CPU:

```
» t = [ ]; for i = 3:500
    A = magic(i); tt = cputime;
    d=det(A); t=[t, cputime-tt];
 end
```

Os coeficientes do polinómio dos mínimos quadrados de grau 3 que aproxima os dados n=[3:500] e t são

```
» format long;  c=polyfit(n,t,3)
c =
Columns 1 through 3
  0.00000002102187  0.00000171915661  -0.00039318949610
Column 4
  0.01055682398911
```

O primeiro coeficiente (que multiplica n^3) é pequeno, mas não suficientemente pequeno em relação ao segundo para que seja desprezado. Com efeito, se calcularmos o polinómio dos mínimos quadrados de grau 4, obtemos os seguintes coeficientes:

```
» c=polyfit(i,t,4)
c =
Columns 1 through 3
 -0.00000000000051  0.00000002153039  0.00000155418071
Columns 4 through 6
 -0.00037453657810  -0.00037453657810  0.01006704351509
```

A partir deste resultado, conclui-se que o cálculo do determinante de uma matriz de dimensão n necessita aproximadamente de n^3 operações.

Solução 5.3 Tem-se: $\det A_1 = 1$, $\det A_2 = \varepsilon$, $\det A_3 = \det A = 2\varepsilon + 12$. Por conseguinte, se $\varepsilon = 0$ a segunda submatriz principal é singular e a Proposição 5.1 não se aplica. A matriz é singular se $\varepsilon = -6$. Neste caso a factorização de Gauss conduz a:

$$L = \begin{bmatrix} 1 & 0 & 0 \\ 2 & 1 & 0 \\ 3 & 1.25 & 1 \end{bmatrix}, \ U = \begin{bmatrix} 1 & 7 & 3 \\ 0 & -12 & -4 \\ 0 & 0 & 0 \end{bmatrix}.$$

Notar que U é singular (como se poderia prever uma vez que A é singular).

Solução 5.4 No passo 1, efectuaram-se $n-1$ divisões para calcular os termos l_{1k}, $i = 2, \ldots, n$. Em seguida efectuaram-se $(n-1)^2$ multiplicações e $(n-1)^2$ adições para os novos termos $a_{ij}^{(2)}$, $j = 2, \ldots, n$. No passo 2, o número de divisões é $(n-2)$, enquanto que o de multiplicações e de adições será $(n-2)^2$. No último passo $n-1$ apenas se efectua 1 adição, 1 multiplicação e 1 divisão. Assim, utilizando as identidades

$$\sum_{s=1}^{q} s = \frac{q(q+1)}{2}, \ \sum_{s=1}^{q} s^2 = \frac{q(q+1)(2q+1)}{6}, \ q \geq 1,$$

deduz-se que a factorização de Gauss completa necessita de $2(n-1)n(n+1)/3 + n(n-1)$ operações. Desprezando os termos de ordem inferior pode-se concluir que a factorização de Gauss tem um custo de $2n^3/3$ operações.

Solução 5.5 Por definição, a inversa X de uma matriz $A \in \mathbb{R}^{n \times n}$ verifica $XA = AX = I$. Por conseguinte, para $j = 1, \ldots, n$ o vector coluna $\mathbf{y}_j$ de X é solução do sistema linear $A\mathbf{y}_j = \mathbf{e}_j$, onde $\mathbf{e}_j$ é o j-ésimo vector da base canónica de $\mathbb{R}^n$ com todas as componentes nulas excepto a j-ésima que é igual a 1. Depois de ter efectuado a factorização LU de A, o cálculo da inversa de A requer a resolução de n sistemas lineares associados à mesma matriz, mas com segundos membros diferentes.

Solução 5.6 Usando o Programa 5.1, calculam-se os factores L e U:

$$L = \begin{bmatrix} 1 & 0 & 0 \\ 2 & 1 & 0 \\ 3 & -3.38 \cdot 10^{15} & 1 \end{bmatrix}, U = \begin{bmatrix} 1 & 1 & 3 \\ 0 & -8.88 \cdot 10^{-16} & 14 \\ 0 & 0 & 4.73 \cdot 10^{-16} \end{bmatrix}.$$

Se calcularmos o seu produto, obtemos a matriz

```
» L*U
ans =
   1.0000   1.0000    3.0000
   2.0000   2.0000   20.0000
   3.0000   6.0000   -2.0000
```

que é diferente de A uma vez que o elemento na posição (3,3) é igual a -2 enquanto que o de A é 4.

Solução 5.7 Em geral, só se armazena a parte triangular (superior ou inferior) de uma matriz simétrica. Por conseguinte, qualquer operação que não respeite a simetria da matriz não será óptima no que se refere ao armazenamento em memória. Este é o caso da estratégia de *pivot* por linhas. Uma possibilidade consiste em trocar simultaneamente linhas e colunas com o mesmo índice, limitando assim a escolha do *pivot* apenas aos elementos diagonais. Mais geralmente, uma estratégia de *pivot* que envolva trocas de linhas e colunas designa-se por *estratégia de pivot completo* (ver por exemplo, [QSS07, Cap. 3]).

Solução 5.8 Os factores L e U são:

$$L = \begin{bmatrix} 1 & 0 & 0 \\ (\varepsilon - 2)/2 & 1 & 0 \\ 0 & -1/\varepsilon & 1 \end{bmatrix}, U = \begin{bmatrix} 2 & -2 & 0 \\ 0 & \varepsilon & 0 \\ 0 & 0 & 3 \end{bmatrix}.$$

Quando $\varepsilon \to 0$, $l_{32} \to \infty$. Apesar disso, a solução do sistema é igualmente precisa quando ε tende para zero, como confirmam as seguintes instruções:

```
» e=1; for k=1:10
   b=[0; e; 2];
   L=[1 0 0; (e-2)*0.5 1 0; 0 -1/e 1];
   U=[2 -2 0; 0 e 0; 0 0 3];
   y=L\b; x=U\y; err(k)=max(abs(x-ones(3,1)));
   e=e*0.1;
end
» err
err =
   0   0   0   0   0   0   0   0   0   0
```

Solução 5.9 As soluções calculadas tornam-se cada vez menos precisas quando i aumenta. Com efeito, as normas dos erros são iguais a $2.63 \cdot 10^{-14}$ para $i = 1$, a $9.89 \cdot 10^{-10}$ para $i = 2$ e a $2.10 \cdot 10^{-6}$ para $i = 3$. Isto pode explicar-se se observarmos que o número de condição de A_i aumenta com i. Com efeito, usando o comando cond vê-se que o número de condição de A_i é $\simeq 10^3$ para $i = 1$, $\simeq 10^7$ para $i = 2$ e $\simeq 10^{11}$ para $i = 3$.

Solução 5.10 Se $(\lambda, \mathbf{v})$ for um par valor próprio - vector próprio de uma matriz A, então λ^2 é um valor próprio de A^2 associado ao mesmo vector próprio. Com efeito, de $A\mathbf{v} = \lambda\mathbf{v}$ resulta $A^2\mathbf{v} = \lambda A\mathbf{v} = \lambda^2\mathbf{v}$. Por conseguinte, se A for simétrica e definida positiva, tem-se $K(A^2) = (K(A))^2$.

Solução 5.11 A matriz de iteração do método de Jacobi é:

$$\mathrm{B}_J = \begin{bmatrix} 0 & 0 & -\alpha^{-1} \\ 0 & 0 & 0 \\ -\alpha^{-1} & 0 & 0 \end{bmatrix}.$$

Os seus valores próprios são $\{0, \alpha^{-1}, -\alpha^{-1}\}$. Portanto o método converge se $|\alpha| > 1$.

A matriz de iteração do método de Gauss-Seidel é

$$\mathrm{B}_{GS} = \begin{bmatrix} 0 & 0 & -\alpha^{-1} \\ 0 & 0 & 0 \\ 0 & 0 & \alpha^{-2} \end{bmatrix}$$

com valores próprios $\{0, 0, \alpha^{-2}\}$. Por conseguinte, o método converge se $|\alpha| > 1$. Em particular, como $\rho(\mathrm{B}_{GS}) = [\rho(\mathrm{B}_J)]^2$, o método de Gauss-Seidel converge mais rapidamente que o de Jacobi.

Solução 5.12 Uma condição suficiente para a convergência dos métodos de Jacobi e Gauss-Seidel é que A tenha diagonal estritamente dominante. A segunda linha de A verifica esta condição se $|\beta| < 5$. Notar que ao impor directamente a condição de que o raio espectral da matriz de iteração correspondente seja inferior a 1 (condição necessária e suficiente de convergência), obtém-se a limitação (menos restritiva) $|\beta| < 25$ para ambos os métodos.

Solução 5.13 O método de relaxação escreve-se na forma vectorial

$$(\mathrm{I} - \omega\mathrm{D}^{-1}\mathrm{E})\mathbf{x}^{(k+1)} = [(1-\omega)\mathrm{I} + \omega\mathrm{D}^{-1}\mathrm{F}]\mathbf{x}^{(k)} + \omega\mathrm{D}^{-1}\mathbf{b}$$

onde $A = D - E - F$, D é a diagonal de A, e E e F são a parte inferior e superior de A, respectivamente. A matriz de iteração correspondente é

$$\mathrm{B}(\omega) = (\mathrm{I} - \omega\mathrm{D}^{-1}\mathrm{E})^{-1}[(1-\omega)\mathrm{I} + \omega\mathrm{D}^{-1}\mathrm{F}].$$

Designando por λ_i os valores próprios de $\mathrm{B}(\omega)$, obtém-se

$$\left| \prod_{i=1}^{n} \lambda_i \right| = \left| \det\left[(1-\omega)\mathrm{I} + \omega\mathrm{D}^{-1}\mathrm{F}\right] \right| = |1-\omega|^n.$$

Assim, pelo menos um valor próprio deve satisfazer a desigualdade $|\lambda_i| \geq |1-\omega|$. Deste modo, uma condição necessária para assegurar a convergência é que $|1-\omega| < 1$, isto é $0 < \omega < 2$.

Solução 5.14 A matriz considerada é simétrica. Para verificar se ela é também definida positiva, quer dizer, $\mathbf{z}^T A\mathbf{z} > 0$ para todo $\mathbf{z} \neq \mathbf{0}$ de $\mathbb{R}^2$, usam-se as seguintes instruções:

```
» syms z1 z2 real
» z=[z1;z2]; A=[3 2; 2 6];
» pos=z'*A*z; simple(pos)
  ans =
      3*z1^2+4*z1*z2+6*z2^2
```

O comando `syms z1 z2 real` é necessário para declarar que as variáveis simbólicas `z1` e `z2` são números reais, enquanto que o comando `simple(pos)` tenta várias simplificações algébricas de `pos` e devolve a mais curta. É fácil ver que a quantidade calculada é positiva já que se pode escrever na forma `2*(z1+z2)^2` `+z1^2+4*z2^2`. Assim, a matriz dada é simétrica e definida positiva, e o método de Gauss-Seidel é convergente.

Solução 5.15 Tem-se:
para o método de Jacobi:

$$\begin{cases} x_1^{(1)} = \frac{1}{2}(1 - x_2^{(0)}), \\ x_2^{(1)} = -\frac{1}{3}(x_1^{(0)}); \end{cases} \Rightarrow \begin{cases} x_1^{(1)} = \frac{1}{4}, \\ x_2^{(1)} = -\frac{1}{3}; \end{cases}$$

para o método de Gauss-Seidel:

$$\begin{cases} x_1^{(1)} = \frac{1}{2}(1 - x_2^{(0)}), \\ x_2^{(1)} = -\frac{1}{3}x_1^{(1)}, \end{cases} \Rightarrow \begin{cases} x_1^{(1)} = \frac{1}{4}, \\ x_2^{(1)} = -\frac{1}{12}. \end{cases}$$

Para o método do gradiente, começa-se por calcular o resíduo inicial

$$\mathbf{r}^{(0)} = \mathbf{b} - A\mathbf{x}^{(0)} = \begin{bmatrix} 1 \\ 0 \end{bmatrix} - \begin{bmatrix} 2 & 1 \\ 1 & 3 \end{bmatrix} \mathbf{x}^{(0)} = \begin{bmatrix} -3/2 \\ -5/2 \end{bmatrix}.$$

Em seguida, como

$$P^{-1} = \begin{bmatrix} 1/2 & 0 \\ 0 & 1/3 \end{bmatrix},$$

tem-se $\mathbf{z}^{(0)} = P^{-1}\mathbf{r}^{(0)} = [-3/4, -5/6]^T$. Por conseguinte

$$\alpha_0 = \frac{(\mathbf{z}^{(0)})^T \mathbf{r}^{(0)}}{(\mathbf{z}^{(0)})^T A\mathbf{z}^{(0)}} = \frac{77}{107},$$

e

$$\mathbf{x}^{(1)} = \mathbf{x}^{(0)} + \alpha_0 \mathbf{z}^{(0)} = [197/428, -32/321]^T.$$

Solução 5.16 No caso estacionário, $\rho(B_\alpha) = \min_\lambda |1 - \alpha\lambda|$, onde λ são os valores próprios de $P^{-1}A$. O valor óptimo de α obtém-se resolvendo a equação $|1 - \alpha\lambda_{min}| = |1 - \alpha\lambda_{max}|$, quer dizer $1 - \alpha\lambda_{min} = -1 + \alpha\lambda_{max}$, o que dá (5.48). Como,

$$\rho(B_\alpha) = 1 - \alpha\lambda_{min} \ \forall\alpha \leq \alpha_{opt},$$

para $\alpha = \alpha_{opt}$ tem-se (5.59).

Solução 5.17 Neste caso a matriz associada ao modelo de Leontieff não é definida positiva. Com efeito, usando as instruções seguintes

```
» for i=1:20; for j=1:20; c(i,j)=i+j; end; end;
» A=eye(20)-c;
» min(eig(A))
  ans =
      -448.5830
» max(eig(A))
  ans =
      30.5830
```

pode-se ver que o menor valor próprio é um número negativo e que o maior valor próprio é um número positivo. Por conseguinte, a convergência do método do gradiente não está garantida. Contudo, como a matriz A é não singular, o sistema considerado é equivalente ao sistema $A^T A x = A^T b$, onde $A^T A$ é simétrica e definida positiva. Este último sistema resolve-se pelo método do gradiente exigindo que a norma do resíduo seja inferior a 10^{-10} e partindo do dado inicial $x^{(0)} = 0$:

```
» b = [1:20]'; aa=A'*A; b=A'*b; x0 = zeros(20,1);
» [x,iter]=itermeth(aa,b,x0,100,1.e-10);
```

O método converge em 15 iterações. Um inconveniente deste procedimento é que o número de condição da matriz $A^T A$ é, em geral, maior do que o número de condição de A.

9.6 Capítulo 6

Solução 6.1 A_1: o método da potência converge em 34 iterações para o valor 2.00000000004989. A_2: partindo do mesmo vector inicial, o método da potência converge agora em 457 iterações para 1.99999999990611. Pode-se explicar esta taxa de convergência mais lenta observando que os dois maiores valores próprios são muito próximos. Finalmente, para a matriz A_3 o método não converge porque A_3 possui dois valores próprios distintos (i e $-i$) de módulo máximo.

Solução 6.2 A matriz de Leslie associada aos valores da tabela é dada por

$$A = \begin{bmatrix} 0 & 0.5 & 0.8 & 0.3 \\ 0.2 & 0 & 0 & 0 \\ 0 & 0.4 & 0 & 0 \\ 0 & 0 & 0.8 & 0 \end{bmatrix}.$$

Usando o método da potência obtém-se $\lambda_1 \simeq 0.5353$. A distribuição normalizada desta população para diferentes intervalos de idade é dada pelas componentes do vector próprio unitário correspondente, quer dizer, $x_1 \simeq [0.8477, 0.3167, 0.2367, 0.3537]^T$.

Solução 6.3 Escrevemos o dado inicial na forma

$$y^{(0)} = \beta^{(0)} \left(\alpha_1 x_1 + \alpha_2 x_2 + \sum_{i=3}^{n} \alpha_i x_i \right),$$

com $\beta^{(0)} = 1/\|\mathbf{x}^{(0)}\|$. Fazendo cálculos semelhantes aos da Secção 6.1, no passo genérico k, obtemos:

$$\mathbf{y}^{(k)} = \gamma^k \beta^{(k)} \left(\alpha_1 \mathbf{x}_1 e^{ik\vartheta} + \alpha_2 \mathbf{x}_2 e^{-ik\vartheta} + \sum_{i=3}^{n} \alpha_i \frac{\lambda_i^k}{\gamma^k} \mathbf{x}_i \right).$$

Os dois primeiros termos não se anulam e, devido ao sinal oposto dos expoentes, a sucessão dos $\mathbf{y}^{(k)}$ oscila e não converge.

Solução 6.4 Da equação dos valores próprios $A\mathbf{x} = \lambda \mathbf{x}$, deduz-se $A^{-1}A\mathbf{x} = \lambda A^{-1}\mathbf{x}$, e por conseguinte $A^{-1}\mathbf{x} = (1/\lambda)\mathbf{x}$.

Solução 6.5 O método da potência aplicado à matriz A gera uma sucessão oscilante de aproximações do valor próprio de módulo máximo (ver Figua 9.9). Este comportamento deve-se ao facto de que este valor próprio de módulo máximo não é único.

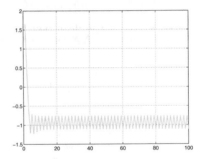

Figura 9.9. Aproximações do valor próprio de módulo máximo da matriz da Solução 6.5 calculadas pelo método da potência

Solução 6.6 Para calcular o valor próprio de módulo máximo de A usa-se o Programa 6.1:

```
» A=wilkinson(7);
» x0=ones(7,1); tol=1.e-15; nmax=100;
» [lambda,x,iter]=eigpower(A,tol,nmax,x0);
```

Depois de 35 iterações obtém-se `lambda=3.76155718183189`. Para determinar o maior valor próprio negativo de A, pode-se usar o método da potência com translação escolhendo, em particular, uma translação igual ao maior valor próprio positivo que se acabou de calcular. Tem-se:

```
» [lambda2,x,iter]=eigpower(A-lambda*eye(7),tol,nmax,x0);
» lambda2+lambda
 ans =
      -1.12488541976457
```

depois de `iter` = 33 iterações. Estes resultados são aproximações satisfatórias dos valores próprios de A (positivos e negativos) de maior valor absoluto.

Solução 6.7 Como todos os coeficientes de A são reais, os valores próprios existem em pares conjugados. Notar que nesta situação, os valores próprios conjugados deverão pertencer ao mesmo círculo de Gershgorin. A matriz A apresenta 2 círculos por colunas isolados dos outros (ver Figura 9.10, à esquerda). Cada um deles não poderá conter mais do que um valor próprio que, por isso, deverá ser real. Então A admite pelo menos 2 valores próprios reais.

Consideremos agora a matriz B que admite só um círculo por colunas isolado (ver Figura 9.10, à direita). Então, pelas considerações anteriores o valor próprio correspondente é real. Os restantes valores próprios podem ser todos reais, ou um real e dois complexos.

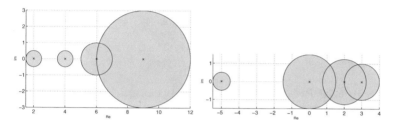

Figura 9.10. *À esquerda*, círculos por colunas da matriz A (Solução 6.7). *À direita*, círculos por colunas da matriz B (Solução 6.7)

Solução 6.8 Entre os círculos por linhas da matriz A vê-se um círculo isolado de centro 5 e raio 2 que deverá conter o valor próprio de módulo máximo. Pode-se assim fixar o valor da translação igual a 5. A comparação entre o número de iterações e o custo computacional do método da potência, com e sem translação, pode-se obter usando os seguintes comandos:

```
» A=[5 0 1 -1; 0 2 0 -1/2; 0 1 -1 1; -1 -1 0 0];
» tol=1e-14; x0=[1 2 3 4]';
» nmax=1000;
» tic; [lambda1,x1,iter1]=eigpower(A,tol,nmax,x0);
» toc, iter1

Elapsed time is 0.033607 seconds.
iter1 = 35

» tic; [lambda2,x2,iter2]=invshift(A,5,tol,nmax,x0);
» toc, iter2

Elapsed time is 0.018944 seconds.
iter2 = 12
```

O método da potência com translação requer neste caso menos iterações (1 para 3) e quase metade do custo do método da potência usual (tendo também em conta o tempo suplementar necessário ao cálculo prévio da factorização de Gauss de A).

Solução 6.9 Usando o comando qr tem-se de imediato:

```
» A=[2 -1/2 0 -1/2; 0 4 0 2; -1/2 0 6 1/2; 0 0 1 9];
» [Q,R]=qr(A)
Q =
    -0.9701     0.0073    -0.2389    -0.0411
          0    -0.9995    -0.0299    -0.0051
     0.2425     0.0294    -0.9557    -0.1643
          0          0    -0.1694     0.9855
R =
    -2.0616     0.4851     1.4552     0.6063
          0    -4.0018     0.1764    -1.9881
          0          0    -5.9035    -1.9426
          0          0          0     8.7981
```

Para verificar que RQ é semelhante a A, observe-se que

$$Q^T A = Q^T Q R = R$$

graças à ortogonalidade de Q. Assim $C = Q^T A Q = RQ$, uma vez que $Q^T = Q^{-1}$, e conclui-se que C é semelhante a A.

Solução 6.10 Podemos usar o comando eig da seguinte maneira: [X,D]=eig(A), onde X é a matriz cujas colunas são os vectores próprios unitários de A e D é uma matriz diagonal cujos elementos são os valores próprios de A. Para as matrizes A e B do Exercício 6.7 executam-se as seguintes instruções:

```
» A=[2 -1/2 0 -1/2; 0 4 0 2; -1/2 0 6 1/2; 0 0 1 9];
» sort(eig(A))
 ans =
    2.0000
    4.0268
    5.8003
    9.1728
» B=[-5 0 1/2 1/2; 1/2 2 1/2 0; 0 1 0 1/2; 0 1/4 1/2 3];
» sort(eig(B))
 ans =
   -4.9921
   -0.3038
    2.1666
    3.1292
```

9.7 Capítulo 7

Solução 7.1 Aproximemos a solução exacta $y(t) = \frac{1}{2}[e^t - \sin(t) - \cos(t)]$ do problema de Cauchy (7.72) pelo método de Euler progressivo, usando diferentes valores de h: $1/2, 1/4, 1/8, \ldots, 1/512$. O erro associado calcula-se mediante as seguintes instruções:

```
» y0=0; f=inline('sin(t)+y','t','y');
» y='0.5*(exp(t)-sin(t)-cos(t))';
» tspan=[0 1]; N=2; for k=1:10
   [tt,u]=feuler(f,tspan,y0,N);t=tt(end);
   e(k)=abs(u(end)-eval(y));
   N=2*N;end
» e
```

```
e =
  Columns 1 through 6
    0.4285    0.2514    0.1379    0.0725    0.0372    0.0189
  Columns 7 through 10
    0.0095    0.0048    0.0024    0.0012
```

Agora aplicamos a fórmula (1.12) para estimar a ordem de convergência:

```
» p=log(abs(e(1:end-1)./e(2:end)))/log(2)
p =
  Columns 1 through 6
    0.7696    0.8662    0.9273    0.9620    0.9806    0.9902
  Columns 7 through 9
    0.9951    0.9975    0.9988
```

Como se esperava, a ordem de convergência é um. Com as mesmas instruções (substituindo o programa **feuler** pelo programa **beuler**) obtém-se uma estimativa da ordem de convergência do método de Euler regressivo:

```
» p=log(abs(e(1:end-1)./e(2:end)))/log(2)
p =
  Columns 1 through 6
    1.5199    1.1970    1.0881    1.0418    1.0204    1.0101
  Columns 7 through 9
    1.0050    1.0025    1.0012
```

Solução 7.2 A solução numérica do problema de Cauchy pelo método de Euler progressivo pode-se calcular da seguinte maneira:

```
» tspan=[0 1]; N=100; f=inline('-t*exp(-y)','t','y');
» y0=0; [t,u]=feuler(f,tspan,y0,N);
```

Para calcular o número de algarismos significativos exactos podemos estimar as constantes L e M que aparecem em (7.13). Notar que, como $f(t, y(t)) < 0$ no intervalo considerado, $y(t) = \log(1 - t^2/2)$ é uma função monótona decrescente, que se anula em $t = 0$. Como f é contínua tal como a sua primeira derivada, podemos aproximar L por $L = \max_{0 \le t \le 1} |L(t)|$ com $L(t) = \partial f/\partial y = te^{-y}$. Notar que $L(0) = 0$ e $L(t) > 0$ para todo $t \in (0, 1]$. Deste modo, $L = e$.

Analogamente, para calcular $M = \max_{0 \le t \le 1} |y''(t)|$ com $y'' = -e^{-y} - t^2 e^{-2y}$, pode-se observar que esta função atinge o seu máximo em $t = 1$, e portanto $M = e + e^2$. De (7.13) deduz-se

$$|u_{100} - y(1)| \le \frac{e^L - 1}{L} \frac{M}{200} = 0.26.$$

Assim, não se pode garantir que se tenha mais do que um algarismo significativo exacto. Com efeito, obtém-se **u(end)=-0.6785**, enquanto que a solução exacta em $t = 1$ é $y(1) = -0.6931$.

Solução 7.3 A função de iteração é $\phi(u) = u_n - ht_{n+1}e^{-u}$ e as iterações de ponto fixo convergem se $|\phi'(u)| < 1$. Esta propriedade verifica-se se $h(t_0 + (n + 1)h) < e^u$. Substituindo u pela solução exacta, pode-se obter uma estimativa *a priori* do valor de h. A situação mais restritiva tem lugar quando $u = -1$ (ver Solução 7.2). Neste caso, a solução da inequação $(n + 1)h^2 < e^{-1}$ é $h < \sqrt{e^{-1}/(n + 1)}$.

Solução 7.4 Repetimos as instruções da Solução 7.1, usando desta vez o Programa cranknic (Program 7.3) em vez de feuler. De acordo com a teoria, obtemos o seguinte resultado que mostra uma convergência de segunda ordem:

```
»  p=log(abs(e(1:end-1)./e(2:end)))/log(2)
 p =
 Columns 1 through 6
   2.0379   2.0092   2.0023   2.0006   2.0001   2.0000
 Columns 7 through 9
   2.0000   2.0000   2.0000
```

Solução 7.5 Consideremos a formulação integral do problema de Cauchy (7.5) no intervalo $[t_n, t_{n+1}]$:

$$
y(t_{n+1}) - y(t_n) = \int_{t_n}^{t_{n+1}} f(\tau, y(\tau)) d\tau
$$
$$
\simeq \frac{h}{2} \left[f(t_n, y(t_n)) + f(t_{n+1}, y(t_{n+1})) \right],
$$

onde se aproximou o integral pela fórmula do trapézio (4.19). Fazendo $u_0 = y(t_0)$ e substituindo $y(t_n)$ pelo valor aproximado u_n e o símbolo $\simeq$ por $=$, obtemos

$$
u_{n+1} = u_n + \frac{h}{2} \left[f(t_n, u_n) + f(t_{n+1}, u_{n+1}) \right], \qquad \forall n \geq 0,
$$

que é o método de Crank-Nicolson.

Solução 7.6 Deve-se impor a condição $|1 - h + ih| < 1$, o que dá $0 < h < 1$.

Solução 7.7 Considere-se o método de Heun na seguinte forma (de tipo Runge-Kutta):

$$
u_{n+1} = u_n + \frac{1}{2}(k_1 + k_2), \quad k_1 = hf(t_n, u_n), \quad k_2 = hf(t_{n+1}, u_n + k_1). \tag{9.2}
$$

Tem-se $h\tau_{n+1}(h) = y(t_{n+1}) - y(t_n) - (\widehat{k_1} + \widehat{k_2})/2$, com $\widehat{k_1} = hf(t_n, y(t_n))$ e $\widehat{k_2} = hf(t_{n+1}, y(t_n) + \widehat{k_1})$. O método é consistente, já que

$$
\lim_{h \to 0} \tau_{n+1} = y'(t_n) - \frac{1}{2}[f(t_n, y(t_n)) + f(t_n, y(t_n))] = 0.
$$

O método de Heun está implementado no Programa 9.1. Usando este programa, pode-se verificar a ordem de convergência como na Solução 7.1. Vê-se que o método de Heun é de segunda ordem em relação a h, com as seguintes instruções:

```
»  p=log(abs(e(1:end-1)./e(2:end)))/log(2)
 p =
 Columns 1 through 6
   1.7642   1.8796   1.9398   1.9700   1.9851   1.9925
 Columns 7 through 9
   1.9963   1.9981   1.9991
```

Programa 9.1. rk2: método de Heun

```
function [t,u]=rk2(odefun,tspan,y0,Nh,varargin)
h=(tspan(2)-tspan(1)-t0)/Nh; tt=[tspan(1):h:tspan(2)];
u(1)=y0;
for s=tt(1:end-1)
   t = s;   y = u(end);
   k1=h*feval(odefun,t,y,varargin{:});
   t = t + h;
   y = y + k1;  k2=h*feval(odefun,t,y,varargin{:});
   u = [u, u(end) + 0.5*(k1+k2)];
end
t=tt;
return
```

Solução 7.8 Aplicando o método (9.2) ao problema modelo (7.28) obtemos $k_1 = h\lambda u_n$ e $k_2 = h\lambda u_n(1 + h\lambda)$. Assim $u_{n+1} = u_n[1 + h\lambda + (h\lambda)^2/2] = u_n p_2(h\lambda)$. Para assegurar a estabilidade absoluta, devemos ter $|p_2(h\lambda)| < 1$, o que é equivalente a $0 < p_2(h\lambda) < 1$, uma vez que $p_2(h\lambda)$ é positivo. Resolvendo esta última inequação, obtemos $-2 < h\lambda < 0$, isto é, $h < 2/|\lambda|$.

Solução 7.9 Notar que

$$u_n = u_{n-1}(1 + h\lambda_{n-1}) + hr_{n-1}.$$

Em seguida, proceder por recorrência em n.

Solução 7.10 A desigualdade (7.38) resulta de (7.37) pondo

$$\varphi(\lambda) = \left|1 + \frac{1}{\lambda}\right| + \left|\frac{1}{\lambda}\right|.$$

A conclusão resulta facilmente.

Solução 7.11 De (7.35) temos

$$|z_n - u_n| \leq \rho_{max}a^n + h\rho_{max}\sum_{k=0}^{n-1}\delta(h)^{n-k-1}.$$

O resultado obtém-se usando (7.36).

Solução 7.12 Tem-se

$$h\tau_{n+1}(h) = y(t_{n+1}) - y(t_n) - \frac{1}{6}(\widehat{k}_1 + 4\widehat{k}_2 + \widehat{k}_3),$$

$$\widehat{k}_1 = hf(t_n, y(t_n)), \quad \widehat{k}_2 = hf(t_n + \frac{h}{2}, y(t_n) + \frac{\widehat{k}_1}{2}),$$

$$\widehat{k}_3 = hf(t_{n+1}, y(t_n) + 2\widehat{k}_2 - \widehat{k}_1).$$

O método é consistente uma vez que

$$\lim_{h\to 0}\tau_{n+1} = y'(t_n) - \frac{1}{6}[f(t_n, y(t_n)) + 4f(t_n, y(t_n)) + f(t_n, y(t_n))] = 0.$$

Este método é um esquema de Runge-Kutta explícito de ordem 3 e está implementado no Programa 9.2. Tal como na Solução 7.7, podemos deduzir uma estimativa da sua ordem de convergência usando as seguintes instruções:

```
» p=log(abs(e(1:end-1)./e(2:end)))/log(2)
p =
  Columns 1 through 6
    2.7306    2.8657    2.9330    2.9666    2.9833    2.9916
  Columns 7 through 9
    2.9958    2.9979    2.9990
```

Solução 7.13 Da Solução 7.8 obtemos a relação

$$u_{n+1} = u_n[1 + h\lambda + \frac{1}{2}(h\lambda)^2 + \frac{1}{6}(h\lambda)^3] = u_n p_3(h\lambda).$$

Examinando o gráfico de p_3, obtido com a instrução

```
» c=[1/6 1/2 1 1]; z=[-3:0.01:1];
» p=polyval(c,z); plot(z,abs(p))
```

deduz-se que $|p_3(h\lambda)| < 1$, para $-2.5 < h\lambda < 0$.

Programa 9.2. rk3: método de Runge-Kutta explícito de ordem 3

```
function [t,u]=rk3(odefun,tspan,y0,Nh,varargin)
h=(tspan(2)-tspan(1))/Nh; tt=[tspan(1):h:tspan(2)];
u(1)=y0;
for s=tt(1:end-1)
t = s; y = u(end);
k1=h*feval(odefun,t,y,varargin{:});
t = t + h*0.5; y = y + 0.5*k1;
k2=h*feval(odefun,t,y,varargin{:});
t = s + h;      y = u(end) + 2*k2-k1;
k3=h*feval(odefun,t,y,varargin{:});
u = [u, u(end) + (k1+4*k2+k3)/6];
end
t=tt;
```

Solução 7.14 O método (7.74) aplicado ao problema modelo (7.28) conduz à equação $u_{n+1} = u_n(1 + h\lambda + (h\lambda)^2)$. Do gráfico de $1 + z + z^2$ com $z = h\lambda$, deduz-se que o método é absolutamente estável se $-1 < h\lambda < 0$.

Solução 7.15 Para resolver o Problema 7.1 com os valores dados, repetem-se as seguintes instruções com N=10 e N=20:

```
» f=inline('-1.68*10^(-9)*y^4+2.6880','t','y');
» [t,uc]=cranknic(f,[0,200],180,N);
» [t,u]=predcor(f,[0 200],180,N,'feonestep','cnonestep');
```

Os gráficos das soluções calculadas estão representados na Figura 9.11. As soluções obtidas pelo método de Crank-Nicolson são mais precisas do que as que se obtêm pelo método de Heun.

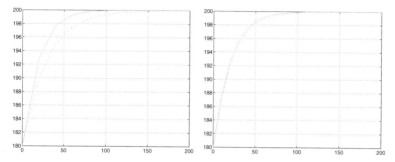

Figura 9.11. Soluções calculadas com N=10 (*à esquerda*) e N=20 (*à direita*) para o problema de Cauchy da Solução 7.15: soluções calculadas pelo método de Crank-Nicolson (*linha contínua*), e pelo método de Heun (*linha a tracejado*)

Solução 7.16 O método de Heun aplicado ao problema modelo (7.28), dá

$$u_{n+1} = u_n \left(1 + h\lambda + \frac{1}{2} h^2 \lambda^2 \right).$$

No plano complexo a fronteira da sua região de estabilidade absoluta satisfaz $|1 + h\lambda + h^2\lambda^2/2|^2 = 1$, onde $h\lambda = x + iy$. Esta equação é verificada pelos pares (x, y) tais que $f(x, y) = x^4 + y^4 + 2x^2y^2 + 4x^3 + 4xy^2 + 8x^2 + 8x = 0$. Podemos traçar a sua curva representativa como sendo a curva de nível $z = 0$ da função $f(x, y) = z$. Isto pode ser feito com as seguintes instruções:

```
» f=['x.^4+y.^4+2*(x.^2).*(y.^2)+',...
    '4*x.*y.^2+4*x.^3+8*x.^2+8*x'];
» [x,y]=meshgrid([-2.1:0.1:0.1],[-2:0.1:2]);
» contour(x,y,eval(f),[0 0]);grid on
```

O comando meshgrid traça no rectângulo $[-2.1, 0.1] \times [-2, 2]$ uma malha com 23 nós equidistantes na direcção x, e 41 nós equidistantes na direcção y. Com o comando contour representa-se a curva de nível de $f(x, y)$ (traçada com o comando eval(f)) correspondente a $z = 0$ (vector de entrada [0 0] de contour). Na Figura 9.12 a linha contínua limita a região de estabilidade absoluta do método de Heun. Esta região é maior do que a do método de Euler progressivo (que corresponde ao interior do círculo a tracejado). Ambas as curvas são tangentes ao eixo dos imaginários na origem $(0, 0)$.

Solução 7.17 Usamos as seguintes instruções:

```
» tspan=[0 1]; y0=0; f=inline('cos(2*y)','t','y');
» y='0.5*asin((exp(4*t)-1)./(exp(4*t)+1))';
» N=2; for k=1:10
    [tt,u]=predcor(f,tspan,y0,N,'feonestep','cnonestep');
    t=tt(end); e(k)=abs(u(end)-eval(y)); N=2*N; end
» p=log(abs(e(1:end-1)./e(2:end)))/log(2)
  p =
  Columns 1 through 6
    2.4733    2.2507    2.1223    2.0601    2.0298    2.0148
  Columns 7 through 9
    2.0074    2.0037    2.0018
```

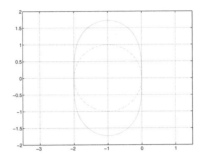

Figura 9.12. Fronteiras das regiões de estabilidade absoluta para o método de Heun (*linha contínua*) e para o método de Euler progressivo (*linha a tracejado*). As regiões correspondentes encontram-se no interior das fronteiras

Como previsto, verifica-se que a ordem de convergência do método é 2. No entanto, o custo computacional é comparável ao do método de Euler progressivo, que tem apenas precisão de primeira ordem.

Solução 7.18 A equação diferencial de segunda ordem deste exercício é equivalente ao seguinte sistema de primeira ordem

$$x' = z, \ z' = -5z - 6x,$$

com $x(0) = 1$, $z(0) = 0$. Usa-se o método de Heun do seguinte modo:
```
» tspan=[0 5]; y0=[1 0];
» [tt,u]=predcor('fspring',tspan,y0,N,...
        'feonestep','cnonestep');
```
onde N é o número de nós e fspring.m é a seguinte função:
```
function y=fspring(t,y)
b=5; k=6;
yy=y; y(1)=yy(2); y(2)=-b*yy(2)-k*yy(1);
```
Na Figura 9.13 representamos os gráficos das duas componentes da solução, calculadas com N=20,40 e comparamo-los com os gráficos da solução exacta $x(t) = 3e^{-2t} - 2e^{-3t}$ e da sua primeira derivada.

Solução 7.19 O sistema de equações diferenciais de segunda ordem reduz-se ao seguinte sistema de primeira ordem:

$$\begin{cases} x' = z, \\ y' = v, \\ z' = 2\omega \sin(\Psi) - k^2 x, \\ v' = -2\omega \sin(\Psi)z - k^2 y. \end{cases} \tag{9.3}$$

Supondo que o pêndulo no instante inicial $t_0 = 0$ está em repouso na posição $(1,0)$, deve-se impor ao sistema (9.3) as seguintes condições iniciais:

$$x(0) = 1, \ y(0) = 0, \ z(0) = 0, \ v(0) = 0.$$

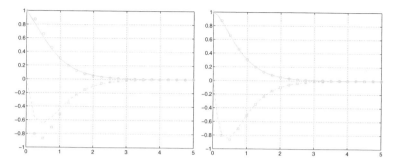

Figura 9.13. Aproximações de $x(t)$ (*linha contínua*) e $x'(t)$ (*linha a tracejado*) calculadas com N=20 (*linha fina*) e N=40 (*linha espessa*). Os pequenos círculos e quadrados representam as funções exactas $x(t)$ e $x'(t)$, respectivamente

Fazendo $\Psi = \pi/4$, que é a latitude média do Norte de Itália, usa-se o método de Euler progressivo do seguinte modo

```
» [t,y]=feuler('ffoucault',[0 300],[1 0 0 0],Nh);
```

onde Nh é o número de passos e ffoucault.m é a seguinte função:

```
function y=ffoucault(t,y)
l=20;
k2=9.8/l;
psi=pi/4;
omega=7.29*1.e-05;
yy=y;    y(1)=yy(3);    y(2)=yy(4);
y(3)=2*omega*sin(psi)*yy(4)-k2*yy(1);
y(4)=-2*omega*sin(psi)*yy(3)-k2*yy(2);
return
```

Com algumas experiências numéricas, vê-se que o método de Euler progressivo não pode produzir soluções aceitáveis para este problema, mesmo para h muito pequeno. Por exemplo, na Figura 9.14 à esquerda, representa-se o gráfico, no plano de fases (x,y), do movimento do pêndulo calculado com N=30000, isto é, $h = 1/100$. Como se esperava, o plano de rotação muda com o tempo, mas há também aumento da amplitude das oscilações. Pode-se obter resultados análogos para valores de h mais pequenos, usando o método de Heun. Com efeito, o problema modelo correspondente a este problema tem um coeficiente λ imaginário puro. A solução correspondente (uma sinusoide) é limitada mas não tende para zero quando t tende para infinito.

Infelizmente, tanto o método de Euler progressivo como o método de Heun têm regiões de estabilidade absoluta sem quaisquer pontos do eixo dos imaginários (com excepção da origem). Assim, para garantir a estabilidade absoluta, deveria escolher-se o valor proibido $h = 0$.

Para conseguir uma solução aceitável seria necessário usar um método cuja região de estabilidade absoluta contivesse uma parte do eixo dos imaginários. É o caso, por exemplo, do método adaptativo de Runge-Kutta de ordem 3, implementado na função ode23 de MATLAB, através do seguinte comando

```
» [t,u]=ode23('ffoucault',[0 300],[1 0 0 0]);
```

Na Figura 9.14 (*à direita*) representa-se a solução obtida usando apenas 1022 passos de integração. Note-se que a solução numérica é próxima da solução analítica.

Octave 7.1 Em Octave, ode23 efectua 1419 iterações. Além disso ode23 dá um resultado final diferente.   ∎

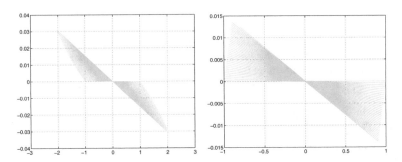

Figura 9.14. Trajectórias no plano de fases do pêndulo de Foucault (Solução 7.19) calculadas pelo método de Euler progressivo (*à esquerda*) e pelo método de Runge-Kutta adaptativo de terceira ordem (*à direita*)

Solução 7.20 Define-se o segundo membro do problema na seguinte *função*:

```
function y=baseball(t,y)
phi = 0;   omega = 1800*1.047198e-01;
B = 4.1*1.e-4;  yy=y;
g = 9.8;
vmodulo = sqrt(y(4)^2+y(5)^2+y(6)^2);
Fv = 0.0039+0.0058/(1+exp((vmodulo-35)/5));
y(1)=yy(4);
y(2)=yy(5);
y(3)=yy(6);
y(4)=-Fv*vmodulo*y(4)+...
      B*omega*(yy(6)*sin(phi)-yy(5)*cos(phi));
y(5)=-Fv*vmodulo*y(5)+...
      B*omega*yy(4)*cos(phi);
y(6)=-g-Fv*vmodulo*y(6)-B*omega*yy(4)*sin(phi);
return
```

Agora só é preciso chamar de novo ode23 do seguinte modo:

```
» [t,u]=ode23('baseball',[0 0.4],...
      [0 0 0 38*cos(1*pi/180) 0 38*sin(1*pi/180)]);
```

Usando o comando find calcula-se o tempo aproximado a que a altitude se torna negativa, o que corresponde ao tempo exacto de impacto com o solo:

```
» n=max(find(u(:,3)>=0));
» t(n)
    ans =
        0.1066
```

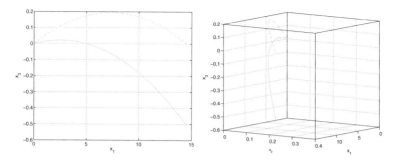

Figura 9.15. Trajectórias seguidas por uma bola de basebol lançada com um ângulo inicial de 1 grau (*linha contínua*) e de 3 graus (*linha a tracejado*)

Na Figura 9.15 representa-se no plano $x_1 x_3$ e no espaço $x_1 x_2 x_3$, as trajectórias da bola de basebol lançada com uma inclinação de 1 e 3 graus.

9.8 Capítulo 8

Solução 8.1 Podemos verificar directamente que $\mathbf{x}^T A \mathbf{x} > 0$ para todo $\mathbf{x} \neq \mathbf{0}$. Com efeito,

$$
[x_1 \ x_2 \ \dots \ x_{N-1} \ x_N]
\begin{bmatrix}
2 & -1 & 0 & \dots & 0 \\
-1 & 2 & \ddots & & \vdots \\
0 & \ddots & \ddots & -1 & 0 \\
\vdots & & -1 & 2 & -1 \\
0 & \dots & 0 & -1 & 2
\end{bmatrix}
\begin{bmatrix}
x_1 \\
x_2 \\
\vdots \\
x_{N-1} \\
x_N
\end{bmatrix}
$$

$$
= 2x_1^2 - 2x_1 x_2 + 2x_2^2 - 2x_2 x_3 + \dots - 2x_{N-1} x_N + 2x_N^2.
$$

A última expressão é igual a $(x_1 - x_2)^2 + \dots + (x_{N-1} - x_N)^2 + x_1^2 + x_N^2$, que é, estritamente positiva desde que pelo menos um x_i não seja nulo.

Solução 8.2 Verifica-se que $A\mathbf{q}_j = \lambda_j \mathbf{q}_j$. Calculando o produto matriz-vector $\mathbf{w} = A\mathbf{q}_j$ e escrevendo $\mathbf{w}$ igual ao vector $\lambda_j \mathbf{q}_j$, obtém-se:

$$
\begin{cases}
2\sin(j\theta) - \sin(2j\theta) = 2(1 - \cos(j\theta))\sin(j\theta), \\
-\sin(jk\theta) + 2\sin(j(k+1)\theta) - \sin(j(k+2)\theta) = 2(1 - \cos(j\theta))\sin(2j\theta), \\
\quad k = 1, \dots, N-2 \\
2\sin(Nj\theta) - \sin((N-1)j\theta) = 2(1 - \cos(j\theta))\sin(Nj\theta).
\end{cases}
$$

A primeira equação é uma identidade já que $\sin(2j\theta) = 2\sin(j\theta)\cos(j\theta)$. As outras equações podem-se simplificar uma vez que

$$\sin(jk\theta) = \sin((k+1)j\theta)\cos(j\theta) - \cos((k+1)j\theta)\sin(j\theta),$$

$$\sin(j(k+2)\theta) = \sin((k+1)j\theta)\cos(j\theta) + \cos((k+1)j\theta)\sin(j\theta).$$

Como A é simétrica e definida positiva, o seu número de condição é dado por $K(A) = \lambda_{max}/\lambda_{min}$, ou seja, $K(A) = \lambda_1/\lambda_N = (1 - \cos(N\pi/(N+1)))/(1 - \cos(\pi/(N+1)))$. Usando o desenvolvimento de Taylor de ordem 2 da função coseno, resulta $K(A) \simeq N^2$, ou seja, $K(A) \simeq h^{-2}$.

Solução 8.3 Note-se que

$$u(\bar{x}+h) = u(\bar{x}) + hu'(\bar{x}) + \frac{h^2}{2}u''(\bar{x}) + \frac{h^3}{6}u'''(\bar{x}) + \frac{h^4}{24}u^{(4)}(\xi_+),$$

$$u(\bar{x}-h) = u(\bar{x}) - hu'(\bar{x}) + \frac{h^2}{2}u''(\bar{x}) - \frac{h^3}{6}u'''(\bar{x}) + \frac{h^4}{24}u^{(4)}(\xi_-),$$

onde $\xi_+ \in (x, x+h)$ e $\xi_- \in (x-h, x)$. Somando as duas expressões obtemos

$$u(\bar{x}+h) + u(\bar{x}-h) = 2u(\bar{x}) + h^2 u''(\bar{x}) + \frac{h^4}{24}(u^{(4)}(\xi_+) + u^{(4)}(\xi_-)),$$

que é a propriedade pretendida.

Solução 8.4 A matriz é de novo tridiagonal com coeficientes $a_{i,i-1} = -1 - h\frac{\delta}{2}$, $a_{ii} = 2 + h^2\gamma$, $a_{i,i+1} = -1 + h\frac{\delta}{2}$. Tendo em conta as condições na fronteira, o segundo membro é dado por $\mathbf{f} = [f(x_1) + \alpha(1 + h\delta/2)/h^2, f(x_2), \ldots, f(x_{N-1}), f(x_N) + \beta(1 - h\delta/2)/h^2]^T$.

Solução 8.5 Com as instruções seguintes calculam-se as soluções correspondentes aos três valores dados de h:

```
» fbvp=inline('1+sin(4*pi*x)','x');
» [z,uh10]=bvp(0,1,9,0,0.1,fbvp,0,0);
» [z,uh20]=bvp(0,1,19,0,0.1,fbvp,0,0);
» [z,uh40]=bvp(0,1,39,0,0.1,fbvp,0,0);
```

Como não se conhece a solução exacta, para estimar a ordem de convergência calcula-se uma solução aproximada numa malha muito fina (por exemplo $h = 1/1000$), que se usa em substituição da solução exacta. Obtemos:

```
» [z,uhex]=bvp(0,1,999,0,0.1,fbvp,0,0);
» max(abs(uh10-uhex(1:100:end)))
 ans =
       8.6782e-04
» max(abs(uh20-uhex(1:50:end)))
 ans =
       2.0422e-04
» max(abs(uh40-uhex(1:25:end)))
 ans =
       5.2789e-05
```

Dividindo h por 2, o erro é dividido por 4, provando que a convergência é de ordem 2 em relação a h.

Solução 8.6 Para determinar o maior h_{crit} que garante uma solução monótona (como a solução analítica) executa-se o seguinte ciclo de comandos:

```
» fbvp=inline('1+0.*x','x');
» for k=3:1000
     [z,uh]=bvp(0,1,k,100,0,fbvp,0,1);
     if sum(diff(uh)>0)==length(uh)-1,
        break
     end
end
```

Faz-se variar $h(= 1/(k+1))$ até que as razões incrementais progressivas da solução numérica uh sejam todas positivas. Em seguida, calcula-se o vector diff(uh) cujas componentes valem 1 se a razão incremental correspondente for positiva, e 0 no caso contrário. Se a soma de todas as componentes for igual ao comprimento do vector uh menos 1, então todas as razões incrementais são positivas. O ciclo pára quando k=49, isto é, quando $h = 1/500$ se $\delta = 1000$, e quando $h = 1/1000$ se $\delta = 2000$. Podemos assim conjecturar que a condição $h < 2/\delta = h_{crit}$ garante a existência de uma solução numérica monótona crescente. Com efeito, esta restrição sobre h é precisamente a que se pode demonstrar teoricamente (ver, por exemplo, [QV94]). Na Figura 9.16 representamos as soluções numéricas obtidas para dois valores de h, quando $\delta = 100$.

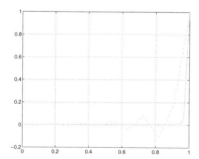

Figura 9.16. Soluções numéricas do Problema 8.6 obtidas para $h = 1/10$ (*linha a tracejado*) e $h = 1/60$ (*linha contínua*)

Solução 8.7 Deve-se modificar o Programa 8.1 para impor condições de Neumann na fronteira. No Programa 9.3 propõe-se uma possível implementação.

Solução 8.8 A fórmula de integração do trapézio, usada nos dois subintervalos I_{k-1} e I_k, dá a seguinte aproximação

$$\int_{I_{k-1}\cup I_k} f(x)\varphi_k(x)\,dx \simeq \frac{h}{2}f(x_k) + \frac{h}{2}f(x_k) = hf(x_k),$$

posto que que $\varphi_k(x_j) = \delta_{jk}$, $\forall j,k$. Deste modo, o segundo membro é o mesmo do método das diferenças finitas.

Programa 9.3. neumann: aproximação de um problema de valores na fronteira de Neumann

```
function [x,uh]=neumann(a,b,N,delta,gamma,bvpfun,...
    ua,ub,varargin)
h = (b-a)/(N+1);   x = [a:h:b]; e = ones(N+2,1);
A = spdiags([-e-0.5*h*delta 2*e+gamma*h^2 ...
    -e+0.5*h*delta], -1:1, N+2, N+2);
f = h^2*feval(bvpfun,'x',varargin{:});  f=f';
A(1,1)=-3/2*h; A(1,2)=2*h; A(1,3)=-1/2*h;
f(1)=h^2*ua;
A(N+2,N+2)=3/2*h; A(N+2,N+1)=-2*h; A(N+2,N)=1/2*h;
f(N+2)=h^2*ub;
uh = A\f;
return
```

Solução 8.9 Tem-se $\nabla\phi = [\partial\phi/\partial x, \partial\phi/\partial y]^T$ e, por conseguinte, $\mathrm{div}\nabla\phi = \partial^2\phi/\partial x^2 + \partial^2\phi/\partial y^2$, isto é, o Laplaciano de ϕ.

Solução 8.10 Para calcular a temperatura no centro da placa, resolve-se o problema de Poisson correspondente para diversos valores de $\Delta_x = \Delta_y$, usando as seguintes instruções:

```
» k=0; fun=inline('25','x','y');
» bound=inline('(x==1)','x','y');
» for N = [10,20,40,80,160],
    [u,x,y]=poissonfd(0,0,1,1,N,N,fun,bound);
    k=k+1; uc(k) = u(N/2+1,N/2+1); end
```

As componentes do vector uc são os valores da temperatura calculados no centro da placa quando o passo h da malha diminui. Tem-se

```
» uc
    2.0168     2.0616     2.0789     2.0859     2.0890
```

Pode-se assim concluir que no centro da placa a temperatura é aproximadamente 2.08 °C. Na Figura 9.17 mostram-se as curvas de nível da temperatura para dois valores diferentes de h.

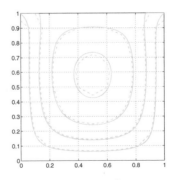

Figura 9.17. Curvas de nível da temperatura calculadas para $\Delta_x = \Delta_y = 1/10$ (*linhas a tracejado*) e para $\Delta_x = \Delta_y = 1/80$ (*linhas contínuas*)

Referências

[ABB⁺99] Anderson E., Bai Z., Bischof C., Blackford S., Demmel J., Dongarra J., Croz J. D., Greenbaum A., Hammarling S., McKenney A., and Sorensen D. (1999) *LAPACK User's Guide*. SIAM, Philadelphia, 3rd edition.

[Ada90] Adair R. (1990) *The Physics of Baseball*. Harper and Row, New York.

[Arn73] Arnold V. (1973) *Ordinary Differential Equations*. The MIT Press, Cambridge.

[Atk89] Atkinson K. (1989) *An Introduction to Numerical Analysis*. John Wiley, New York.

[Axe94] Axelsson O. (1994) *Iterative Solution Methods*. Cambridge University Press, New York.

[BB96] Brassard G. and Bratley P. (1996) *Fundamentals of Algorithmics, 1/e*. Prentice Hall, New York.

[BM92] Bernardi C. and Maday Y. (1992) *Approximations Spectrales des Problémes aux Limites Elliptiques*. Springer-Verlag, Paris.

[Bra97] Braess D. (1997) *Finite Elements: Theory, Fast Solvers and Applications in Solid Mechanics*. Cambridge University Press, Cambridge.

[BS01] Babuska I. and Strouboulis T. (2001) *The Finite Element Method and its Reliability*. Oxford University Press, Padstow.

[But87] Butcher J. (1987) *The Numerical Analysis of Ordinary Differential Equations: Runge-Kutta and General Linear Methods*. Wiley, Chichester.

[CHQZ06] Canuto C., Hussaini M. Y., Quarteroni A., and Zang T. A. (2006) *Spectral Methods: Fundamentals in Single Domains*. Springer-Verlag, Berlin Heidelberg.

[CHQZ07] Canuto C., Hussaini M. Y., Quarteroni A., and Zang T. A. (2007) *Spectral Methods: Evolution to Complex Geometries and Applications to Fluid Dynamics*. Springer-Verlag, Berlin Heidelberg.

[CLW69] Carnahan B., Luther H., and Wilkes J. (1969) *Applied Numerical Methods*. John Wiley ans Sons, Inc., New York.

[Dav63]   Davis P. (1963) *Interpolation and Approximation*. Blaisdell Publishing Company, New York.

[DD99]   Davis T. and Duff I. (1999) A combined unifrontal/multifrontal method for unsymmetric sparse matrices. *ACM Transactions on Mathematical Software* 25(1): 1–20.

[Dem97]   Demmel J. (1997) *Applied Numerical Linear Algebra*. SIAM, Philadelphia.

[Deu04]   Deuflhard P. (2004) *Newton Methods for Nonlinear Problems. Affine Invariance and Adaptive Algorithms*, volume 35 of *Springer Series in Computational Mathematics*. Springer-Verlag, Berlin Heidelberg.

[Die93]   Dierckx P. (1993) *Curve and Surface Fitting with Splines*. Claredon Press, New York.

[DL92]   DeVore R. and Lucier J. (1992) Wavelets. *Acta Numerica* 1: 1–56.

[DR75]   Davis P. and Rabinowitz P. (1975) *Methods of Numerical Integration*. Academic Press, New York.

[DS83]   Dennis J. and Schnabel R. (1983) *Numerical Methods for Unconstrained Optimization and Nonlinear Equations*. Prentice-Hall, Englewood Cliffs, New York.

[dV89]   der Vorst H. V. (1989) High Performance Preconditioning. *SIAM J. Sci. Stat. Comput.* 10: 1174–1185.

[Eat02]   Eaton J. (2002) *GNU Octave Manual*. Network Theory Ltd., Bristol.

[EEHJ96]   Eriksson K., Estep D., Hansbo P., and Johnson C. (1996) *Computational Differential Equations*. Cambridge University Press, Cambridge.

[EKM05]   Etter D., Kuncicky D., and Moore H. (2005) *Introduction to MATLAB 7*. Prentice Hall, Englewood Cliffs.

[Fun92]   Funaro D. (1992) *Polynomial Approximation of Differential Equations*. Springer-Verlag, Berlin Heidelberg.

[Gau97]   Gautschi W. (1997) *Numerical Analysis. An Introduction*. Birkhäuser, Boston.

[Gea71]   Gear C. (1971) *Numerical Initial Value Problems in Ordinary Differential Equations*. Prentice-Hall, Upper Saddle River NJ.

[Gio97]   Giordano N. (1997) *Computational Physics*. Prentice-Hall, Upper Saddle River NJ.

[GL96]   Golub G. and Loan C. V. (1996) *Matrix Computations*. The John Hopkins University Press, Baltimore and London, 3rd edition.

[GR96]   Godlewski E. and Raviart P.-A. (1996) *Hyperbolic Systems of Conservations Laws*, volume 118. Springer-Verlag, New York.

[Hac85]   Hackbusch W. (1985) *Multigrid Methods and Applications*. Springer-Verlag, Berlin Heidelberg.

[Hac94]   Hackbusch W. (1994) *Iterative Solution of Large Sparse Systems of Equations*. Springer-Verlag, New York.

[HH05]   Higham D. and Higham N. (2005) *MATLAB Guide*. SIAM, Philadelphia, 2nd edition.

[Hig02]   Higham N. (2002) *Accuracy and Stability of Numerical Algorithms*. SIAM Publications, Philadelphia, PA, 2nd edition.

[Hir88]   Hirsh C. (1988) *Numerical Computation of Internal and External Flows*, volume 1. John Wiley and Sons, Chichester.

[HLR01]   Hunt B., Lipsman R., and Rosenberg J. (2001) *A guide to MATLAB: for Beginners and Experienced Users*. Cambridge University Press, Cambridge.

[IK66]   Isaacson E. and Keller H. (1966) *Analysis of Numerical Methods*. Wiley, New York.

[Krö98]   Kröner D. (1998) *Finite Volume Schemes in Multidimensions*. Pitman Res. Notes Math. Ser., 380, Longman, Harlow.

[KS99]   Karniadakis G. and Sherwin S. (1999) *Spectral/hp Element Methods for CFD*. Oxford University Press, Padstow.

[Lam91]   Lambert J. (1991) *Numerical Methods for Ordinary Differential Systems*. John Wiley and Sons, Chichester.

[Lan03]   Langtangen H. (2003) *Advanced Topics in Computational Partial Differential Equations: Numerical Methods and Diffpack Programming*. Springer-Verlag, Berlin Heidelberg.

[LeV02]   LeVeque R. (2002) *Finite Volume Methods for Hyperbolic Problems*. Cambridge University Press, Cambridge.

[Mei67]   Meinardus G. (1967) *Approximation of Functions: Theory and Numerical Methods*. Springer-Verlag, Berlin Heidelberg.

[MH03]   Marchand P. and Holland O. (2003) *Graphics and Guis with Matlab*. CRC Press.

[Pal04]   Palm W. (2004) *Introduction to Matlab 7 for Engineers*. McGraw-Hill, New York.

[Pan92]   Pan V. (1992) Complexity of Computations with Matrices and Polynomials. *SIAM Review* 34: 225–262.

[PBP02]   Prautzsch H., Boehm W., and Paluszny M. (2002) *Bezier and B-Spline Techniques*. Springer-Verlag, Berlin Heidelberg.

[PdDKÜK83]   Piessens R., de Doncker-Kapenga E., Überhuber C., and Kahaner D. (1983) *QUADPACK: A Subroutine Package for Automatic Integration*. Springer-Verlag, Berlin Heidelberg.

[Pra02]   Pratap R. (2002) *Getting Started with MATLAB: A Quick Introduction for Scientists and Engineers*. Oxford University Press, Padstow.

[QSS07]   Quarteroni A., Sacco R., and Saleri F. (2007) *Numerical Mathematics*, volume 37 of *Texts in Applied Mathematics*. Springer-Verlag, New York, 2nd edition.

[QV94]   Quarteroni A. and Valli A. (1994) *Numerical Approximation of Partial Differential Equations*. Springer-Verlag, Berlin Heidelberg.

[RR85]   Ralston A. and Rabinowitz P. (1985) *A First Course in Numerical Analysis*. McGraw-Hill, Singapore.

[Saa92]   Saad Y. (1992) *Numerical Methods for Large Eigenvalue Problems*. Halstead Press, New York.

[Saa96]   Saad Y. (1996) *Iterative Methods for Sparse Linear Systems*. PWS Publishing Company, Boston.

[SM03]   Süli E. and Mayers D. (2003) *An Introduction to Numerical Analysis*. Cambridge University Press, Cambridge.

[TW98]   Tveito A. and Winther R. (1998) *Introduction to Partial Differ-
            ential Equations. A Computational Approach.* Springer-Verlag,
            Berlin Heidelberg.
[Übe97]   Überhuber C. (1997) *Numerical Computation: Methods, Soft-
            ware, and Analysis.* Springer-Verlag, Berlin Heidelberg.
[Urb02]   Urban K. (2002) *Wavelets in Numerical Simulation.* Springer
            Verlag, Berlin Heidelberg.
[vdV03]   van der Vorst H. (2003) *Iterative Krylov Methods for Large Lin-
            ear systems.* Cambridge University Press, Cambridge.
[Wes04]   Wesseling P. (2004) *An Introduction to Multigrid Methods.* R.T.
            Edwards, Inc., Philadelphia.
[Wil65]   Wilkinson J. (1965) *The Algebraic Eigenvalue Problem.* Claren-
            don Press, Oxford.

Índice remissivo

Printed in the United States
By Bookmasters